水利水电工程规划及质量控制研究

程令章 唐成方 杨 林 主编

文化发展出版社
Cultural Development Press

图书在版编目（CIP）数据

水利水电工程规划及质量控制研究/程令章，唐成方，杨林主编．—北京：文化发展出版社，2020.12(2022.1重印)

ISBN 978-7-5142-3178-6

Ⅰ．①水… Ⅱ．①程… ②唐… ③杨… Ⅲ．①水利水电工程－水利规划－研究②水利水电工程－工程质量－质量控制－研究 Ⅳ．① TV212 ② TV512

中国版本图书馆 CIP 数据核字（2020）第 223543 号

水利水电工程规划及质量控制研究

主　编：程令章　唐成方　杨　林

责任编辑：张　琪　　　　　　责任校对：岳智勇
责任印制：邓辉明　　　　　　责任设计：侯　铮
出版发行：文化发展出版社有限公司（北京市翠微路 2 号　邮编：100036）
网　　址：www. wenhuafazhan. com
经　　销：各地新华书店
印　　刷：阳谷毕升印务有限公司

开　　本：787mm×1092mm　1/16
字　　数：318 千字
印　　张：17.25
印　　次：2021 年 5 月第 1 版　2022 年 1 月第 2 次印刷
定　　价：48.00 元
Ｉ Ｓ Ｂ Ｎ：978-7-5142-3178-6

◆　如发现任何质量问题请与我社发行部联系。发行部电话：010-88275710

编 委 会

作 者	署名位置	工作单位
程令章	第一主编	云南建投云南省水利水电工程有限公司
唐成方	第二主编	云南建投云南省水利水电工程有限公司
杨 林	第三主编	云南建投云南省水利水电工程有限公司
王明昌	副 主 编	云南建投云南省水利水电工程有限公司
赵 鹏	副 主 编	云南建投云南省水利水电工程有限公司
彭明坚	副 主 编	云南建投云南省水利水电工程有限公司
龙云帅	编 委	云南建投云南省水利水电工程有限公司
胡朝试	编 委	云南建投云南省水利水电工程有限公司
朱福仁	编 委	云南建投云南省水利水电工程有限公司
秦 毅	编 委	云南建投云南省水利水电工程有限公司
何家兴	编 委	云南建投云南省水利水电工程有限公司

前　言

水利水电是国民经济和社会发展的基础产业。水利水电工程建设周期长、投资大、协作部门多，受自然资源、地形、地质、水文气象条件的影响很大，水利水电工程项目建议书的编制，应贯彻国家有关基本建设的方针政策和水利行业及相关行业的法规，并应符合有关技术标准。

水利水电工程的建设关系着我国的民生，是国民经济的基础，水利水电的施工质量是水利水电工程的核心，其中对施工质量的管理是成败的关键。随着我国经济建设的高速发展，水利水电工程施工质量越来越受到重视，但由于水利水电工程在实际操作中复杂而又繁重，水利水电工程项目的一些质量问题一直使工程项目不能如期完成并交付使用，使经济效益受到较大影响。我国近几年出台的为提高工程质量的各种法律法规，各级水利主管部门也加强了对水利工程建设项目质量的监督、监查力度，可是因为水利水电工程的本身的特殊性，要控制水利水电工程质量还是任重而道远。

为了满足从事水利水电工程规划及质量控制研究和工作人员的实际要求，编委会的专家们翻阅大量水利水电工程规划及质量控制的相关文献，并结合自己多年的实践经验编写了此书。

由于编写时间和水平有限，尽管编者尽心尽力，反复推敲核实，但难免有疏漏及不妥之处，恳请广大读者批评指正，以便做进一步的修改和完善。

《水利水电工程规划及质量控制研究》编委会

目　　录

第一章　兴利调节

第一节　兴利调节分类与水库特性

一、兴利调节分类

由于来、用水都有一定的周期性变化规律，使得水库的蓄、放水也有一定的周期性变化。水库从库空开始蓄水，蓄满后又放水，放空后又蓄水，如此循环不断。水库由库空到库满，再到库空，完成一次循环所经历的时间称为调节周期。按调节周期的长短来分，兴利调节可分为日调节、周调节、年调节和多年调节，下面分别介绍。

1. 日调节

在一日之内，河川径流基本上保持不变（洪水涨落期除外），而用户的需水要求往往变化较大。以水力发电为例，白天和夜晚，用电负荷差异较大，所以发电引用流量在一昼夜内变化较大。在一日 24h 内，当用水小于来水时，可利用水库将其多余水量蓄存起来，当用水大于来水时，水库放水补充其不足水量。库中水位在一日内完成一个循环，即调节周期为 24h，这种将日内径流进行重新分配的调节称为日调节。

2. 周调节

在枯水季，河川径流在一周之内变化也不大。由于假日休息，使得用水部门在周内各日用水量不尽相同，可利用水库将周内假日的多余水量蓄存起来，供其他工作日使用。这种将周内径流进行重新分配的调节称为周调节，其调节周期为一周。显然，周调节比日调节所需兴利库容要大，周调节水库也可同时进行日调节。

3. 年调节

在一年之内，河川径流变化很大，丰水期和枯水期流量相差悬殊。用水部门的用水在一年之内也有变化，但与来水并不一致，故需进行径流调节。利用水库将一年中丰水期的一部分（或全部）多余水量蓄存起来，供枯水期使用，这种将年内径流进行重新分配的调节称为年调节，其调节周期为一年。年调节的来、用水流量及水库水位变化过程如图 1-1 所示。图中横线阴影面积表示水库蓄水量，竖线阴影面积表示水库供水量。当水库蓄满，而来水仍大于用水时，水库将发生弃水，即将蓄满兴利库容后的多余水量由泄水建筑物排往下游，图中斜影线部分即为弃水量。

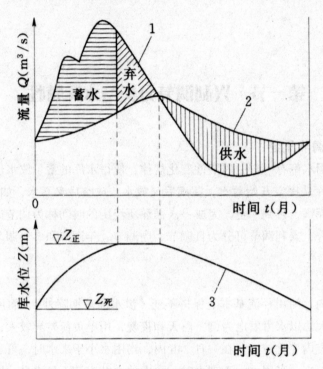

图 1-1 年调节示意图
1-天然来水流量过程；2-用水流量过程；3-库水位变化过程

在年调节中，若水库容积较小，只能蓄存丰水期的一部分多余水量而产生弃水，这种调节称为不完全年调节（或季调节）；若水库容积较大，能蓄存丰水期的全部多余水量，且其蓄水量全部用于当年，这种调节称为完全年调节。

完全年调节和不完全年调节是从水量利用程度来考虑的。不完全年调节的年用水总量小于年来水总量；完全年调节的年用水总量与年来水总量相等。完全年调节和不完全年调节的概念是相对的，因为一个容积已定的水库，在某些枯水年份能进行完全年调节，但当遇到水量多的丰水年份，就可能发生弃水，即只能进行不完全年调节。年调节水库可同时进行周调节和日调节。

4. 多年调节

当设计年径流量小于年用水量时，只进行径流年内重新分配已不可能满足用水要求。此时，必须将丰水年多余的水量蓄存在水库中，补充枯水年份水量之不足。这种进行年际（年与年之间）水量的调节称为多年调节。多年调节水库往往要经过若干个丰水年才能蓄满，且所蓄水量需经过若干枯水年才能用掉，所以，多年调节水库的调节周期长达若干年，且不是一个常数。

一个水库属于何种调节类型，可用其库容系数 β 来初步判断。库容系数 β 等于水库兴利库容 $V_兴$ 与多年平均年径流总量 $W_年$ 的比值，常用百分数表示，即 β = ；$V_兴/W_年 \times 100\%$。可参照下列经验数据初步判别水库的调节类型：

β ≥ 30%：一般属多年调节

8% < β < 30%：一般属年调节

β < 8%：一般属日调节

水库的调节性能还与天然径流过程的均匀程度有关。当水库的兴利库容不变时，天然径流过程越均匀，径流调节程度越高。

二、水库特性

1. 水库的特征水位和特征库容

用来反映水库工作状况的水位称为水库特征水位。水库特征水位以下或两特征水位之间的水库容积称为特征库容。水库特征水位和特征库容体现着水库正常工作的各种特定要求，它们各有其特定的任务与作用，是规划设计阶段确定主要水工建筑物的尺寸（如坝高、溢洪道堰顶高程及宽度等）及估算工程效益的基本依据，也是水库运行阶段进行运行管理的重要依据。

（1）死水位（$Z_死$）和死库容（$V_死$）

水库在正常运用情况下，允许消落到的最低水位称为死水位。死水位以下的库容称为死库容。死库容为非调节库容，即在正常运用情况下，死库容中的蓄水量不予动用，它是为了保持水电站有一定的工作水头，满足航运、灌溉等其他综合利用部门对水库水位的最低要求及考虑水库的淤沙要求等原因而留下的。只有在特殊情况下，如遇特干旱年份，为保证紧急供水或发电需要，才允许临时动用死库容中的部分存水。

（2）正常蓄水位（$Z_死$）和兴利库容（$V_兴$）

水库在正常运用情况下，为了满足设计的兴利要求，在设计枯水年（或设计枯水段）开始供水时必须蓄到的水位称为正常蓄水位。又称正常高水位或设计兴利水位（20 世纪 50 年代称之）。正常蓄水位至死水位之间的水库容积称为兴利库容或调节库容。正常蓄水位与死水位之间的水层深度称为消落深度或工作深度。

（3）防洪限制水位（$Z_{限}$）和共用库容（$V_{共}$）

水库在汛期允许兴利蓄水的上限水位称为防洪限制水位。在汛期，为了留有库容拦蓄洪水，须限制兴利蓄水，使库水位不超过防洪限制水位。只有洪水到来时，为了滞洪，才允许水库水位超过防洪限制水位。当洪水消退时，水库应迅速泄洪，使库水位尽快回降到防洪限制水位，以迎接下次洪水。一般应尽可能将防洪限制水位定在正常蓄水位之下，以使防洪库容与兴利库容有所结合，从而可减小专用防洪库容。当汛期不同时段的洪水特性有明显差异时，可考虑在汛期不同时段分期拟定防洪限制水位。防洪限制水位至正常蓄水位之间的库容称为共用库容，又称重叠库容，汛期它为防洪库容的一部分，汛后则为兴利库容的一部分。

（4）防洪高水位（$Z_{防}$）和防洪库容（$V_{防}$）

水库承担下游防洪任务，当遇到下游防护对象的防洪标准洪水时，水库为控制下泄流量而拦蓄洪水，这时在坝前所蓄到的最高水位称为防洪高水位。防洪高水位与防洪限制水位之间的库容称为防洪库容。

（5）设计洪水位（$Z_{设}$）和拦洪库容（$V_{拦}$）

遇大坝设计标准洪水时，在坝前蓄到的最高水位称为设计洪水位。设计洪水位是水库正常运用情况下所允许达到的最高水位，且是确定水库坝高和挡水建筑物稳定计算的主要依据。设计洪水位与防洪限制水位之间的库容称为拦洪库容。

（6）校核洪水位（$Z_{校}$）和调洪库容（$V_{调}$）

遇大坝的校核标准洪水时，在坝前蓄到的最高水位称为校核洪水位。校核洪水位是水库非常运用情况下所允许临时达到的最高水位，且是大坝坝顶高程的确定及安全校核的主要依据。校核洪水位与防洪限制水位之间的库容称为调洪库容。

（7）总库容（$V_{总}$）和有效库容（$V_{效}$）

校核洪水位以下的库容称总库容，总库容是反映水库规模的代表性指标，可作为划分水库等级、确定工程安全标准的重要依据。

校核洪水位与死水位之间的库容称有效库容。

在水库设计中，水库防洪与兴利结合的形式与水库特性及水文特性有关，主要有防洪库容与兴利库容完全结合（防洪限制水位与死水位重合，防洪高水位与正常蓄水位重合）、部分结合（防洪限制水位低于正常蓄水位，防洪高水位高于正常蓄水位）、不结合（防洪限制水位与正常蓄水位重合）三种形式。

2. 水库的水量损失

水库建成蓄水后，使水位抬高，水面扩大，改变了河流的天然状态，从而引起额外水量损失，即为水库的水量损失。水库的水量损失主要包括蒸发损失和渗漏损失，严寒地区可能还包括结冰损失。

（1）水库的蒸发损失

水库的蒸发损失是指由于修建水库引起的蒸发量的增值。如图 1-2 所示，水库建成之前，阴影部分区域为陆面，水库建成蓄水后变为水面。则该面积上原来的陆面蒸发，在水库建成蓄水后变为水面蒸发。因水面蒸发比陆面蒸发大，因而水库蓄水后蒸发量增加。由于陆面蒸发量已经反映在坝址断面处的实测径流资料中，所以增加的这部分蒸发量才为水库的蒸发损失，可按下式计算：

$$W_{蒸} = (H_{水} - H_{陆})(F_{库} - f)$$

式中　　$W_{蒸}$——计算时段内水库的蒸发损失量，m^3；

　　　　$H_{水}$——计算时段内库区水面蒸发深度，m；

　　　　$H_{陆}$——计算时段内库区陆面蒸发深度，m；

　　　　$F_{库}$——计算时段内水库平均蓄水水面面积，m^2；

　　　　f——建库前库区原有水面面积，m^2。

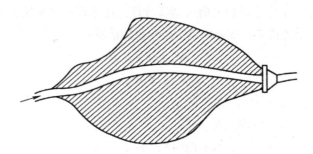

图 1-2　某水库平面示意图

当 f 很小时可忽略，上式可简化为

$$W_{蒸} = (H_{水} - H_{陆})F_{库}$$

水面蒸发深度可根据水库附近水文气象站观测资料求得。

陆面蒸发深度 $H_{陆}$ 一般没有观测资料，目前多采用水量平衡方法间接估算，即以流域多年平均年降水量减去流域多年平均年径流量作为多年平均年陆面蒸发量，用公式表示为

$$H_{陆} = X - Y$$

式中 $H_陆$——流域多年平均年陆面蒸发深度，m；

  X——流域多年平均年降水深度，m；

  Y——流域多年平均年径流深度，m。

$H_陆$还可由各地水文手册中陆面蒸发等值线图查得。

（2）水库的渗漏损失

水库蓄水以后，水位抬高，水压加大，库区周围地下水流动状态发生了变化，因而产生渗漏损失。渗漏损失主要通过下面三个途径：

1）通过坝身以及水工建筑物（如闸门、通航建筑物等）止水不严密处渗漏。

2）通过坝基和坝肩渗漏。

3）通过库床渗漏（由库底向较低的透水层渗漏或通过库边向库外渗漏）。

一般而言，只要采取较可靠的防渗措施，严格控制施工质量，前两项损失不大，可不考虑。

水库渗漏损失并非固定不变，水库蓄水后的最初几年渗漏损失较大，当水库运行几年后，因库床淤积，库床空隙逐渐被淤塞，且库岸地下水位升高，因而渗漏损失会逐渐递减且趋于稳定。

库床渗漏损失主要与水文地质条件有关。由于库床范围较大，影响的因素较复杂，到目前为止，水库渗漏损失尚难精确计算，通常可按水文地质条件类似的已建水库的实测资料类比推算，或采用以下经验公式估算：

$$W_{年渗}=k_1 F_库$$

$$W_{月渗}=k_2 W_蓄$$

式中 $W_{年渗}$——水库年渗漏损失，m^3；

  $W_{月渗}$——水库月渗漏损失，m^3；

  $F_库$——水库年平均蓄水水面面积，m^2；

  $W_蓄$——相应月份水库平均蓄水量，m^3；

  k_1，k_2——经验取值或系数。

（3）水库的结冰损失

严寒地区的水库，在结冰期水面形成冰盖，随着水库因供水引起的库水位消落，一部分冰层滞留岸边，这部分水量供水期不能应用，在春汛期间可能随弃水排往下游而损失掉。该项损失不大，可按结冰期始末水库蓄水面积之差乘以平均结冰厚的0.9估算。

（4）水库的淹没与浸没

修建水库，特别是高坝大库，在起到兴利与除害作用，给国民经济带来效益的同时，还将引起水库的淹没和浸没，带来一定的负面效益，造成国民经济损失。在规划设计水库时对此应引起重视。

水库蓄水后，直接淹没库区内的土地、森林、村镇、工矿企业、交通线路、文物古迹甚至城市建筑物等。另外，水库蓄水后，由于库周地下水位抬高，会使地面下的松散土层长期处于地下水中而形成浸没。浸没会使农作物受涝，森林、果树死亡，农田盐碱化，低洼地沼泽化，并引起卫生环境恶化，库周塌岸等。

在规划设计水库时，必须对水库的淹没和浸没影响进行全面分析研究，做好水库淹没范围及社会经济调查工作。调查资料务求正确、详尽。对于正常蓄水位以下的库区（即经常淹没区）内的所有淹没对象均需搬迁或处理。对于正常蓄水位以上的库区（即临时淹没区），应视具体情况进行迁移或防护。

水库淹没区及浸没区内所有影响对象都应按照规定标准给予迁移补偿或防护。这些迁移、防护投资加上各种资源损失，统称水库淹没损失。

水库的淹没损失是一个重要的技术经济指标，在人口稠密地区，水库的淹没损失往往很大。同时水库移民的安置，有很强的政策性。水库移民属非自愿移民，迁移和安置的难度很大，如处理不当，不仅影响工程建设，还有可能给社会带来一些不安定因素。水库的淹没、浸没问题，常常是决定工程取舍及限制水库规模的主要因素之一。

5. 水库的淤积

水库一经蓄水，由于过水断面扩大，使得流经库区的水流流速减小，水流挟沙能力随之降低，导致水流中的部分泥沙沉淀于库区，从而形成水库淤积。

水库淤积是普遍现象，对于多沙河流，水库淤积问题更为突出。水库淤积会带来多方面的不良影响：

1）水库淤积使水库的调节库容减小，影响到水库的综合利用效益，甚至使水库完全失效。

2）水库淤积使水库回水上延，发生"翘尾巴"现象，增加了水库淹没、浸没损失。

3）坝前淤积，将增加作用于水工建筑物上的泥沙压力，影响船闸及取水口正常运行，使进入水轮机组或渠道的水流含沙量增加，造成水轮机磨损或渠系淤积等。

总之，水库淤积的危害是非常严重的。在多沙河流上修建水库，必须考虑泥沙淤积的影响。水库的调节运用，不仅要调节水量，满足兴利部门的用水要求，而且还要调节控制泥沙。要选择合理的水库控制运用方式和排沙措施，以使水库能长期保持一定的有效库容。如黄河三门峡水库采取"蓄清排浑"运用方式，有效控制了水库淤积发展。

第二节　设计保证率与代表期

一、设计保证率

1. 工作保证率的含义及其表示形式

因河川径流具有随机性，所以，各用水部门用水得到满足的情况也是随机的。在多年工作期间，用水部门正常工作得到的保证程度称为工作保证率。

工作保证率通常有年保证率 $P_年$ 和历时保证率 $P_{历时}$ 两种表示形式。

年保证率是指多年期间正常工作年数占运行总年数的百分比，公式为

$P_年$ =（正常工作年数／运行总年数）× 100%

=［（运行总年数－破坏年数）／运行总年数］× 100%

式中　破坏年数 S，包括不能维持正常供水的任何年份，无论在该年内缺水时间长短及缺水数量多少，只要有不能正常工作的情况，都属破坏年。

历时保证率是指多年期间正常工作历时（一般为日数）占运行总历时的百分比，公式为

$P_{历时}$ =［（正常工作历时（日数）／运行总历时（日数）］× 100%

采用哪种形式的保证率，应据用水特性、水库调节性能及设计要求等因素而定。一般对蓄水式水电站、灌溉用水等采用年保证率，对径流式电站、航运等部门，多采用历时保证率。

在综合利用水库的水利计算中，为取得一致形式的保证率，年保证率与历时保证率之间可按下式换算：

$$P_年 = ［1-（1-P_{历时}）/m］× 100\%$$

式中　m——破坏年份的相对破坏历时，即破坏年份中，破坏历时与总历时的比值。

2. 设计保证率的含义及其选择

河川径流年内和年际水量变化很大。如果在特别枯水时期仍保证各兴利部门正常用水，必须修建规模很大的水库及相应的水利设施，这不仅在技术上造成困难，经济上也不合理。因此，一般不要求水库在全部使用年限内均保证正常供水，而允许适当地减小供水或断水。这就要求研究各用水部门允许减小供水的可能性及合理范围，即预先选定在多年工作期间用水部门应当达到的工作保证率，并以此作为水利水电工程规划设计时的重要依据。因这一工作保证率是在规划设计水库时预先选

定的，故称之为设计工作保证率，简称设计保证率。

在水利水电工程规划设计时，设计保证率的选择，是一个重要且复杂的技术经济问题。所选设计保证率提高时，用水部门正常工作遭受破坏的机会就减小，但工程规模加大，所需的费用增高。反之，所选设计保证率降低，则用水部门正常工作遭受破坏的机会增加，造成的国民经济损失及其他不良后果加重，但工程规模减小，所需的费用降低。所以，设计保证率应当通过技术经济比较分析确定。因涉及因素十分复杂，在实际工作中，一般考虑工程有关条件，参照有关规范确定设计保证率。

（1）水电站设计保证率的选择

水电站设计保证率的取值直接影响到供电可靠性、水能资源的利用程度以及电站的造价。水电站设计保证率的选择通常考虑以下原则。

1）大型水电站应选择较高的设计保证率，而中、小型水电站应选择较低的设计保证率。一般水电站装机容量越大，设计保证率定得越高。这是因为水电站装机容量越大，其正常工作遭受破坏时所产生的后果越严重。

2）系统中水电容量的比重大时，所选设计保证率应较高。这是因为系统中水电容量的比重越大，水电站正常工作遭受破坏时，其不足出力就越难用系统中其他电站的备用容量来替代。

3）系统中重要用户多时，因水电站正常工作遭受破坏时所产生的损失大，故应选择较高的设计保证率。

4）在水能资源丰富的地区，水电站设计保证率可选得高些，在水能资源缺乏地区，设计保证率可选得低些。

5）水库调节性能好，天然径流变化小时，设计保证率应选择得较高。反之，所选设计保证率不宜过高 1 在综合利用工程中，如果以其他目标为主（如以灌溉为主），水电站的设计保证率应服从主要目标的要求而适当降低。

（2）灌溉设计保证率的选择

灌溉设计保证率是指设计灌溉用水量获得满足的保证程度。灌溉设计保证率是灌溉工程规划设计采用的主要标准，是规划设计中一项重要指标。它直接影响到工程的规模以及农业生产情况，必须慎重选择。

灌溉设计保证率选择的一般原则为：水源丰富地区比缺水地区高，大型工程比中、小型工程高，远景规划工程比近期工程高，自流灌溉比提水灌溉高。

实际工作中，灌溉设计保证率通常根据灌区水土资源情况、农作物组成、水文气象条件、水库调节性能、国家对当地农业生产的规划、地区工程建设及经济条件等因素，参照有关规范选取。

有的地区采用抗旱天数作为灌溉设计标准。所谓抗旱天数是指依靠灌溉设施供水，能够抗御的连续无雨保丰收的天数。采用抗旱天数作为灌溉设计标准的地区，旱作物和单季稻灌区抗旱天数可为 30～50 天，有条件的地区应予提高。由于无雨日的确定存在一些实际困难，且此标准不便于与其他部门的保证率标准比较，所以，一般只在农田基本建设和一些小型灌区的规划设计中采用抗旱天数作为灌溉设计标准。

（3）通航设计保证率的选择

通航设计保证率是指最低通航水位的保证程度，通常用历时（日）保证率表示。最低通航水位是确定枯水期航道标准水深的起算水位。

通航设计保证率通常根据航道等级，并考虑其他因素由航运部门提供。

（4）供水设计保证率的选择供水设计保证率表示工业及城市民

用供水的保证程度。由于工业及城市民用供水遭到破坏，将直接影响到人民生活并造成生产上的严重损失，所以供水设计保证率定得较高，一般采用 95%～99%（年保证率）。对大城市及重要工矿区取较高值。

在综合利用水库的水利水能计算中，应将各用水部门设计保证率按上式换算成相同表示形式的保证率。各用水部门的设计保证率通常不相同，应以其中主要用水部门的设计保证率为准，进行径流调节计算。凡设计保证率比主要用水部门的设计保证率高的用水部门，其用水应得到保证，而设计保证率比主要用水部门的设计保证率低的用水部门，其用水量可在允许范围内适当削减。

二、设计代表期

1. 设计代表年的选择

按典型年法确定设计代表年时，设计枯水年的年径流量按 $P_{枯}=P_{设}$（$P_{设}$ 为设计年保证率）确定，设计丰水年的年径流量按 $P_{丰}=1-P_{设}$ 确定，设计中水年（也称平水年）的年径流量按 =50% 确定。

2. 设计多年径流系列的选择

对于多年调节水库，为简化计算，一般选择设计代表期进行水利水能计算，即从长系列资料中，选出具有代表性的短系列，对其进行计算，便可满足规划设计要求。

（1）设计枯水系列

设计枯水系列主要用于推求符合设计要求的水库兴利库容或相应于设计保证率

的调节流量及水电站出力。

由于多年调节水库的调节周期较长，因掌握的水文资料所限，能获得的完整调节周期数不多，所以，很难应用频率分析的方法来确定设计枯水系列。通常采用下面方法加以确定。

1）按下式计算恰好满足设计保证率要求时正常工作允许破坏年数：

$$T_破=n-P_设（n+1）$$

式中　n——水文系列总年数。

2）在长系列实测资料中选出最枯的连续枯水年组，从该枯水年组最末逆时序扣除允许破坏年数 $T_破$，余下的即为设计枯水系列。

如：某水电站有29年径流资料，设计保证率为90%，在这29年径流资料中最枯的连续枯水年组为1951～1956年，则

$$T_破=n—P_设（n+l）=［29—0.9（29+1）］年=2年$$

所以设计枯水年系列应为1951～954年。

需要指出，应该用设计枯水系列的调节计算结果对其他枯水年组进行校核，若正常用水另有被破坏的年份，应从 $T_破$ 中扣除，再重新确定设计枯水系列；另外，在正常用水遭破坏的年份 $T_破$ 内，如果 $T_破$ 内的可用天然来水量不能满足最低用水要求（如水电站最低出力要求、最低供水要求等），则应在允许破坏年份 $T_破$ 时段之前预留部分蓄水量。

（2）设计中水系列

设计中水系列主要用于确定水库兴利的多年平均效益。其选择应满足下列要求。

1）系列中连续径流资料至少包括一个完整的调节周期。

2）系列的年径流均值应接近于长系列的年径流均值。

3）系列中丰水年、中水年、枯水年三种年份都应包括，且其比例关系要与长系列的大体相当。

无调节、日调节及年调节水电站一般选取设计代表年进行计算，多年调节水电站一般选取设计代表期进行计算。采用设计代表年和设计代表期进行计算，可减少工作量，但计算精度较低。目前，随着电子计算机的广泛应用，对长系列资料进行计算的效率已大为提高。在水利水电工程规划设计的各个阶段，应针对不同的精度要求及计算者的工作条件选取相应的计算方法。

第三节　兴利调节计算原理

水库兴利调节计算是指根据国民经济各有关部门的用水要求，利用水库将天然径流进行重新分配所进行的计算。

水库兴利调节计算的基本依据为水库水量平衡原理。即在任一时段之内，进入水库的水量与流出水库的水量之差，等于在这一时之内水库蓄水量的变化。针对某一时段 Δt，水库水量平衡可表示为水量平衡方程式：

$$\Delta W_入 - \Delta W_出 = \Delta W$$

式中　$\Delta W_入$ 时段 Δt 内的入库水量，m^3，一般为天然来水量；

　　$\Delta W_出$——时段 Δt 内的出库水量，m^3；

　　ΔW——时段 Δt 内水库蓄水量的增减值，m^3，水库蓄水时为正值，供水时为负值。

其中，出库水量包括各兴利部门的用水量、水库水量损失及水库蓄满后产生的弃水量。此外，时段 Δt 内水库蓄水量的增减值可用相应时段水库蓄水容积的增减值代替。上式也可表示为

$$\Delta W_入 - \Delta W_用 - \Delta W_损 - \Delta W_弃 = \Delta V = V_末 - V_初$$

式中　$\Delta W_用$——时段 Δt 内各兴利部门的用水总量，m^3；

　　$\Delta W_损$——时段 Δt 内的水库水量损失，m^3；

　　$\Delta W_弃$——时段 Δt 内水库弃水量，m^3；

　　ΔV——时段 Δt 内水库蓄水容积的增减值，m^3；

　　$V_末$——时段 Δt 末的水库蓄水容积，m^3；

　　$V_初$——时段 Δt 初的水库蓄水容积，m^3。

当用时段平均流量表示时，上式可改写为

$$(Q_入 - Q_出) \Delta t = \Delta W$$

注意：式中的 $Q_出$，除了时段 Δt 内各兴利部门的用水流量以外，还应该包括时段 Δt 内水库损失流量及弃水流量。

计算时段 Δt 的取值，与调节周期的长短、径流和用水变化的剧烈程度及计算精度要求有关。调节周期越短、径流和用水变化越剧烈，计算精度要求越高，以取值应越小。反之，取值应越大。计算时段的通常取法为：日调节取小时，周调节取日，其他调节取月。为更精确，有时年调节取旬或 15 天。

　　按照对原始径流资料描述和处理的方式，兴利调节计算方法分为两大类，即时历法和数理统计法。时历法将过去观测的按时历顺序排列的径流资料直接逐时段进行水库水量平衡计算，计算结果也都是按时历顺序给出，其结果较直观。数理统计法按概率论原理进行径流调节计算，计算的结果也是以频率曲线的形式给出，其结果不太直观，一般多用于对径流资料较短的多年调节水库进行兴利调节计算。

第四节　多年调节计算的概率法

　　多年调节时水库需进行年际径流调节。多年调节兴利计算的时历列表法的原理与年调节计算相同，为推求设计兴利库容，可对设计枯水系列进行水量调节计算，按累计缺水量确定设计兴利库容。推求满足设计保证率的调节流量时，可用试算法，即假设一定的调节流量过程，推求相应的兴利库容，如所求得的库容与已知兴利库容一致，则试算成功，否则再重新试算。当推求多年平均调节流量时，可对设计中水系列或长系列径流资料进行调节计算。

　　多年调节的调节周期较长，当径流资料系列较短时，用时历法进行兴利调节计算的可靠性受到较大影响。此时，可采用数理统计法。

　　应用数理统计法时，可将多年调节水库兴利库容看作为由两部分组成，其中用于调节年内径流变化所需的库容称为年库容，用于调节年际径流变化所需的库容称为多年库容 $V_{多}$。即

$$V_{兴}=V_{多}+V_{年}$$

　　下面由图 1-3 所示的来、用水情况来说明年库容和多年库容的作用。

　　图中粗实线为以年平均流量表示的来水过程，虚线表示用水过程，细实线为考虑年内分配不均，以丰、枯水期平均流量表示的第三年的来水过程。图 1-3 中第三年的年来水量等于年用水量只是一个特例，并非每一个调节周期内枯水年组的前一年都是该种年份。

　　第一、二年为丰水年，来水够当年使用，且有余水。

　　第三年为中水年，来水够当年使用。

　　第四、五、六、七年为枯水年组，其当年来水量小于当年用水量，为保证这四年正常用水，必须补足这么多的水量。

　　$V_{多}$ 是将第一、二年的余水蓄存起来，补充第四、五、六、七这四年的水量之不足所需的库容，如图 1-3 中斜线阴影所示。

第三年水量虽够用，但为了调节其径流年内分配的不均匀性，还必须再用一部分库容 $V_年$ 存水，以补充当年枯水期水量之不足，如图 1-3 中竖线阴影所示。

因此，水库进行多年调节所需的兴利库容，应为多年库容 $V_多$ 与年库容 $V_年$ 两者之和。

为何多年调节水库兴利库容除了 $V_多$ 以外，还需要设置年库容 $V_年$？仍用图 1-3 所示情况说明。从图中可以看出，如果不设置 $V_年$，势必用多年库容 $V_多$ 来补充枯水年组前一年（图 1-3 中第三年）枯水期的水量之不足，而造成枯水年组最后一年（图 1-3 中第七年）用水遭破坏。这是因为多年库容 $V_多$ 本应恰好补充枯水年组（图 1-3 中第四、五、六、七年）的水量之不足，可由于有相当于 $V_年$ 这么多水量在枯水年组前一年就被用掉了，因此，到枯水年组最后一年必然少 $V_年$ 这么多水量。所以，为保证正常供水，水库进行多年调节，除了设置多年库容外，还必须设置年库容。

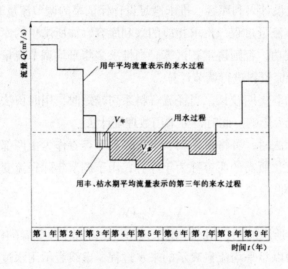

图 1-3　多年库容与年库容的作用示意图

应该指出，将多年调节水库的兴利库容硬性地划分为多年库容和年库容两部分是一种假想，在水库运用时是根据来、用水情况统一调度的。

以下分别讨论多年库容和年库容的计算方法。

1. 多年库容计算

采用数理统计法计算，通常使用一些无因次的参数。其中来水量表示为模比系数：

$$K_i = \frac{W_{来i}}{W_年}$$

调节流量表示为调节系数：$a = \dfrac{W_用}{W_年}$

多年库容表示为多年库容系数：$\beta_多 = \dfrac{V_多}{W_年}$

式中　$W_{来i}$——第 i 年的年来水量，m^3；

　　　$W_年$——多年平均年经流量，m^3；

　　　$W_用$——水库设计年用水量，m^3。

对于来水，一般仍用皮尔逊Ⅲ型曲线表示其统计规律。因计算中来水用年径流量模比系数 K_i 表示，来水的统计规律便表示为皮尔逊Ⅲ型的模比系数频率曲线（K–P曲线）。皮尔逊Ⅲ型曲线有 3 个统计参数，但因任何随机变量模比系数的均值均为 1，故当偏态系数 C_s 与离势系数 C_v 的关系确定后，K–P 曲线便仅有 1 个统计参数（即 C_v 确定后，K–P 曲线变唯一确定）。

兴利调节计算的有关因素包括四个方面，即来水、用水（或调节流量）、兴利库容和保证率（或设计保证率）。引入以上各参数后，兴利调节计算的各因素表示为来水年径流系列的离势系数 C_v、调节系数 a、库容系数 $\beta_多$和保证率 P（或设计保证率 $P_设$）。前苏联工程师普列什科夫制作了线解图（简称普氏线解图）。利用普氏线解图可以在已知以上 C_v、a、$\beta_多$和 P 四个参数中任意三个参数的条件下，求得第四个参数。

普氏线解图是在年径流系列 $C_s = 2C_v$ 的条件下绘制的。当 $C_s \neq 2C_v$ 时，必须进行参数转换后才能按上述方法进行求解。转换公式为

$$C_v' = \frac{C_v}{1 - a_0}$$

$$a' = \frac{a - a_0}{1 - a_0}$$

$$\beta_多' = \frac{\beta_多}{1 - a_0}$$

$$a_0 = \frac{m - 2}{m}$$

$$m = \frac{C_s}{C_v}$$

以上之中的 $C_s=2C_v$。

2. 年库容 $V_年$ 的计算

由于多年调节水库年库容的概念和年调节兴利库容的概念是一致的，都是为了调节径流年内变化而设置的库容，所以，前述的确定年调节兴利库容的时历法，对确定多年调节水库年库容仍然适用。

年库容同样可用库容系数表示。年库容系数：$\beta_年 = \dfrac{V_年}{W_年}$

年库容系数的计算式为：$\beta_年 = a\dfrac{T_枯}{12} - K_枯$

式中　a——调节系数；

$T_枯$——年内枯水期月数；

$K_枯$——枯水期水量模数，即年内枯水期的来水量与多年平均年径流量的比值。

式（$\beta_年 = a\dfrac{T_枯}{12} - K_枯$）是按照时历法的概念推出的，推导过程从略。应用式（$\beta_年 = a\dfrac{T_枯}{12} - K_枯$）计算时，关键问题是需要合理地定出 $T_枯$ 和 $K_枯$ 值。各种年份的和值是不同的，选择何种年份的枯水期月数及枯水期水量模数作为 $T_枯$ 和 $K_枯$ 呢？在工程设计中一般作如下考虑：多年调节水库的年库容决定于设计枯水系列的前一年，该年的年来水量必然大于或等于年用水量。年来水量小于年用水量的年份应包括在多年调节的枯水系列里，其不足水量应由多年库容 $V_多$ 补充，该年不能用来计算年库容。一般说来，年水量大的年份，其枯水期水量也较大，所以，若选择年来水量大于年用水量的年份计算年库容，所得的库容较小。显然，根据年来水量等于年用水量的年份计算年库容，所求得的库容是在设计枯水系列前一年可能发生的各种来水年份中，所需的库容的最大值。所以，为保险起见，应选择年来水量等于（或十分接近）年用水量的年份，用该年的枯水期月数及枯水期水量模数作为 $T_枯$ 和 $K_枯$ 进行计算。

将以上分别确定的多年库容和年库容相加，便可确定出多年调节水库的总兴利库容 $V_兴$，即 $V_兴 = V_多 + V_年$。

以上计算未计入水量损失，多年调节计入水量损失与年调节计入水量损失的计算方法类似，也可先不计入水量损失进行计算，然后，按不计入水量损失求得的蓄水情况，近似求出损失水量，并考虑水量损失重新计算，逐次求得满足精度要求的结果。

第二章 洪水调节

第一节 水库调洪的过程与任务

利用水库蓄洪或滞洪是防洪工程措施之一。通常，洪水波在河槽中经过一段距离时，由于槽蓄作用，洪水过程线要逐步变形。一般是，随着洪水波沿河向下游推进，洪峰流量逐渐减小，而洪水历时逐渐加长。水库容积比一段河槽要大得多，对洪水的调蓄作用也比河槽要强得多。特别是当水库有泄洪闸门控制的情况，洪水过程线的变形更为显著。

当水库有下游防洪任务时，它的作用主要是削减下泄洪水流量，使其不超过下游河床的安全泄量。水库的任务主要是滞洪，即在一次洪峰到来时，将超过下游安全泄量的那部分洪水暂时拦蓄在水库中，待洪峰过去后，再将拦蓄的洪水下泄掉，腾出库容来迎接下一次洪水（见图2-1）。有时，水库下泄的洪水与下游区间洪水或支流洪水遭遇，相叠加后其总流量会超过下游的安全泄量。这时就要求水库起"错峰"的作用，使下泄洪水不与下游洪水同时到达需要防护的地区。这是滞洪的一种特殊情况。若水库是防洪与兴利相结合的综合利用水库，则除了滞洪作用外还起蓄洪作用。例如，多年调节水库在一般年份或库水位较低时，常有可能将全年各次洪水都拦蓄起来供兴利部门使用；年调节水库在汛初水位低于防洪限制水位，以及在汛末兴利部门使用。这都是蓄洪的性质。蓄洪既能削减下泄洪峰流量，又能减少下游洪量；而滞洪则只削减下泄洪峰流量，基本上不减少下游洪量。在多数情况下，水库对下游承担的防洪任务常常主要是滞洪。湖泊、洼地也能对洪水起调蓄作用，与水库滞洪类似。

若水库不需承担下游防洪任务，则洪水期下泄流量可不受限制。但由于水库本身自然地对洪水有调蓄作用，洪水流量过程经过水库时仍然要变形，客观上起着滞洪的作用。当然，从兴利部门的要求来说，更重要的是蓄洪。

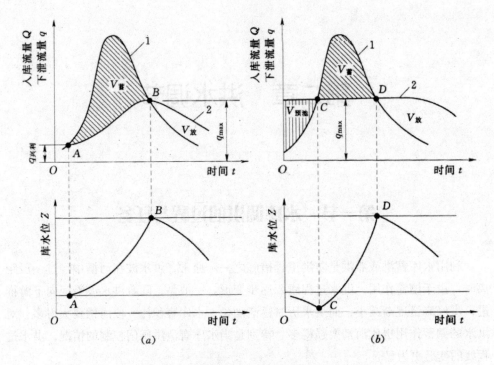

图2-1 水库调蓄后洪水过程线的变形示意图

（a）无闸门控制时；（b）有闸门控制时

1-入库洪水过程线；2-下泄洪水过程线

洪水流量过程线经过水库时的具体变化情况，与水库的容积特性，泄洪建筑物的型式和尺寸以及水库运行方式等有关。特别是，泄洪建筑物是否有闸门控制，对下泄洪水流量过程线的形状有不同的影响，可参见图2-1的例子。在水库调蓄洪水的过程中，入库洪水、下泄洪水、拦蓄洪水的库容、水库水位的变化以及泄洪建筑物型式和尺寸等之间存在着密切的关系。水库调洪计算的目的，正是为了定量地找出它们之间的关系，以便为决定水库的有关参数和泄洪建筑物型式、尺寸等提供依据。

第二节 水库调洪计算的原理

水库泄洪建筑物的主要形式有表面式溢洪道和深水式溢洪洞两种。表面式溢洪道分为有闸控制和无闸控制两种型式。深水式泄洪洞有设在坝体的底孔、泄水管道及泄洪隧洞等。深水式泄洪洞都设有闸门控制，当设置高程较低时，还可起到放空水库、排沙和施工导流的作用。因此，重要的大中型水库工程，大多同时设置有上述两类泄洪建筑物。

泄洪建筑物在某水位的泄流能力，是指该水位下泄洪建筑物可能通过的最大流量。无闸门溢洪道的泄流量与该水头的泄流能力是一致的。有闸门控制的泄洪建筑物的泄流能力，是指闸门全开时的泄流量。对于拟定的某一具体泄洪建筑区而言，无论是有闸还是无闸，其泄流量和泄洪能力随水位升降而变化。

开敞式溢洪道或溢流坝顶闸门完全开启对水流不起控制作用时，水流自由下泄，这种水流状态称为堰流，其泄流公式为

$$q_1 = \varepsilon m B \sqrt{2g} H_0^{3/2}$$

式中　q_1——溢洪道泄流量，m^3/s；

ε——侧收缩系数；

m——流量系数；

B——溢流堰净宽，m；

H_0——考虑行近流速的堰顶水头，m，$H_0 = H + v^2/2g$；

H——溢流堰堰顶水头，m。

泄洪洞或底孔泄流，可按有压管流公式计算：

$$q_2 = \mu \omega \sqrt{2gH_0}$$

式中　q_2——泄洪洞泄流量，m^3/s；

μ——孔口出流流量系数；

ω——泄洪洞的过水断面面积，m^2；

H_0——考虑行近流速的堰顶水头，即 $H_0 = H + v^2/2g$，$v^2/2g$ 可忽略不计。在非淹没出流时，H 等于上游水位与洞口中心高程之差。在淹没出流时，H 为上下游水位差，m。

为调洪计算方便，根据式（$q_1 = \varepsilon m B \sqrt{2g} H_0^{3/2}$）、式（$q_2 = \mu \omega \sqrt{2gH_0}$）绘制成 q—V 曲线。其中 q 为水库需水量 V 所对应的泄流能力。

洪水在水库中运行时，水库沿程的水位、流量、过水断面、流速等均随时间而变化，其流态属于明渠非恒定流。根据水力学，明渠非恒定流的基本方程，即圣维南方程组为：

$$连续方程\ \frac{\partial \omega}{\partial t}+\frac{\partial Q}{\partial s}=0$$

$$运动方程\ -\frac{\partial Z}{\partial s}=\frac{1}{g}\frac{\partial v}{\partial t}+\frac{v}{g}\frac{\partial v}{\partial s}+\frac{Q^2}{K^2}$$

式中　ω——过水断面面积，m^2；

　　　t——时间，s；

　　　Q——流量，m^3/s；

　　　s——沿水流方向的距离，m；Z——水位，m；

　　　g——重力加速度，m/s^2；v——断面平均流速，m/s；

　　　K——流量模数，m^3/s。

通常，这个偏微分方程组难以得出精确的分析解，而是采用简化了的近似解法：瞬态法、差分法和特征线法等。长期以来，普遍采用的是瞬态法，即用有限差值来代替微分值，并加以简化，以近似地求解一系列瞬时流态。它比较简便，宜于手算。近年来，随着电子计算机的广泛使用，国内外不少人用差分法进行电算，使差分法的应用出现了良好的发展前景。本书将介绍目前普遍采用的瞬态法，而其他方法请参阅水力学书籍。

瞬态法将上式进行简化而得出基本公式（推导过程从略），再结合水库的特有条件对基本公式进一步简化，则得专用于水库调洪计算的实用公式如下：

$$\overline{Q}-\overline{q}=\frac{1}{2}(Q_1+Q_2)+\frac{1}{2}(q_1+q_2)=\frac{V_2-V_1}{\Delta t}=\frac{\Delta V}{\Delta t}$$

式中　Q_1，Q_2——计算时段初、末的入库流量，m^3/s；

　　　$\overline{Q}$——计算时段中的平均入库流量，m^3/s，$\overline{Q}=(Q_1+Q_2)/2$

　　　q_1，q_2——计算时段初、末的下泄流量，m^3/s；

　　　$\overline{q}$——计算时段中的平均下泄流量，m^3/s，$\overline{q}=(q_1+q_2)/2$；

　　　V_1，V_2——计算时段初、末水库的蓄水量，m^3；

　　　ΔV——V_2 和 V_1 之差；

　　　Δt——计算时段，一般取 1～6h，需化为秒数。

这个公式实际上表现为一个水量平衡方程式，表明：在一个计算时段中，入库水量与下泄水量之差即为该时段中水库蓄水量的变化。显然，公式中并未计及洪水入库处至泄洪建筑物间的行进时间，也未计及沿程流速变化和动库容等得影响。这些因素均是其近似性的一个方面。

　　当已知水库入库洪水过程线时，Q_1、Q_2、$\overline{Q}$ 均为已知；V_1、q_1 则是计算时段 Δt 开始时段的初始条件。于是，上式中的未知数仅剩 V_2、q_2。当前一个时段的 V_2、q_2 求出后，其值即成为后一时段的 V_1、q_1 值，使计算有可能逐时段地连续进行下去。当然，用一个方程式来解 V_2、q_2 是不可能的，必需再有一个方程式 $q_2=f（V_2）$，与上式联立，才能同时解出 V_2、q_2 的确定值。假定暂不计及自水库取水的兴利部门泄向下游的流量，则下泄流量 q 应是泄洪建筑物泄流水头 H 的函数，而当泄洪建筑物的型式、尺寸 等已定时：

$$q = f(H) = AH^B$$

式中　A ——系数，与建筑物型式和尺寸、闸孔开度以及淹没系数等有关；

　　　B ——指数，对于堰流，B—般等于 3/2；对于闸孔出流，一般等于 1/2。

　　对于已知的泄洪建筑物来说，B=1/2 或 3/2, 视流态而变，而 A 也随有关的水力学 参数而变。因此，式（$q = f(H) = AH^B$）常用泄流水头 H 与下泄流量 q 的关系曲线来表示。根据水力学公式，H 与 q 的关系曲线并不难求出。若是堰流，H 即为库水位 Z 与堰顶高程之差若是闸孔出流，H 即为库水位 Z 与闸孔中心高程之差。因此，不难根据 H 与 q 的关系曲线求出 Z 与 q 的关系曲线 $q=f（Z）$。并且，由水库水位 Z，又可借助于水库容积特性 $V=f（Z）$，求出相应的水库蓄水容积（蓄存水量）V。于是，式（$q = f(H) = AH^B$）最终也可以用下泄流量 q 与库容 V 的关系曲线来代替，即

$$q=f（V）$$

　　式（$\overline{Q}-\overline{q} = \frac{1}{2}(Q_1+Q_2) + \frac{1}{2}(q_1+q_2) = \frac{V_2-V_1}{\Delta t} = \frac{\Delta V}{\Delta t}$）与式 $q=f（V）$ 组成一个方程组，就可用来求解 q_2 与 V_2 这两个未知数，但式 $q=f（V）$ 是用关系曲线的形式来表示的。此外，当已知初始条件 V_1 时，也可利用式 $q=f（V）$ 来求出 q_1；或者相反地由 q_1 求 V_1。

　　不论水库是否承担下游防洪任务，也不论是否有闸门控制，调洪计算的基本公式都是上述两式。只是，在有闸门控制的情况下，式 $q=f（V）$ 不是一条曲线，而是以不同的闸门开度为参数的一组曲线，因而计算手续要复杂一些。在承担下游防洪任务的情况下，当要求保持 q 不大于下游允许的最大安全泄量 q_{max} 时，就要利用闸门控制 q，当然计算手续也要麻烦一些。有时，泄洪建筑物虽设有闸门，但泄洪时将闸门全开，此时实际上与无闸门控制的情况相同。也有时，在一次洪水过程中，一部分时间用闸门控制 q，而另一部分时间将闸门全开而不加控制。这种有闸门控

制与无闸门控制分时段进行，当然也要繁琐一些。但不论是什么情况，所用的基本公式与方法都是一致的。

利用式（$\overline{Q}-\overline{q}=\frac{1}{2}(Q_1+Q_2)+\frac{1}{2}(q_1+q_2)=\frac{V_2-V_1}{\Delta t}=\frac{\Delta V}{\Delta t}$）和式 q=f（V）进行调洪计算的具体方法有很多种，目前我国常用的是：列表试算法和半图解法。下面将分别介绍这两种方法。由于有闸门控制的情况千变万化，计算步骤也比较麻烦，我们也将以比较简单的情况为例来介绍这两种方法。掌握基本方法以后，必然对比较复杂的情况可以触类旁通。

第三节　水库调洪计算的列表试算法、半图解法与简化三角形法

一、水库调洪计算的列表试算法

在水利规划中，常需根据水工建筑物的设计标准或下游防洪标准，按工程水文中所介绍的方法，去推求设计洪水流量过程线。因此，对调洪计算来说，入库洪水过程及下游允许水库下泄的最大流量均是已知的。并且，要对水库汛期防洪限制水位以及泄洪建筑物的型式和尺寸拟定几个比较方案，因此对每一方案来说，它们也都是已知的。于是，调洪计算就是在这些初始的已知条件下，推求下泄洪水过程线、拦蓄洪水的库容和水库水位的变化。在水库运行中，调洪计算的已知条件和要求的结果，基本上也与上述类似。

列表试算法的步骤大体如下：

（1）根据已知的水库水位容积关系曲线 V=f（Z）和泄洪建筑物方案，用水力学公式求出下泄流量与库容的关系曲线

（2）选取合适的计算时段，以秒为计算单位。

（3）决定开始计算的时刻和此时刻的 V_1/q_1 值，然后列表计算，计算过程中，对每一时段的 V_2、q_2 值都要进行试算。

（4）将计算结果绘成曲线（图2-2），供查阅。

在计算过程中，每一时段中的 Q_1、Q_2、q_1、V_1 先假定一个仍值，带入式

$\overline{Q}-\overline{q}=\frac{1}{2}(Q_1+Q_2)+\frac{1}{2}(q_1+q_2)=\frac{V_2-V_1}{\Delta t}=\frac{\Delta V}{\Delta t}$，求出 V_2 值。然后按此 V_2 值在曲线 q=f（V）上查出 q_2 值，将其与假定的 q_2 值相比较。若两 q_2 值不相等，则要重新假

定一个 q_2 值，重复上述试算过程，直至两者相等或很接近为止。这样多次演算求得的 q_2、V_2 值就是下一段的 q_1、V_1 值，可依据此值进行下一时段的试算。逐时段依次试算的结果即为调洪计算的成果。

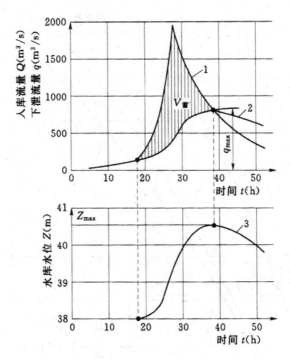

图2-2　某水库调洪计算结果
1—入库洪水过程线；2—下泄洪水过程线；3—水库水位过程线

二、水库调洪计算的半图解法

由上节可知，列表试算法很麻烦，工作量较大，所以人们比较喜欢用半图解法。半图解法的具体方法又有多种，这里只介绍比较常用的一种。它要求将式

$$\overline{Q} - \overline{q} = \frac{1}{2}(Q_1 + Q_2) + \frac{1}{2}(q_1 + q_2) = \frac{V_2 - V_1}{\Delta t} = \frac{\Delta V}{\Delta t} \text{ 改写为：}$$

$$\overline{Q} + (\frac{V_1}{\Delta t} - \frac{q_1}{2}) = (\frac{V_2}{\Delta t} - \frac{q_2}{2})$$

式中，$V/\Delta t$、$q/2$、（$V/\Delta t - q/2$）和（$V/\Delta t + q/2$）均可与水库水位 Z 建立函数关系。因此，可根据选定的计算时段 Δt 值、已知的水库水位容积关系曲线，以及根据水力学公式算出的水位下泄流量关系曲线，事先计算并绘制曲线组：（$V/\Delta t - q/2$）$= f_1$（Z）

（V/Δt+q/2）=f_2（Z）和q=f_3（Z），参见图2-3。其中，q= f_3（Z）即是水位下泄流量关系曲线，其余两曲线是所介绍的半图解法中必需的两根辅助曲线，故这一方法在半图解法中亦称为双辅助曲线法，以与单辅助曲线法相区别。

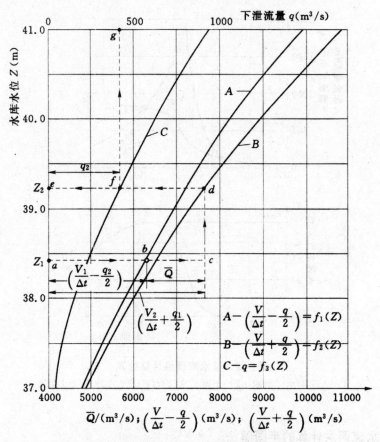

图2-3 调洪计算半图解法示例（双辅助曲线法）

当作好像图2-3中那样的辅助曲线后，就可进行图解计算。为了便于说明，利用图2-3中的曲线来讲解。计算步骤为：

（1）根据已知的入库洪水流量过程线、水库水位容积关系曲线、汛期防洪限制水位、计算时段△t等，确定调洪计算的起始时段，并划分各计算时段。算出各时段的平均入库流量$\overline{Q}$，以及定出第一时段初始的Z_1、q_1、V_1各值。

（2）在图2-3的水位坐标轴上量取第一时段的Z_1，得a点。作水平线ac交曲线A于b点，并使bc= $\overline{Q}$。因曲线A是（V/△t-q/2）=f_1（Z），a点代表Z_1，ab就等于

（$V_1/\triangle t-q_1/2$），ac 就等于 $\overline{Q}+（V_1/\triangle t-q_1/2$），按照式子 $\overline{Q}+\left(\dfrac{V_1}{\triangle t}-\dfrac{q_1}{2}\right)=\left(\dfrac{V_2}{\triangle t}-\dfrac{q_2}{2}\right)$，即等于（$V_2/\triangle t-q_2/2$）

（3）从点 c 作垂线交曲线 B 于 d 点。过 d 点作水平线 de 交水位坐标轴于 e，显然 de= ac=（$V_2/\triangle t+q_2/2$）。因曲线 B 是（$V/\triangle t+q/2$）=$f_2（Z）$，d 点在曲线 B 上，e 点就应代表 Z_2，从 e 点可读出 Z_2 值。

（4）de 交曲线 C 于 f 点，过 f 点作垂线交 q 坐标轴于 g 点。因曲线 C 是 q= $f_3（Z）$，e 点代表 Z_2，于是 ef 应是 q_2，即从 g 点可以读出 q_2 的值。

（5）根据 Z_2 值，利用水库水位容积关系曲线就可求出 V_2 值。

（6）将 e 点代表的 Z_2 值作为第二时段的 Z_1，按上述同样方法进行图解计算，又可求出第二时段的 Z_2、q_2、V_2 等值。按此逐时段进行计算，将结果列成表格，即可完成全部计算。

三、水库调洪计算的简化三角形法

规划设计无闸溢洪道的小型水库时，尤其在做多方案比较的过程中，往往只需求出最大下泄流量 q_m 及调洪库容 $V_洪$，而无需推求下泄流量过程线。在这种情况下，为了避免列表试算法的大量工作，可以考虑采用简化三角形法进行调洪计算。该法的基本假定是：入库洪水过程线 Q–t 可以概化为三角形（图2–4），下泄流量过程线的上涨段（虚线 ob）能近似地简化为直线 ob。有了这些假定之后，就可使调洪计算大为简化，现具体介绍如下：

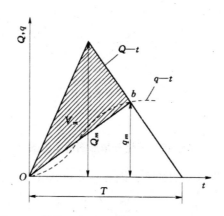

图2–4　简化三角形法水库入流、出流示意图

在图 2–4 中，因入库流量过程线 Q–t 已概化为三角形，其高 Q_m，底宽为过程线的历时 T，三角形的面积即入库洪水的洪量 $W=\frac{1}{2}Q_mT$ 所以调洪库容 $V_{洪}$ 为：

$$V_{洪}=\frac{1}{2}Q_mT-\frac{1}{2}q_mT=\frac{Q_mT}{2}(1-\frac{q_m}{Q_m})$$

将 $W=\frac{1}{2}Q_mT$ 代入上式，得出：

$$V_{洪}=W(1-\frac{q_m}{Q_m})$$

$$q_m=Q_m(1+\frac{V_{洪}}{W})$$

调洪计算式 $V_{洪}=W(1-\frac{q_m}{Q_m})$ 或式 $q_m=Q_m(1+\frac{V_{洪}}{W})$ 与水库蓄泄曲线 q—V 联合求解。这里的 V 是堰顶以上库容，即 V=V$_{总}$－V$_{堰}$。解算的方法常用简化试算法或图解法。简化试算法是先假定 q$_m$，利用式 $V_{洪}=W(1-\frac{q_m}{Q_m})$ 求 V$_{洪}$，再由 q—V 线查得一个新的 q$_m$，如二者相等，则所设 q$_m$ 和计算出来的 V$_{洪}$ 即为所求，否则继续试算。图解法如图 2-5 所示。在绘有 q-V 线的图上，沿横轴（q 轴）找出等于 Q$_m$ 的 B 点，再沿纵轴（V 轴）找出等于 W 的 A 点，连 AB 线。它与有 q-V 线的交点 C 的横标和纵标值即为 q$_m$ 及 $_v$ 洪。

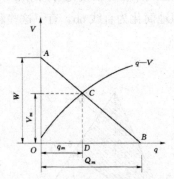

图 2-5　简化三角形图解示意图

该图解法的作图原理可证明如下：因 $\Delta AOB \backsim \Delta CDB$，对应边相互成比例，即：

$$\frac{DB}{OB}=\frac{CD}{AO}$$

将 DB=Q$_m$-q$_m$、OB=Q$_m$、CD=V$_{洪}$、AO=W 代入上式，得出

$$\frac{Q_m - q_m}{Q_m} = \frac{V_{洪}}{W}$$

即：$q_m = Q_m(1 - \frac{V_{洪}}{W})$

此式子与 $q_m = Q_m(1 + \frac{V_{洪}}{W})$ 相同，这就说明了图 2-5 的求解法是完全正确的。

第三章 水能计算

第一节 水能资源的基本开发方式

一、规式开发

在河道中修建挡水建筑物（拦河坝或闸），以抬高上游水位，形成集中的落差，构成发电水头，这种水能开发方式称为坝式开发。相应方式集中水头的水电站称为坝式水电站。图 3-1 为坝式水电站集中落差示意图。坝式水电站按厂房布置位置的不同，又分为坝后式水电站和河床式水电站。

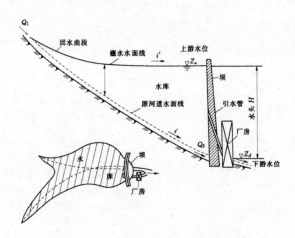

图 3-1 坝式水电站集中落差示意图

1. 坝后式水电站

坝后式水电站的厂房位于坝后，即坝的下游侧，与大坝分开，厂房不承受上游水压力。这种形式适合于河床较窄、洪水流量较大的中高水头水电站。

湖北省丹江口水电站是一座典型的坝后式水电站。该水利枢纽是按照水资源综合利用原则建成的我国大型水利工程之一，坝高为97m。水电站厂房布置在河床左部坝后，厂房内装设了六台水轮发电机组，总装机容量为900MW。

2. 河床式水电站

河床式水电站的厂房位于河床中，是挡水建筑物的一部分，厂房本身直接承受上游水压力，如图3-2所示。这种形式适合于平原河流低水头水电站。一般修建在中、下游河段上，其引用的流量一般较大。河床式水电站通常为低水头大流量水电站。

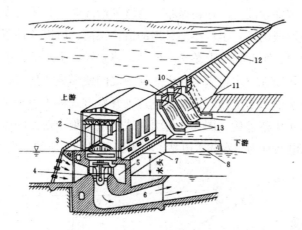

图3-2　河床式水电站布置示意图

1-起重机；2-主机房；3-发电机；4-水轮机；5-蜗壳；6-尾水管；7-水电站厂房；
8-尾水导墙；9-闸门；10-桥；11-混凝土溢流坝；12-主坝；13-闸墩

有些水电站直接修建在灌渠上，也属河床式水电站。河床式水电站水头不高，一般低于30m。

如长江葛洲坝水电站便为河床式水电站，坝高40m，水头27m，装机容量为2715MW。

由于河床式水电站其厂房起挡水作用，所以对其防渗和厂房稳定等方面的技术要求，应给予足够重视。

坝式开发主要有下列特点。

（1）坝式开发既集中落差，又能形成蓄水库。当水库具有较大的有效库容时，便可实现水资源的综合利用。可同时满足防洪、航运及其他兴利用水要求。

（2）由于电站厂房离坝较近，引水建筑物较短，从技术、经济观点考虑，坝式水电站特别是河床式水电站，可以引用较大的流量。

（3）坝式水电站水头通常受地质、地形、施工技术、经济条件及淹没损失等多方面因素的限制，和其他开发方式相比，其水头相对较小。

（4）由于坝的工程量大，且形成蓄水库会带来水库淹没问题，从而花费较大的淹没损失费，故坝式水电站一般投资大，工期长，单位造价高。

坝式开发不仅集中落差，一般还能调节水量，所以坝式开发综合利用效益高。坝式开发适用于流量大，坡降较缓，且有筑坝建库条件的河段。

二、引水式开发

当开发的河段坡降较陡，或存在瀑布、急滩等情况时，若采用坝式开发，即使修筑较高的坝，所形成的库容也较小，且坝的造价很高，所以这种情况采用坝式开发显然不合理。此时，可在河段上游筑一低坝，将水导入引水道，引水道的坡降小于原河道的坡降，所以在引水道末端和天然河道之间便形成了落差，再在引水道末端接压力水管，将水引入水电站厂房发电，这种开发方式称为引水式开发。引水式开发是由引水道来集中落差的，图3-3为引水式水电站集中落差的示意图。由引水道来集中落差的水电站称为引水式水电站，引水道可以是无压的，也可以是有压的。

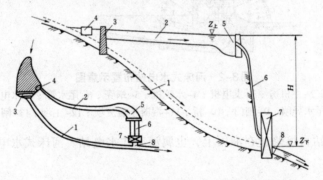

图3-3 引水式水电站集中落差示意图
1—河源；2—明渠；3—取水坝；4—进水口；5—前池；
6—压力水管；7—水电站厂房；8—尾水渠

由图3-3显然看出，引水式开发所集中的水头，一方面取决于地形条件，另一方面取决于引水道的长短。

用无压引水道（如明渠、无压隧洞等）来集中水头的水电站称为无压引水式水电站。图3-4为典型的山区小型无压引水式水电站的布置示意图。

由图3-4可见，在引水渠道进水口附近的原河道上也筑有坝，但它的作用不是用来集中水头，而是起水流改道的作用。

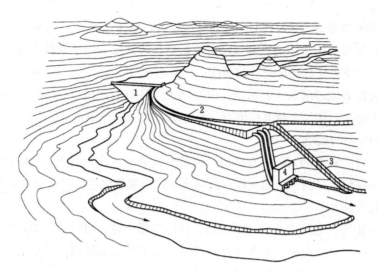

图3-4 无压引水式水电站总体布置示意图
1—坝；2—引水渠；3—溢水道；4—水电站厂房

用有压引水道（如有压隧洞、压力管道等）来集中水头的水电站称为有压引水式水电站。

我国许多山区、半山区都有修建引水式水电站的优、良地址，如广西壮族自治区兰洞水电站，用 10km 的引水渠，1100 多米压力管道，集中落差约 430m，装有 3 台 3200kW 的机组。贵州省闹水岩引水式水电站，引水道长 1.82km，水头 272.5m，装有 2 台 1600kW 的机组。

当有压引水道很长时，为减少其中的水击压力和改善机组的运行条件，常在压力引水道和压力水管的连接处设置调压室。

引水式水电站的主要特点为：

（1）由于不受淹没及筑坝技术的限制，其水头相对较高。在优越的地形条件下，用坡降较缓的引水建筑物，即使短距离引水也能集中很大落差，特别是有压引水式水电站。

（2）电站引用流量小。由于没有调节水库，进水口到厂房河段的区间径流难以利用，且受引水建筑物断面的限制，一般设计流量较小，主要依靠高水头发电。

（3）由于无蓄水库调节流量，所以水量利用率较差，综合利用效益低，电站规模较小。

（4）因无水库淹没损失，且工程量又小，所以工期短，单位造价一般较低。

应该注意：对于长引水建筑物，特别是当沿途地形复杂，须修建隧洞、渡槽、倒虹吸管等多种类型的建筑物时，可能工程量大，单位造价高。

引水式开发适用于河道坡降较陡、流量较小或地形、地质条件不允许筑坝的河段。尤其是有下列优良地形条件的河段：

（1）有瀑布或连续急滩的河段。因原河道以陡坡急泻而下，用较短的引水道便可获得较大水头。如河南辉县峪河潭头水电站，利用天然瀑布获总水头约290m，装设四台2500kW的机组。

（2）有较大转弯的河段。有些山区河段，几乎形成环状河湾，且坡降陡峻，可用引水建筑物将环口连通，用裁弯取直引水方式，建造比沿河引水短得多的引水道，便可获得较大的水头。

（3）当相邻河流局部河段相隔不远，且高差很大时，可从高河道向低河道引水发电。如江西罗湾水电站，由北潦河开凿一条长3700m的隧洞，引水到相距5km的南潦河，获取200m水头，装机容量18MW。

三、混合式开发

在河段的上游筑坝来集中一部分落差，并形成水库调节径流，再通过有压引水道来集中坝后河段的落差。这种在一个河段上，同时用坝和有压引水道结合起来共同集中落差的开发方式称为混合式开发。相应的水电站称为混合式水电站。

图3-5是混合式开发集中落差的示意图，由建在上游的坝集中水头 H_1，再由引水隧洞集中水头 H_2，构成电站总水头 $H=H_1+H_2$。

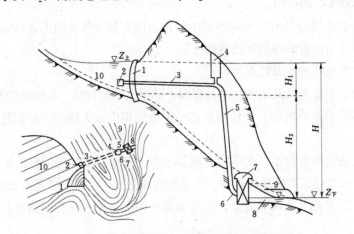

图3-5　混合式水电站集中落差示意图

1—坝；2—进水口；3—隧洞；4—调压井；5—斜井；6—钢管；

7—地下厂房；8—尾水渠；9—交通洞；10—蓄水库

混合式开发因有蓄水库，可调节径流，进行综合利用。它兼有坝式开发和引水式开发的优点，是较理想的开发方式，但必须具备合适的条件。当河段上游坡降较缓，有筑坝建库条件，淹没损失又小，河段下游坡降较陡，有条件用较短的压力引水道便能集中较大的落差时，采用混合式开发是比较经济合理的。

我国已建成许多混合式水电站，如四川狮子滩、广东流溪河及福建古田溪等水电站都属混合式水电站。图3-6所示的是安徽省毛尖山混合式水电站，该电站由坝集中 20m 左右水头，再由压力引水隧洞集中 120 多米水头，电站总净水头达 138m，装机 25MW。

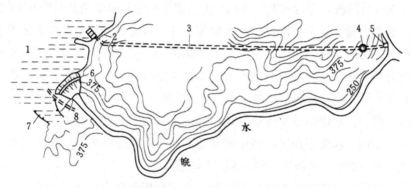

图3-6　安徽省毛尖山水电站总体布置图
1—水库；2—进水口；3—发电引水洞；4—调压井；
5—地面厂房；6—大坝；7—溢洪道；8—导流洞

混合式水电站和引水式水电站之间没有明确的分界线。严格地说，混合式水电站的水头是由坝和引水建筑物共同集中的，其坝较高，集中了一定的落差，且一般构成蓄水库。而引水式水电站的水头只由引水建筑物集中，坝较低，只起水流改道作用。在实际工程中，有时并不严格区分来称谓，通常将具有一定长度引水建筑物的水电站统称为引水式水电站。

综上所述，就集中落差的方式来看，坝式开发和引水式开发是两种最基本的类型，混合式开发是两种基本类型的组合。各种开发方式都有其特点和适用条件，应按综合利用原则，据当地水文、地质、地形、建材及经济条件等，因地制宜地选择技术上可行、经济上合理的开发方式。

第二节　水能计算的目的和基本方法

一、水能计算的目的

水电站的产品为电能，出力和发电量是水电站的两种动能指标。确定水电站这两种动能指标的计算称为水能计算。在不同的阶段，水电站水能计算的目的是不同的。

在规划设计阶段，进行水能计算的目的主要是选定与水电站及水库有关的参数，如水电站装机容量、正常蓄水位、死水位等。这时可先假定几个水库正常蓄水位方案，算出各方案的水电站出力、发电量等动能指标，结合综合利用部门的要求进行技术经济分析，从中选出最有利的方案，从而确定最优参数。此时进行水能计算的目的主要是为了正确选择水电站及水库的最优参数。

在运行阶段，水电站及水库的规模已经确定，但不同的运行方式，水电站的出力及发电量不同，从而在国民经济中的效益不同。此时进行水能计算的目的主要是为了确定水电站在电力系统中的最有利运行方案。

这两个阶段的水能计算并无原则区别。只是在规划阶段，由于一些参数尚未确定，在计算时需作某些简化处理。如机组效率取为常数、水电站工作方式按等流量或其他方式调节等。待这些参数确定后，再作修正，重新进行水能计算，确定最终动能指标。

二、水能计算的基本公式

由于河川径流的多变及电力系统负荷要求的变化等，使得水电站的出力随时间而变化，即 $N = f(t)$。

水电站在 $t_1 \sim t_2$ 时段的发电量为：$E = \int_{t_1}^{t_2} N dt$

但由于水电站的出力变化过程较复杂，很难用常规数学方程表示，故以上积分不容易实现。所以，在实际工作中，常用下式计算水电站的发电量

$$E = \sum_{t_1}^{t_2} \overline{N} \Delta t (kW \cdot h)$$

式中　Δt——计算时段，h，其长短主要取决于水电站出力变化情况及计算精度要求，

对于无调节水电站及日调节水电站，一般取 W=24h（即一日）；对于年调节水电站及多年调节水电站，一般取 Δt=730h（即 1 个月）；视水电站出力变化情况 Δt 也可不固定；

$\overline{N}$——水电站在 M 内的平均出力，kW。

三、水能计算基本方法

水能计算的方法主要有列表法和图解法。列表法概念清晰，应用广泛，适用于兼有复杂综合利用任务的水电站进行水能计算，同时列表法还便于应用计算机进行计算。图解法绘图工作量较大，近年来已较少使用。以下以年调节水电站为例，说明水能计算列表法。

年调节水电站调节周期内各个计算时段的利用流量和出力，与水库的调节方式有关。初步水能计算时，常采用简化的水库调节方式。详细计算时，可根据电力系统规定的出力或通过水库调度图的操作所确定的出力，按定出力调节。所以，水能计算方法可归纳为按定流量调节的水能计算和按定出力调节的水能计算，现分别介绍。

1. 按定流量调节的水能计算

这类水能计算课题是已知水电站水库的正常蓄水位和死水位（即兴利库容已定），水库调节方式按确定的流量调节，计算水电站的出力和发电量。

2. 按定出力调节的水能计算

在实际工作中，常常会遇到需解决另外的课题：水电站按规定的出力工作，即水库按确定的出力操作，推求兴利库容及水库的运用过程。

这类水能计算课题类似于之前内容介绍的已知用水求库容的径流调节计算，只是这里用水并未直接给出，而是间接给出的，所以，其计算比已知用水求库容的径流调节计算要复杂些。这是因为虽出力为已知，但不能从 $N=AQ_{电}H_{净}$ 中直接求解出发电引用流量 $Q_{电}$。因为当 N 已定时，$Q_{电}$ 随水头 $H_{净}$ 变化，而 $H_{净}$ 受水库蓄水量变化的影响，水库蓄水量变化又与 $Q_{电}$ 有关，所以发电引用流量 $Q_{电}$ 与水头 $H_{净}$ 互相影响，故需进行试算才能求解。这类课题视已知条件可分为下列三种情况。

第一种情况是已知水电站出力 N 及正常蓄水位 $Z_{正}$。这种情况应从供水期第一时段开始，顺时序试算，俗称"水能正算"，现以一个时段的试算为例说明试算过程。

已知水库正常蓄水位 $Z_{正}$ 为 201.0m，相应库容 $Z_{正}$ 为 $126 \times 106m^3$，出力系数 A=8.0，水头损失按 1.0m 计，设计枯水年天然来水流量过程见表 3–1 中第（3）栏，该年供水期从 11 月开始，水电站必须按表 3-1 中第（2）栏所规定的出力工作，确定水库兴利库容及水库运用过程。试算过程见表 3-1。

试算从供水期第一个时段（11 月）开始，该月初水库蓄水量应为正常蓄水位相应的蓄水量，即 $126 \times 106 m^3$，列入表中第（7）栏。假设水电站该月引用流量为 $40 m^3/s$，列入表中第（4）栏。据此可进行水库水量平衡计算，求出水库蓄水量变化，从而确定水库上游平均水位 $Z_上$，列入表中第（11）栏。据水库下泄流量 $40 m^3/s$（假设的发电引用流量及通过其他途径泄往下游的流量）查下游水位流量关系曲线得下游平均水位 $Z_下$，列入表中第（12）栏。上、下游平均水位差再减去水头损失即为平均净水头 $H_净$，列入表中第（14）栏。据出力计算公式 $N=AQ_电 H_净$ 便可求得校核出力 $N_校$，列入表中第（15）栏，即 $N_校 = 8.00 \times$（4）栏 $\times$（14）栏 $= 8.00 \times 40 \times 49.1 kW = 15.71 MW$。也就是说，如果该月水电站发电引用流量为 $40 m^3/s$，其出力则为 15.71MW。但该月规定的出力为 15MW，两者不符，显然假设的发电引用流量 $40 m^3/s$ 偏大。重新假设发电引用流量为 $38 m^3/s$，按上述相同的方法求得校核出力 $N_校 = 15.02 MW$，与规定的 15MW 很接近，这一时段试算结束，该时段发电引用流量便为 $38 m^3/s$。将该时段末水库蓄水量作为下时段初水库蓄水量，进行下时段的试算，如此进行直到供水期结束为止。供水期结束时段末的水库蓄水量即为死水位相应的库容 $V_死$，则可求得兴利库容 $V_兴 = V_正 - V_死$。算完供水期，再算蓄水期，便可求得整个调节年度水库的运用过程，即用水流量过程、水库蓄水量变化过程及水库蓄水位变化过程。

第二种情况是已知水电站出力 N 及死水位 $Z_死$。这种情况应从供水期结束时刻开始，逆时序试算，俗称"水能逆算"。试算仍可按表 3-1 格式进行，只是时间应逆时序列出。

第三种情况是已知正常蓄水位 $Z_正$ 及死水位 $Z_死$，水库按等出力调节，计算供水期这个等出力。这种情况是使水电站在供水期出力相等，且使水库在供水期内兴利蓄水量全部用完，即供水期结束时水库水位降到死水位（水库放空）。此种情况的计算最为复杂，需反复试算。首先假设一个等出力值，则可按第一种情况进行水能正算，求得相应供水期末水库所降到的水位。若该水位高于（或低于）已知的死水位，说明按假定的出力工作，水库中的兴利蓄水量在供水期内没有用完（或不足），所以假定的等出力值小（或大）了，需重新假设。增大（或减小）等出力值，再进行试算，直至供水期末水库所降到的水位恰好等于已知的死水位为止，此时所假设的等出力值即为所求。在假定等出力时，为使假设有所依据，常以简化法估算的供水期平均出力作为初试值。因已知正常蓄水位 $Z_正$ 及死水位 $Z_死$，即 $V_兴$ 已知，则可进行已知库容求用水的径流调节计算求出供水期内平均发电引用流量 $Q_{供}$。据供水期水库平均蓄水容积 $V_{死}+V_{兴}/2$ 查水库水位与容积关系曲线，可求得供水期平均上游水位 $Z_{上}$。再由 $Q_{供}$ 查下游水位与流量关系曲线，得供水期下游平均水位 $Z_{下}$。则供水期平均水头 $H_{供}=Z_{上}-Z_{下}-\Delta H$ 从而可求得供水期平均出力 $N_{供}=AQ_{供}H_{供}$。以此出力作为初试值，可尽量避免假设的盲目性。也可用做供水期等出力值与库容的关系曲线的方法进行等出力调节的水能计算，即假设几个供水期等出力值 $N_{供1}$、$N_{供2}$、…，按第一种情况进行水能正算（也可按第二种情况进行水能逆算），求得相应的兴利库容 $V_{兴1}$、$V_{兴2}$、…，则可作出供水期等出力 $N_{供}$ 与兴利库容 $V_{兴}$ 的关系曲线，再据已知的兴利库容从该曲线上查得相应的出力即为所求的供水期等出力。

表3–1　定出力调节的水能计算表

时间		（1）	11月	…
已定出力 N（MW）		（2）	15	…
天然流量 $Q_{天}$（m^3/s）		（3）	30	…
水电站引用流量 $Q_{电}$（m^3/s）		（4）	40	38	…
水库蓄水（+）或供水（–）	流量（m^3/s）	（5）	–10	–8	…
	水量（$10^6 m^3$）	（6）	–26.3	–21.0	…
时段初水库需水量 $W_{初}$（$10^6 m^3$）		（7）	126.0	126.0	…
时段末水库需水量 $W_{末}$（$10^6 m^3$）		（8）	99.7	105.0	…
弃水量 $W_{弃}$（$10^6 m^3$）		（9）	0	0	…
时段平均水库需水量 $\overline{W}$（$10^6 m^3$）		（10）	112.9	115.5	…
上游平均水位 $Z_{上}$（m）		（11）	200.1	200.3	…
下游平均水位 $Z_{下}$（m）		（12）	150.0	149.9	…
水头损失 ΔH（m）		（13）	1.0	1.0	…
平均净水头 $H_{净}$（m）		（14）	49.1	49.4	…
校核出力 $N_{校}$（MW）		（15）	15.71	15.02	…

第三节　水电站保证出力的计算

一、无调节水电站保证出力的计算

无调节水电站指水电站上游没有调节水库或库容过小，不能调节天然径流，所以其出力取决于河中当日的天然流量。无调节水电站是一种径流式电站。无调节水电站保证出力指相应于水电站设计保证率的日平均出力。

据长系列日平均流量资料，按出力公式 $N=AQ_电H_净$ 日计算日平均出力，将日平均出力按由大到小顺序排队，计算其频率，可绘制日平均出力频率曲线。据已知的设计保证率 $P_设$，从该频率曲线中查得相应的日平均出力即为无调节水电站的保证出力。

出力计算中的 $Q_电$ 为日平均天然流量减去水量损失及上游各部门引用流量。无调节水电站的上游水位为常数 $Z_正$，下游水位可据下泄流量查下游水位流量关系曲线求得，上、下游水位差再减去水头损失即为出力计算中的净水头 $H_净$。

在初步设计阶段，可采用代表年法，即选丰、中、枯三个代表年，以日为计算时段，按上述相同的方法计算日平均出力，绘出日平均出力频率曲线，并据已知的设计保证率查得 $N_保$。

为简化计算，常将各年所有的日平均流量由大到小分组，分别统计各组流量的日数及累积总日数，并计算各组末流量相应的频率，且绘制日平均流量频率曲线。由该曲线可查出与设计保证率相应的日平均流量，并按其相应水头求得保证出力。

二、日调节水电站保证出力的计算

日调节水电站可按发电要求调节日内径流，但其保证出力与无调节水电站相同，也为相应于设计保证率的日平均出力。因此，日调节水电站保证出力计算的列表格式和计算步骤与无调节水电站相同。不过日调节水电站的上游水位是在正常蓄水位与死水位之间变化。简化计算时可取平均水位，即据平均库容（$V_死+\frac{1}{2}V_兴$）查容积曲线得上游平均水位。

三、年调节水电站保证出力的计算

如前述，年调节水电站的保证出力一般是指符合设计保证率要求的供水期的平均出力，相应供水期的发电量即为保证电能。

计算保证出力是在水库规模已定（即正常蓄水位和死水位已定）的前提下进行的。较精确的计算方法为，利用已有的全部水文资料进行水能计算，求得一系列的供水期的平均出力 $N_供$，对其进行频率计算，求得供水期平均出力频率曲线，如图3-7所示。然后可据选定的设计保证率 $P_设$ 从图中查得 $N_保$。此法精度高，但工作量大，一般在规划设计阶段常采用简化法，即针对设计枯水年进行水能计算，求得该年供水期的平均出力，将其作为水电站的保证出力。

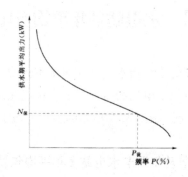

图3-7　供水期平均出力频率曲线示意图

在规划阶段进行多方案比较时，可按下法简化估算保证出力，用公式法求出设计枯水年供水期的平均发电流量 $Q_供=（W_供+V_兴）/T_供$，据平均蓄水库容（$V_死+V_兴/2$）查容积曲线得供水期上游平均水位，据 $Q_供$ 查下游水位流量关系曲线得供水期下游平均水位，求上、下游水位差，再减去水头损失即得供水期平均净水头 $H_供净$，然后直接求出年调节水电站的保证出力。

四、多年调节水电站保证出力的计算

多年调节水电站的保证出力通常指符合设计保证率要求的枯水系列的平均出力。由于多年调节水电站的调节周期较长，即便是采用长系列水文资料，其包括的枯水系列的个数也不多，所以难以按枯水系列平均出力频率曲线来确定保证出力。通常采用计算设计枯水系列平均出力的方法来计算多年调节水电站的保证出力。具体计算和年调节水电站保证出力的计算基本相同。

将保证出力乘以一年的时间（8760h）即为多年调节水电站的保证电能。多年调节水电站的保证电能常用年电能表示。

五、灌溉水库水电站保证出力的计算

有些灌溉水库，常建小型水电站。如灌溉引水口位于大坝下游，引取电站尾水进行灌溉，可使水得到重复利用，以充分发挥水库的综合利用效益。其水电站的工作特点为，发电服从于灌溉，在满足灌溉要求的情况下，尽可能多发电。

因发电服从于灌溉，这类水电站常找不到专为发电的供水期，所以不能按年保证率求出设计枯水年供水期的平均出力作为保证出力。

第四节 水电站多年平均发电量计算

水电站多年平均年发电量是指水电站在多年工作期间，平均每年所能生产的电能。多年平均年发电量也是水电站的重要动能指标。在规划设计阶段，按照计算精度的不同要求，可采用不同方法计算水电站的多年平均年发电量。

一、无调节、日调节及年调节水电站多年平均年发电量的计算

1. 中水年法

针对设计中水年（P=50%），进行水能计算。无调节、日调节水电站按旬或日进行调节计算，年调节水电站按月进行调节计算，求得各时段调节流量及水头，并计算各时段平均出力及各时段发电量。因水能转变为电能时，受水轮发电机容量的限制，所以需注意，当计算所得时段出力大于水电站装机容量时，该时段的电能仅能按装机容量计算。对各时段的发电量求和，可得到设计中水年的年发电量，并可将其作为水电站多年平均发电量的估算值。中水年法精度不高，一般在水电站规划阶段进行多方案比较时采用。

2. 三个代表年法

针对三个代表年（即丰水年、中水年、枯水年）按前述相同的方法分别计算每个代表年的年发电量，取其平均值即为多年平均年发电量，即

$$\overline{E} = \frac{1}{3}(E_\text{丰} + E_\text{中} + E_\text{枯})(kW \cdot \text{h})$$

式中 $E_\text{丰}$、$E_\text{中}$、$E_\text{枯}$——丰水年、中水年、枯水年的年发电量。

3. 长系列法

当计算精度要求较高，应对全部水文资料逐年进行计算，求得各年的年发电量，取其平均值作为多年平均年发电量。

二、多年调节水电站多年平均发电量的计算

多年调节水电站多年平均年发电量的计算常采用设计中水系列法。若要求计算精度高，也可采用长系列法，其计算方法与年调节水电站多年平均年发电量的计算类似。

第四章　水电站及水库的主要参数选择

第一节　电力系统及电站的容量组成

一、设计阶段的容量划分

在设计时，按容量所担负的任务可划分为下列组成部分。

1. 最大工作容量（$N_{\text{工}}''$）

用来满足系统最大负荷要求的容量，称为最大工作容量。最大工作容量是装机容量中的主要组成部分，显然系统的最大工作容量应等于系统设计水平年的年最大负荷值。该负荷值是由系统中所有电站共同承担的。

2. 备用容量（$N_{\text{备}}$）

因在实际运行中，有可能实际负荷超出原计划负荷，或者由于种种原因（如有的机组发生故障或需定期检修等），有些机组会暂时停机，所以，仅设置最大工作容量不能确保系统的正常工作，还必须设置一部分容量储备，这部分容量称为备用容量。备用容量按其作用可分为负荷备用、事故备用、检修备用三种。

显然，为保证系统的正常工作所设置的容量必须包括上面两部分，即最大工作容量和备用容量，这两部分容量之和称为必需容量（$N_{\text{必}}$）。即

$$\text{必需容量}（N_{\text{必}}）=\text{最大工作容量}\,N_{\text{工}}''+\text{备用容量}（N_{\text{备}}）$$

电力系统的必需容量是分别装设在系统中的各类电站上的，对于水、火电站混合系统

$$N_{\text{系必}}=N_{\text{水必}}+N_{\text{火必}}$$

$$N_{\text{水必}}=N_{\text{水工}}''+N_{\text{水备}}$$

$$N_{\text{火必}}=N_{\text{火工}}''+N_{\text{火备}}$$

式中　$N_{\text{系必}}$、$N_{\text{火必}}$——系统、水电站、火电站的必需容量；

$N''_{水工}$、$N''_{火工}$——水电站、火电站的最大工作容量；

$N_{水备}$、$N_{火备}$水电站、火电站的备用容量。

显然，水、火电站混合系统要求的出力，是由系统中水、火电站共同满足的。如果水电站少装（或多装）一些必需容量，火电站就应多装（或少装）相同数量的必需容量，才能满足系统要求。

3. 重复容量（$N_重$）

对于水电站来讲，如果水库调节能力不大，在汛期即使以全部必需容量投入运行仍可能产生大量弃水，此时，可考虑在必需容量基础上，再加设一部分容量，以便减少弃水，增发季节性电能，节省火电的燃料费。这部分容量称为重复容量。

因为重复容量只有在洪水期时才能投入运行，在枯水期因为水量不足而不能投入工作，所以，它不能替代火电站的必需容量。设置重复容量只是为了增发季节性电能，替代火电站的发电量，从而节约燃料费。

综上所述，电力系统的装机容量及水、火电站的装机容量的组成从设计观点可表示为

$$N_{系装}=N_{水装}+N_{火装}=N''_{系工}+N_{系备}+N_重=N_{系必}+N_重$$
$$N_{水装}=N''_{水工}+N_{水备}+N_重=N_{水必}+N_重$$
$$N_{火装}=N''_{火工}+N_{火备}=N_{火必}$$

式中　$N_{系装}$、$N_{水装}$、$N_{火装}$——系统、水电站、火电站的装机容量；

其他符号意义同上。

二、运行阶段的容量划分

在运行阶段，系统和电站的装机容量已经确定。系统中电站是按负荷要求进行工作的。由于运行时系统最大负荷出现的时间不长，而系统的最大工作容量是按系统最大负荷设置的，而且在装机容量中还包括备用容量和重复容量，所以电站装机容量并非任何时间都全部处于工作状态。另一方面，可能由于某种原因（如机组发生故障、火电站缺燃料、水电站水量或水头不足等等因素），部分装机容量不能投入工作。这部分容量称为受阻容量。受阻容量以外的所有容量为可用容量。可用容量中按其所处的状态可分为工作容量（按负荷要求正在工作的容量）和待用容量。待用容量中处于备用状态的为备用容量。其余的处于空闲状态，称之为空闲容量。

综上所述，从运行观点看，系统和电站的装机容量可表示为：

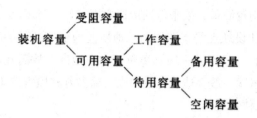

由于不同时刻负荷要求不同，再加之其他条件的变化（如机组发生故障情况、火电站燃料供应情况、水电站水量及水头情况等都随时间发生变化），所以，上述各种状态的容量是随时变化的，且不同的电站和不同的机组处于何种工作状况也是互相转换的。

第二节　水电站在电力系统中的运行方式

一、水、火电站的工作特性

1. 水电站的工作特性

（1）水电站出力和发电量的制约因素较多。水电站的出力和发电量受天然径流的影响，尽管可以利用水库进行径流调节，但遇特殊枯水时期水电站的出力和发电量仍可能不足，并导致正常供电遭受破坏。故水电站正常工作只能达到一定的保证程度。

对于有综合利用任务的水库，水电站发电还要受到各部门用水要求的制约。如兼有防洪和灌溉任务的水库，汛期和灌溉期内水电站发电较多，但冬季其发电则受到制约。下游有航运任务的水库，为保证通航，向下游泄放均匀的流量，水电站则不宜担任变动负荷。

对于低水头径流式水电站，常因汛期下泄流量过大引起下游水位猛涨，而使水头不足，发电受阻。对于具有调节水库的中高水头水电站，当库水位较低时，也有可能使水电站出力不足。

（2）水电站机组操作运用灵便、启闭迅速。水电站机组从停机状态到满负荷运行只需几分钟时间，并能迅速改变出力大小，以适应负荷的剧烈变化。而且水轮机出力在一定范围内变化时，仍可保持较高的效率。所以，有一定的调节性能的水电站适宜担任系统的调峰、调频、负荷备用及事故备用等任务。

（3）由于水电站利用的是天然水能（再生性能源），不消耗燃料，且水电站机电设备及生产过程均较简单，故水电站运行费用较低，且不污染，有利于环境保护。

（4）水电站的建设地点受水能资源、地质及地形等条件的限制。同时水电站土建工程量大，工期长，且因其一般远离负荷中心地区，故需建高压、远距离输变电工程。另外，修建水库一般会造成淹没损失，需做好移民安置工作。

2. 火电站的工作特性

火电站的主要设备为锅炉、汽轮机和发电机等，我国火电绝大部分以煤为燃料。火电站的工作主要有以下特性。

（1）火电站出力和发电量，不像水电站那样受天然径流的影响，只要供应充足的燃料，发电就有保证，故其工作保证率较高。

（2）火电站工作惰性大，机组启动费时，加荷也较缓慢，从停机状态启动到满负荷运行一般需 2～3h。火电机组（高温高压机组）还受"技术最小出力"（约为额定出力的 70%）的限制，同时机组出力在额定容量的 85%～90% 时效率最高，单位燃耗最小。所以，火电站适宜担任系统的基荷，不宜承担变动负荷。

（3）由于火电必须消耗大量的燃料（一次性能源），且机组设备较复杂，厂用电及所需管理人员也多，所以，火电运行费远比水电高。另外，火电站污染环境，需采取环保措施。

二、水电站在电力系统中的运行方式

电站在电力系统中的运行方式是指它在电力系统负荷图中的工作位置，即担负峰荷、腰荷还是基荷。目前我国多数地区的电力系统是水电站和火电站混合系统。因此，本节着重讲述在水、火电站混合电力系统中，为了使系统供电可靠、经济，水电站所应采用的运行方式。水电站因其水库的调节性能不同，以及年内天然来水流量的不断变化，年内不同时期的运行方式也必须不断调整，使水能资源能够得到充分利用。现将不同调节性能的水电站在电力系统中的运行方式简述如下。

1. 无调节水电站的运行方式

无调节水电站不能存蓄多余水量，如果承担变动负荷，将产生大量弃水。为了充分利用水能，无调节水电站应全年担负基荷工作。具体位置由无调节水电站的日水流出力决定，但超过装机容量部分为弃水出力。

2. 日调节水电站的运行方式

日调节水电站能对一昼夜内的天然来水量进行调节，所以，可以承担变动负荷。在不产生弃水且无其他限制条件的情况下，应尽量让日调节水电站担任系统的峰荷，以充分发挥水轮发电机组操作运用灵便、启闭迅速、能适应负荷变化的优点，并使系统中的火电站能在日负荷图的基荷部分工作，以取得高热效率，降低单位电能的燃料消耗。

若日调节水电站在峰荷运行会产生弃水，其工作位置应随来水流量的增大从峰荷逐渐下移，以充分利用水能资源。由于不同年份和年内不同季节的来水量变化较大，所以，日调节水电站的工作位置也应相应调整。

（1）在设计枯水年，水电站在枯水期内的工作位置是以最大工作容量担任系统的峰荷，如图 4-1 中的 $t_0 \sim t_1$ 与 $t_4 \sim t_5$ 时期。

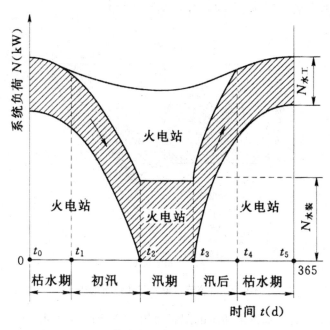

图 4-1　日调节水电站在设计枯水年的运行方式

当初汛期开始后，河中天然来水逐渐增加，若日调节水电站仍在峰荷运行，即使以全部装机容量投入工作，仍不免产生弃水，此时，其工作位置应逐渐下降到腰荷与基荷，如图 4-4 中的 $t_1 \sim t_2$ 时。在汛期，即图 4-1 中的 $t_2 \sim t_3$ 时期，河中天然来水量很大，日调节水电站应以全部装机容量在基荷运行，以尽量减少弃水量。在汛后，即 t_3 以后，河中天然来水量逐渐减小，日调节水电站的工作位置应逐渐上移，直到 t_4 时刻上移到峰荷。t_4 以后，又开始为枯水期，天然来水流量较小，日调节水电站又以最大工作容量在峰荷运行，如图 4-1 中的 $t_4 \sim t_5$ 时期。

在图 4-1 中的 $t_1 \sim t_2$ 和 $t_4 \sim t_5$ 时的具体位置，可按照提供电能与来水水能平衡的原则，用图解法确定。图解的主要步骤如下：

1）作电力系统日负荷图的日电能累积曲线，见图 5-5。

2）在图中作 E 辅助曲线，该曲线距日电能累积曲线的水平距离均等于 $E_{水日}$，$E_{水日}$ 为将该日来水量全部利用所能生产的日电能。

3）作 N 辅助曲线，该曲线距日电能累积曲线的垂直距离均等于该日调节水电站的装机容量 $N_{装}$。

4）从 N 辅助曲线与 E 辅助曲线的交点 a 作垂线交日电能累积曲线于 b 点。

5）分别由 a、b 两点作水平线与日负荷图相交，两交线之间的区域即为该日调节水电站的工作位置（对应于图 4-2 中的阴影面积）。

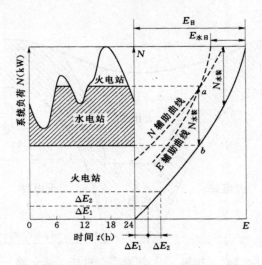

图4-2　日调节水电站工作位置的确定

上述图解中，日负荷图上所示的阴影面积，等于 $E_{水日}$。即水电站以全部装机容量在这个位置工作，所生产的日电能恰好等于该日天然水流的日电能，故此位置既能使装机容量全部发挥作用，又能使水能资源得到全部利用。如果将其工作位置上移，因受装机容量的限制，势必造成弃水，使日水流能量 $E_{水日}$ 不能充分利用。如果将其工作位置下移，将因日水流能量 $E_{水日}$ 的限制，水电站装机容量不能全部发挥作用。

（2）在丰水年份，河中天然来水量较多，即使是在枯水期，日调节水电站也可能担任系统负荷中的峰荷与部分腰荷。在初汛后期，就有可能发生弃水，日调节水电站应以全部装机容量承担基荷。在汛后初期，可能来水仍较多，若继续有弃水，水电站仍应承担基荷，直到进入枯水期后，其工作位置便可恢复到腰荷，并随来水量的减少逐渐上升到峰荷。

3. 年调节水电站的运行方式

年调节水电站的调节能力较强，可对一年内的天然径流进行调节。

（1）设计枯水年的运行方式。年调节水电站在设计枯水年中各个时期的工作位置如图4-3所示。现分述如下。

1）供水期。在设计枯水年的供水期，河中的天然流量常常小于水电站发出保证出力所需的调节流量。该时期，水电站一般担任峰荷，按保证出力工作。

2）蓄水期。从t_1时刻开始，天然流量逐渐增加，水库开始蓄水。蓄水期开始时，水电站可在峰、腰荷位置工作，当水库蓄水至相当程度，如天然来水量仍在增加，则可加大水电站引用流量，工作位置随之下移，从腰荷降至基荷。在蓄水期，将其多余水量全部蓄入水库，至t_2时刻水库蓄满。

3）弃水期。水库在t_2时刻蓄满后，河中天然来水量仍很大，其来水流量有可能超过水轮机最大过水能力Q_T。此时，尽管水电站以全部装机容量在基荷位置工作，仍不可避免产生弃水，至t_3时刻天然流量等于水轮机最大过水能力Q_T为止，弃水结束。

4）不蓄不供期。t_3时刻以后，河中天然流量小于水轮机最大过水能力Q_T，但仍大于水电站发出保证出力所需的调节流量。由于此时水库已蓄满，为充分利用水能资源，水电站按天然流量发电，水库既不蓄水也不供水，保持库满。其工作位置将随河中天然流量的逐渐减小，由基荷逐渐上移，至峰荷位置与供水期衔接，见图4-3中$t_3 \sim t_4$在年负荷图上的工作位置t_4时期。

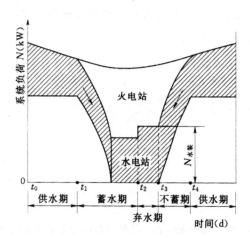

图4-3　年调节水电站设计枯水年在年负荷图上的工作位置示意图

（2）丰水年的运行方式。丰水年的天然来水量较多，为避免弃水，即使在供水期水电站也可能担任腰荷和部分基荷。具体引用流量大小应统筹考虑，既要避免因引用流量过小，供水期末用不完水库中的蓄水量而使汛期内弃水增加，又要避免供水期前段因引用流量过大而影响到后段水电站及其他用水部门的正常工作。在蓄水期，水量充沛，水电站应迅速转至基荷位置工作。在弃水期，水电站应以全部装机容量在基荷位置工作。各时期运行方式如图4-4所示。

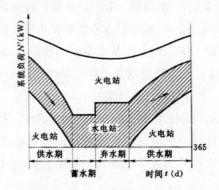

图4-4 年调节水电站丰水年在年负荷图上的工作位置

4. 多年调节水电站的运行方式

多年调节水电站的调节库容较大，其径流调节程度和水量利用率比年调节水库大得多，只有遇到连续丰水年才能蓄满水库，并有可能发生弃水。故多年调节水电站在一般年份均按保证出力工作，且全年在电力系统负荷图上担任峰荷。在年内丰水期或系统负荷较低的时期内，水电站可适当加大出力，以保证此时期内火电站机组进行计划检修，如图4-5所示。

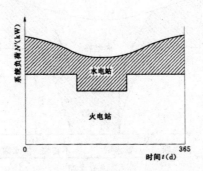

图4-5 多年调节水电站一般年份在电力系统中的运行方式

第三节　水电站装机容量选择

一、水电站最大工作容量的确定

设计水平年电力系统的最大负荷值 $N''_系$ 为定值，该值是由系统中的所有电站共同承担的，其中水电站所承担的最大负荷称为水电站最大工作容量。

电力系统中水电站的最大工作容量是按照电力电量平衡原则确定的。按照电力平衡原则，电力系统（指火电站和水电站混合系统）中的电站的工作容量应随时满足系统负荷的要求，为此有

$$N''_{火工} = N''_{水工} = P''_系$$

式中　$N''_{火工}$、$N''_{水工}$——电力系统中所有火电站、所有水电站最大工作容量之和；

$P''_系$——电力系统设计水平年的最大负荷。

按照电能平衡原则，在任何时段内，电力系统（指火电站和水电站混合系统）中的电站所能提供的电能应能满足系统电能的要求，为此有

$$E_{火保} + E_{水保} = E_{系保}$$

式中　$E_{火保}$、$E_{水保}$——电力系统中所有火电站、所有水电站的保证电能；

$E_{系保}$——电力系统要求提供的保证电能。

按照电力电能平衡原则，任何时刻的出力及任何时段的电能均应达到平衡。上述两式表明，在系统出现最大负荷及系统发电受到限制时，要求达到电力、电能平衡的条件。

系统的负荷由火电站和水电站的工作容量共同平衡。当电站提供相同的日电能，但在负荷图中的工作位置不同时，能够承担的最大工作容量则不同。如图 4-6 所示，当提供相同的日电能时，电站在峰荷工作能够承担的最大工作容量 $N''_{工1}$，大于电站在基荷工作所能承担的最大工作容量 $N''_{工2}$（见图 4-6，$N''_{工1} > N''_{工2}$）。

因水电站适于承担变动负荷，同时在水电站水库的正常蓄水位及死水位确定的情况下，水电站补充装机的单位千瓦造价低于火电站补充装机的单位千瓦造价，所以应尽可能让水电站承担变动负荷，加大水电站的最大工作容量。

不同调节类型的水电站，其保证电能的计算时段不同，在负荷图中的工作位置也不同，所以，确定其最大工作容量的具体方法不同，以下分别介绍。

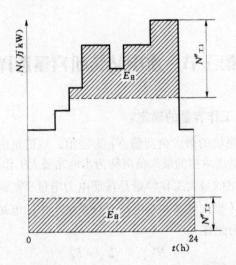

图4-6 电站在负荷图中的工作位置对其最大工作容量的影响示意图

1. 无调节水电站最大工作容量的确定

由于无调节水电站没有水量调节能力，为避免弃水，其工作位置应在基荷。按保证电能进行计算，无调节水电站的最大工作容量等于保证出力。

2. 日调节水电站最大工作容量的确定

日调节水电站在一日之内可进行径流调节，其保证电能等于保证出力乘以一日的时间（24h），即 $E_保$=24$N_保$。

提供保证电能时，日调节水电站一般应在电力系统负荷图中的峰荷部分工作。此时可据设计 水平年典型日最大负荷图，绘制日电能累积曲线，如图4-7所示。自日电能累积曲线的顶点 a 向左量取 ab=$E_保$，以再由 b 点向下作垂线交日电能累积曲线于 c，bc 即为所求水电站的最大工作容量 $N_工''$。

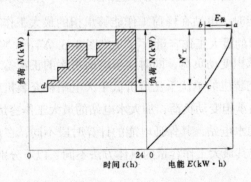

图4-7 日调节水电站最大工作容量的确定（承担峰荷时）

显然，图4-7所示负荷图中的阴影面积等于以图中$E_保$所示的最大工作容量，按照负荷图工作一日，所提供的电能恰好等于保证电能$E_保$，因此 bc 即为所求的最大工作容量。

当日调节水电站下游河道有航运或其他用水（如生态用水、灌溉用水等）要求时，若水电站以全部能量在峰荷工作，则下泄流量有时不能满足航运水深或其他用水流量要求。此时，水电站的最大工作容量应分为两部分，一部分担任基荷，另一部分担任峰荷，如图4-8所示。显然，图中两部分阴影面积之和应等于保证电能。

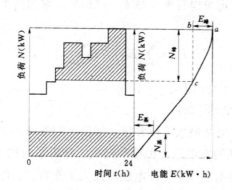

图4-8　日调节水电站最大工作容量的确定（承担峰荷和基荷时）

据航运或其他用水要求的流量$Q_基$可计算出水电站担任基荷的工作容量$N_基$为：

$$N_基 = AQ \overline{H_净}$$

式中　$\overline{H_净}$——日平均净水头，m。

对应的基荷电能$E_基 = 24N_基$，剩余的电能$E_峰 = E_保 - E_基$。可据日电能累积曲线采用前述相同的方法求得$E_峰$对应的峰荷容量$N_峰$，则水电站的最大工作容量为

$$N''_工 = N_基 + N_峰$$

3. 年调节水电站最大工作容量的确定

由于年调节水电站保证出力的计算时段为供水期，所以应通过供水期的电力电量平衡来确定其最大工作容量。该最大工作容量所对应的供水期发电量应等于保证电能。便为在保证电能控制下的最大工作容量的最大值。

由于年调节水电站的调节能力较大，如不受其他条件限制，水电站在供水期应尽量承担峰荷及腰荷。以下是确定年调节水电站最大工作容量的主要步骤。

（1）计算保证出力$N_保$及保证电能$E_保$计算方法如第四章第四节中年调节水电站保证出力的计算所述。

（2）据负荷资料做出年最大负荷图和供水期各月典型日负荷图及其日电能累积曲线。

（3）拟定年调节水电站最大工作容量方案，如 $N_{\text{工}}''$、$N_{\text{工}1}''$、$N_{\text{工}2}''$…。以水平线划分各月水电站与火电站的工作位置。

（4）分别计算各方案供水期的发电量对每个方案在供水期各月的典型日负荷图上，求出相应的日发电量 $E_{\text{日}}$，则可求得日平均出力 $\overline{N} = \dfrac{E_{\text{日}}}{24}$，用日平均出力近似作为其月平均出力，从而可求得月发电量 $E_{\text{月}} = 730\overline{N}$。累积供水期各月发电量即为供水期发电量，即

$$E_{\text{供}} = \sum E_{\text{月}} = 730\sum \overline{N_i}$$

式中　　$\overline{N_i}$——i 月份的平均出力；

　　　　730——每个月的小时数。

（5）确定年调节水电站最大工作容量。据拟定的各最大工作容量方案及计算出的各方案相应的供水期的发电量，可绘制最大工作容量与供水期发电量关系曲线。从该曲线查得供水期发电量等于保证电能的最大工作容量，即为所求水电站的最大工作容量。

4. 多年调节水电站最大工作容量的确定

多年调节水电站最大工作容量确定的原则和方法，与年调节水电站基本相同。但因多年调节水电站的保证出力为符合水电站设计保证率要求的枯水年组平均出力，其保证电能按设 计枯水系列中一年的发电量计。因此多年调节水电站确定最大工作容量时，计算时段是枯水年，而不是年内供水期。在设计枯水系列各年内，多年调节水电站全年均担任系统峰荷及腰荷。计算中，水、火电站仍按水平线划分工作位置。不过，因其在年内汛期中工作容量加大，故水、火电站的工作位置按阶梯型水平线划分（见图4-9）。

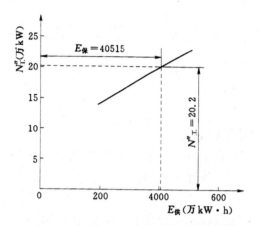

图4-9　年调节水电站最大工作容量与供水期发电量关系曲线

上述系统电力电量平衡法确定最大工作容量，计算精度较高，但需要较详细的远景负荷资料。当缺乏远景负荷资料时，不能采用上述系统电力电量平衡法确定最大工作容量，只能用简化法估算。下面介绍一种公式估算法。

据水电站承担系统负荷情况分别采用下面公式估算。

（1）当拟建水电站承担全部变化负荷时，即$KN_{保} \geq N''_{系}(\gamma - \beta)$，则

$$N''_{工} = KN_{保} + N''_{保}(1 - \gamma)$$

（2）当拟建水电站承担部分变化负荷时，即$KN_{保} \langle N''_{系}(\gamma - \beta)$，

$$N''_{工} = [\frac{KN_{保}}{(\gamma - \beta)\ N''_{系}}]^{\frac{\gamma - \beta}{1 - \beta}} \times N''_{系}(1 - \beta)$$

式中　$N''_{工}$——拟建水电站的最大工作容量；

　　　K ——周调节系数（取值1.1 ~ 1.15）；

　　　γ ——日平均负荷率；

　　　β ——日最小负荷率；

　　　$N''_{系}$——设计水平年系统年最大负荷；

　　　$N_{保}$——拟建水电站的保证出力。

（3）当拟建水电站承担腰荷时，即已有调峰电站在日负荷图的上部工作，拟建电站在该调峰电站下部工作。

此种情况可按下述方法确定拟建电站最大工作容量。将拟建电站与调峰电站保证出力相加，求得两个电站的总保证出力$N_{总保}$。若$KN_{总保} \geq N''_{系}(\gamma - \beta)$，应将式（$N''_{工} = KN_{保} + N''_{保}(1 - \gamma)$）中的$N_{保}$用$N_{总保}$代替，求出两电站总的最大工作容量$N''_{总工}$

。若 $KN_{总保}\langle N''_{系}(\gamma-\beta)$ ，应将式（ $N''_{工}=[\dfrac{KN_{保}}{(\gamma-\beta)\,N''_{系}}]^{\frac{\gamma-\beta}{1-\beta}}\times N''_{系}(1-\beta)$ ）中的 $N_{保}$ 用 $N_{总保}$ 代替，求出两电站总的最大工作容量 $N''_{总工}$ 。将 $N''_{总工}$ 减去调峰电站的最大工作容量，即为拟建电站的最大工作容量。

二、水电站备用容量的确定

为使电力系统能够正常运行，并保证其供电质量及可靠性，应设置一部分备用容量。备用容量按其任务可分为以下三种。

1. 负荷备用容量 $N_{负}$

在实际运行中，电力系统的负荷处于不断变动中，例如冶金工业中巨型轧钢机在轧钢时，电气化铁路在列车起动时等，都会造成系统负荷瞬间跳动。此时实际的负荷有可能超过原计划的最大负荷 $N''_{系}$ ，所以必须设置一部分备用容量，用来承担这部分超计划负荷，以保证供电质量。这部分备用容量称为负荷备用容量。负荷备用一般按经验确定。按照有关规范，电力系统的负荷备用容量可采用系统最大负荷的 5% 左右。由于水电站起动灵便，能迅速适应负荷的急剧变化，所以，负荷备用容量一般由靠近负荷中心的调节性能较好的水电站承担。若负荷备用容量较大，可由两个或多个水电站承担。

2. 事故备用容量 $N_{事}$

在实际运行中，系统中任一台机组都有可能发生事故而停机。为保证系统的正常运行，必须装设一部分备用容量，以便在机组发生事故时能迅速投入工作，这部分容量即为事故备用容量。系统机组发生事故的多少，与机组的状况和工作条件有关。实际工作中，事故备用容量按规范确定，有关规范规定，电力系统的事故备用容量可采用系统最大负荷的 10% 左右，但事故备用容不得小于系统最大一台机组的容量。事故备用容量可由水电站和火电站共同承担，规划阶段，系统的事故备用容量可按水、火电站最大工作容量的比例分配。在水电站上装设事故备用容量必须留有备用水量，当备用水量占水库容积比重较大时，应考虑留有备用库容。

3. 检修备用容量 $N_{检}$

为了延长机组的寿命，降低事故率，电力系统中的各个机组必须有计划地进行检修，这种检修可安排在负荷低落时期进行。

设置检修备用容量时，可考虑火电机组每年大修一次，每台每年检修时间 30 天，水电机组两年大修一次，每台每年检修时间 15 天。规划设计阶段，按已确定的水、火电各种容量和检修时间，可计算所需的检修面积 $F_{需}$ （检修面积等于需检修的容量与检修时间的乘积，单位为 kW·d），同时，按设计水平年最大工作容量负荷图，可以计算负荷图实有的检修面积 $F_{实}$（如图 4-10 所示）。若 $F_{需} > F_{实}$，则需要设置检修备用容量 $N_{检}$。$N_{检}$ 可按下式估算

$$N_{检} = \frac{F_{需} - F_{实}}{365}$$

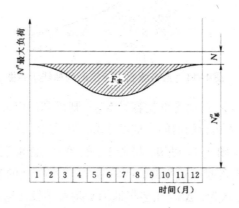

图 4-10　电力系统检修面积示意图

三、水电站重复容量的确定

对于无调节水电站或调节性能较差的水电站，在汛期即使以全部必须容量投入工作，仍产生大量弃水。为了减少弃水，充分利用水能资源，应在必须容量以外设置重复容量。

1. 确定水电站重复容量的动能经济计算

设置重复容量可增加水电站的季节性发电量，减少火电站的燃料消费，但同时要增加水电站的投资和年运行费。因较大弃水出现的几率较小，因此重复容量增大时，其效益的增加率将逐渐减小。为确定合理的重复容量，应进行动能经济计算。

经过径流调节的水流具有一定的水能，如果水电站仅设置必须容量 $N_{必}$，当水流出力大于 $N_{必}$ 时即出现弃水。按长系列径流资料进行水能调节计算，并进行统计分析，可求得水电站设置 $N_{必}$ 后，多年期间，弃水出力平均每年大于等于某弃水出力值 $N_{弃}$ 的时间（称为弃水出力持续时间，以小时计），并可绘制相应的关系曲线（称为弃水出力持续时间曲线，如图 4-11 所示）。

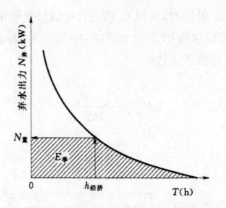

图4-11　放弃水出力持续时间曲线示意图

如在必须容量 $N_{必}$ 之外设置重复容量 $N_{重}$，则可利用以上弃水。多年期间，$N_{重}$ 平均每年能够全部投入运行的时间，应等于弃水出力 $N_{弃} \geqslant N_{重}$ 的时间，亦即 $N_{弃} = N_{重}$ 的弃水持续时间。由图4-11可知，随着 $N_{重}$ 的增大，能够利用的弃水出力将增大，但 $N_{重}$ 平均每年能够全部投入运行的时间将减少。设在 $N_{重}$ 的基础上，每增设一个微小的 $\Delta N_{重}$，可以近似认为，$\Delta N_{重}$ 在多年期间平均每年投入运行的时间与 $N_{重}$ 全部投入运行的时间相等。随着 $N_{重}$ 的增大，相应 $\Delta N_{重}$ 平均每年投入运行的时间和效益都将减小，经济上合理的 $N_{重}$，应当按其对应的 $\Delta N_{重}$ 产生的效益与费用相等的条件确定。定义在经济使用年限中，效益与费用相等时，$\Delta N_{重}$ 平均每年工作的小时数为重复容量 $N_{重}$ 的年经济利用小时数 $h_{经}$，按照动态经济分析方法，可以推出：

$$h_{经} = \frac{k_{水}\left[\dfrac{i(1+i)^n}{(1+i)^n - 1} + p_{水}\right]}{af}$$

$k_{水}$——水电站设置单位重复容量的造价，元/kW；

　i——额定资金收益率（进行国民经济评价时，为社会折现率）；

　n——重复容量经济使用年限，可取为25年；

$p_{水}$——水电站重复容量年运行费用率，即运行费与造价的比值，可取为2%
　　　　～3%；

　a——考虑水电站厂用电少于火电站，将水电发电量折算为火电发电量的系
　　　　数，可取为1.05；

　f——火电站 1kW·h 发电量所需的燃料费，元/（kW·h）。

求得 $h_{经}$ 后，便可按照 $h_{经}$ 在弃水出力持续时间曲线上查得经济上合理的重复容量 $N_{重}$。

2. 确定水电站重复容量的步骤

（1）绘制水电站弃水出力持续时间曲线。据初定的必须容量对全部水文系列进行径流调节、水能计算，并进行统计计算，求得不同弃水出力的持续时间。然后绘制弃水出力持续时间曲线，见图4-11。

（2）计算重复容量经济年利用小时数。按照式（$h_{经} = \dfrac{k_{水}[\dfrac{i(1+i)^n}{(1+i)^n-1}+p_{水}]}{af}$）可求得重复容量经济年利用小时数 $h_{经}$。

（3）确定重复容量。据在弃水出力持续时间曲线上查得弃水出力持续时间等于 $h_{经}$ 的 $N_{重}$，即为所求的水电站重复容量如图4-11所示。

按上述方法分别求出水电站的最大工作容量、备用容量及重复容量，这三种容量之和便为水电站装机容量的初定值。然后可按水电站的工作水头和水轮发电机制造厂家的生产型谱，并考虑水工布置要求，确定机组的型号、台数和水电站装机容量。对于大中型水电站，还应进行电力系统电力电能平衡分析，以便最终确定水电站的装机。

四、水电站装机容量选择的简化方法

以上介绍的按电力电能平衡原则选择水电站装机容量方法，结果比较准确，但计算工作量大，且对水文及负荷资料要求均较高。在初步方案比较，或小型水电站规划设计缺乏资料时，可采用简化法估算水电站装机容量。现介绍一种常用的简化方法，即"装机容量年利用小时数法"。

装机容量年利用小时数 $h_{年}$ 是指水电站多年平均年发电量 $\overline{E}_{年}$ 与水电站装机容量 $N_{装}$ 的比值，即

$$h_{年} = \overline{E}_{年} / N_{装}$$

装机容量年利用小时数 $h_{年}$ 反映了水电站设备的利用程度，同时也反映了水能利用的程度。$h_{年}$ 过小，说明设备利用率低，装机容量偏大，但水能利用较充分。$h_{年}$ 过大，虽设备利用率高，但装机容量偏小，水能资源得不到充分利用。所以，水电站的 $h_{年}$ 应在合理范围内。水电站的调节性能、地区水资源条件、电网中水电比重等情况不同，的合理取值不同，设计水电站时可参考表4-1选择合适的装机容量年利用小时数 $h_{年设}$。

$h_{年设}$ 选定后，可以按照以下方法确定装机容量。假设几个装机容量 $N_{装1}$、$N_{装2}$、$N_{装3}$、…，按照前面所述的水电站多年平均发电量的计算方法，分别求出各装机容量相应的水电站多年平均发电量 $\overline{E}_{年1}$、$\overline{E}_{年2}$、$\overline{E}_{年3}$、…，由上式计算出相应的装机

容量年利用小时数 $h_{年1}$、$h_{年2}$、$h_{年3}$、…，则可绘制装机容量与装机容量年利用小时数的关系曲线，即 $N_装$–$h_年$ 关系曲线。根据选定的 $h_{年设}$，从该图中可查出 $h_年 = h_{年设}$ 时的装机容量，即为所求的设计装机容量 $N_{装设}$。

表4-1　水电站装机容量年利用小时数$h_{年设}$参考值　　　　　单位：h

水电站调节性能	电网中水电比重较大	电网中水电比重较小
无调节	5500 ~ 7000	5000 ~ 6000
日调节	4500 ~ 6000	4000 ~ 5000
年调节	3500 ~ 5000	3000 ~ 4000
多年调节	3000 ~ 5000	2500 ~ 3500

第四节　以发电为主的水库特征水位的选择

一、正常蓄水位的选择

正常蓄水位决定着水利枢纽的规模、水库调节性能、水电站装机容量及综合利用各部门的效益，同时，还关系着整个水利枢纽的工程投资、水库淹没损失、移民安置以及地区经济发展等。所以，正常蓄水位必须通过社会、经济、技术和环境等多方面综合分析来确定。

1. 正常蓄水位与水电站动能指标的关系

正常蓄水位抬高，水库的调节能力便加大，同时水电站的出力、发电量及其他综合利用效益增大，但效益的增长速度却随着正常蓄水位的抬高而减慢。因为当正常蓄水位较低时，调节库容很小，水电站保证出力及年发电量都较小，在此基础上，如抬高正常蓄水位，不但水头增加，调节水量也增加较多，水电站保证出力、最大工作容量、装机容量及年发电量等均有较大增加。随着正常蓄水位的抬高，水库调节能力越来越大，弃水量越来越少，水量利用程度越来越高，当正常蓄水位抬高到某一程度，若再抬高正常蓄水位，效益的增长速度将减慢

2. 正常蓄水位与水电站经济指标的关系

从经济指标方面考虑，抬高正常蓄水位，使工程量、水库淹没损失、投资及年运行费等都增大，且增大的速度随着正常蓄水位的抬高而加快。因为水电站的总投资中相当大一部分为坝的投资，而坝的投资为坝高的高次方，再者，随着正常蓄水位的抬高，水库淹没损失增加越来越快，故随着正常蓄水位的抬高，水电站经济指

标是不断增长的，且增长率逐渐增大。

通过上面两方面的分析可知，抬高正常蓄水位，一方面对水电站动能指标带来有利影响，另一方面对水电站经济指标带来不利影响，所以正常蓄水位的选择，必须经过技术经济比较来选择。

3. 正常蓄水位选择的主要步骤

（1）确定正常蓄水位的上、下限。根据枢纽承担的任务及具体条件，选定正常蓄水位的上限值和下限值。正常蓄水位的上限值可能受到以下因素限制。

1）坝址及库区的地形地质条件。当坝高达到某一高程后，由于地形突然开阔或库区范围内出现许多垭口，使主坝加长，副坝增多，主、副坝工程量过大而不经济，因而限制正常蓄水位的抬高。由于坝址地质情况不良，可能使基础承载能力受限，或当库区某一高程存在断层、裂隙，会造成大量渗漏损失等，均可能限制正常蓄水位的抬高。

2）库区淹没、浸没条件。若正常蓄水位达到某一高程后，再抬高，将会淹没重要城镇、工矿企业、重要交通干线及名胜古迹等，使淹没损失过大或移民安置困难，从而使正常蓄水位的抬高受到限制。

3）河流的梯级开发。在河流梯级开发布置中，应使正常蓄水位不影响上一级水库的设置。

4）水量利用程度及水量损失情况。当正常蓄水位达到某一高程后，调节库容已经很大，水量利用程度已较充分，此时，若再抬高正常蓄水位，可能水库蒸发损失及渗漏损失增加较多，因而限制正常蓄水位的抬高。

正常蓄水位的下限值一般由发电或其他综合利用部门的最低水位要求确定。

（2）在正常蓄水位的上、下限范围内拟定几个正常蓄水位方案。通常方案选在地形、地质、效益、费用及淹没损失发生显著变化的高程处。

（3）针对拟定的各方案进行径流调节和水能计算，估算各方案水电站的保证出力、多年平均年发电量、装机容量及其他综合利用效益指标。

（4）求出各方案之间动能指标和其他效益指标的差值。为保证各方案对国民经济具有同等效益，应选择适当的替代方案来补充各方案之间的差值。如水电站可选取凝汽式火电站作为替代方案，水库自流灌溉可取提水灌溉作为替代方案等。

（5）计算各等效方案的工程量、投资和运行费；计算各方案的淹没、浸没的实物指标及其补偿费用。

（6）据水库调节性能及其承担的主要任务，初步拟定各正常蓄水位方案相应的消落深度 $h_消$（正常蓄水位至死水位之间的深度）。$h_消$可参考下列经验数据拟定，坝

式年调节水电站 $h_{消}$=（25% ～ 30%）H 最大，坝式多年调节水电站 $h_{消}$=（30% ～ 40%）$H_{最大}$，混合式水电站 $h_{消}$=40%$H_{最大}$。$H_{最大}$为项所集中的最大水头。

（7）采用动态经济计算方法，进行各方案的经济比较，再结合本地区经济发展规划并考虑社会、环境和其他因素进行综合分析，选择技术上能够实现、经济上合理、财务上可行的正常蓄水位方案。

二、死水位的选择

死水位是水库在正常运用情况下允许消落的最低水位。死水位的选择是在正常蓄水位已定的情况下进行的。当正常蓄水位确定后，死水位的高低决定着调节库容的大小，死水位越低，消落深度越大，调节库容就越大，水电站利用的水量就越多，但水电站的平均水头也随着死水位的降低而减小。因水电站的出力不仅与利用的水量有关，还与水头有关，所以并非死水位越低对发电越有利，当死水位降低到一定程度后，出力或发电量反而减小。

选择死水位时，除考虑发电对死水位的要求外，还应考虑其他因素影响。当要求水库为综合利用各部门提供一定的用水量时，由死水位决定的调节库容应能满足其他综合利用各部门用水量要求。当从水库中取水自流灌溉时，应考虑总干渠进水口引水高程的要求，应尽可能扩大自流灌溉控制面积，所选择的死水位应满足放水建筑物泄放灌溉渠道设计流量的最小水头要求。当水库上游有航运、筏运、养殖、环境美化等任务时，应考虑其对死水位要求，死水位均不能过低。另外，死水位还应满足水轮机最小水头及泥沙淤积要求。选择死水位的主要步骤如下

（1）综合分析各方面因素，确定死水位的上、下限。在上、下限范围内拟定几个死水位方案。

（2）在正常蓄水位已定的情况下，针对所拟定的各死水位方案，进行径流调节及水能计算，求出各方案的保证出力和多年平均年发电量。

（3）用电力电量平衡法求出各方案相应的最大工作容量、必需容量和装机容量。

（4）计算各方案相应的工程投资和运行费。

（5）为使各方案能同等程度地满足国民经济对电力、电量及其他综合利用效益的要求，应分析确定各方案的补充替代工程方案，并计算出各方案需替代补充费用；计算各等效方案的总费用，按费用最小原则，并综合考虑各方案的社会、环境等综合影响，最终确定出合理的死水位。

三、水电站主要参数选择的程序简介

水电站的主要参数包括装机容量、正常蓄水位及死水位。这些参数的选择主要在初步设计阶段进行，它们决定着水电站及水库的工程规模、投资、工期及效益等。

在水电站主要参数选择之前，首先按照河流规划及河段的梯级开发方案，对本设计的任务进行深入的研究，收集、补充并审查水文、地质、地形、淹没、电力系统等各方面的有关基本资料。然后调查各部门对水库的综合利用要求及国民经济发展计划，并了解当地政府对水库淹没及移民规划的意见。

水电站的主要参数之间是相互关联，相互影响的。所以在进行参数选择时，往往是先假定，再校核，反复进行，不断修正。其简要步骤如下。

（1）初选正常蓄水位方案。在正常蓄水位的上、下限范围内拟定若干正常蓄水位方案，按前述正常蓄水位选择的方法初步选择出合理的正常蓄水位。

（2）初选死水位。针对已初选的正常蓄水位，拟定若干死水位方案，对每一方案进行分析计算，按前述的死水位选择方法初步选择出合理的死水位。

（3）初定装机容量。针对初选的正常蓄水位及死水位，进行径流调节、水能计算。由电力系统电力电量平衡确定水电站的最大工作容量，据水电站的调节性能及其在电力系统中的任务，并考虑其他影响因素，进行分析计算，选择出水电站的备用容量和重复容量，从而初定水电站的装机容量。

经以上三个步骤，便可初定三个主要参数，作为第一轮初选结果。

（4）依据第一轮初选结果，重复上述步骤，可得出第二轮选择结果。依此不断修正，逐渐逼近，最终可选择出合理的水电站主要参数。

水电站的参数正常蓄水位、死水位及水电站装机容量之间是相互关联，相互影响的。选择装机容量时应已知正常蓄水位和死水位，而选择正常蓄水位和死水位时又须考虑装机容量，以计算相应的发电效益。所以，选择这三个参数时，通常是先假定，后校核，由粗到细，经过反复计算、分析、比较才能最后确定。这些参数的选择，不仅要进行经济评价，还应在动能经济计算的基础上，综合经济、社会、环境等多方面因素统筹考虑，从而选择出最优的水电站主要参数。

第五章 水库群的水利水能计算

第一节 梯级水库的水利水能计算

一、梯级水库的径流调节

首先讨论梯级水库甲、乙［图 5-1（a）］共同承担下游丙处的防洪任务问题。确定各水库的防洪库容时，应充分考虑各水库的水文特性、水库特性以及综合利用要求等，使各水库分担的防洪库容，既能满足下游防洪要求，又能符合经济原则，获得尽可能大的综合效益。如果水库到防洪控制点丙处的区间设计洪峰流量（符合防洪标准），不大于丙处的安全泄量，则可根据丙处的设计洪水过程线并求出所需防洪总库容。这是在理想的调度情况下求出的，因而是防洪库容的一个下限值，实际上各水库分担的防洪库容常数要大于此数。

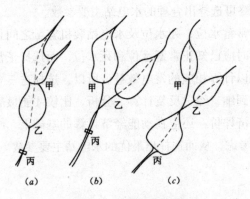

图 5-1 水库群示意图

由于防洪控制点以上的洪水可能有各种组合情况，因此甲、乙水库都分别有一个不能由其他水库代为承担的必须防洪库容。乙库以上来的洪水能为乙库再调节，而甲丙之间的区间洪水甲库无法控制。如果甲库坝址以下至乙库坝址址间河段本身无防洪要求，则乙库必须承担的防洪库容应根据甲乙及乙丙区间的同频率洪水按丙处下泄安全泄量的要求计算出。乙水库的实际防洪库容如果小于这个必需防洪库容，则遇甲丙间出现符合防洪标准的洪水时，即使甲水库不放水也不能满足丙处的防洪要求。

在梯级水库间分担防洪库容时，根据与生产实践经验，应让本身防洪要求高的水库、水库容积较大的水库、水头较低的水库和梯级水库的下一级水库等多承担防洪库容。但要注意，各水库承担的防洪库容不能小于其必须防洪库容。

如果梯级水库群主要承担下游灌溉用水任务，则进行径流调节时，首先要做出灌区需水图，将乙库处设计代表年的天然来水过程和灌区蓄水图绘在一起，就很容易找出所需的总灌溉库容（图 5-2 上的两块阴影面积）。接下来的工作是在甲、乙两库间分配这个灌溉库容。首先要拟定若干个可行的分配方案，对各方案算出工程量、投资等指标，然后进行比较分析，选择较优的分配方案。在拟定方案时，要考虑乙库的必需灌溉库容问题。当灌区比较大，灌溉需水量多，或者在来水与需水间存在较大矛盾时，考虑这个问题尤为重要。因为甲、乙两库坝址间的区间来水只能靠乙库来调节，其必需灌溉库容就是用来蓄存设计枯水年非灌溉期的区间天然来水量的（年调节情况），或者是蓄存设计枯水段非灌溉期的区间天然来水量的（多年调节情况），具体数值要根据区间来水、灌溉需水，并考虑甲库供水情况分析计算求得。

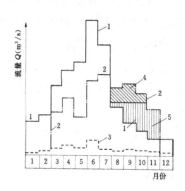

图 5-2　灌溉库容分配示意图

对主要任务是发电的梯级水库，常见的情况是各水库区均建有水电站。这里以两个梯级水库的径流年调节为例，用水量差积曲线图解法说明梯级水电站径流调节的特点（图 5-3）。梯级水电站径流调节是从上面一级开始的。对第一级水库的径流调节，其方法是在水电站最大过水能力 Q_{T1} 和水库兴利库容 $V_甲$ 已知时，是和单库容调节是一样的。

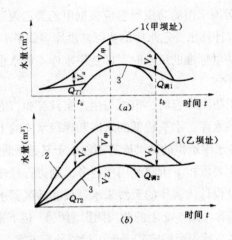

图5-3　梯级水电站径流年调节示意图
1—甲坝址处水量差积曲线；2—修正后的乙坝址处水量差积曲线；3—满库曲线

对于下一级水库的径流年调节，首先应从其坝址处的天然来水水量差积曲线（按未建库前的水文资料绘成）上各点的纵坐标值中，减去当时蓄存在上一级水库中的水量［图5-3（b）］，得出修正的水量差积曲线。修正的目的是将上一级水库的调节情况正确地反映出来。见图5-3，到L时刻为止，上一级水库中共蓄水量V_a，因此，从上一级水库流到下一级的径流量就要比未建上级水库前少V_a。所以，就要从下一级水库的天然来水水量差积曲线上t_a时刻的水量纵坐标值减去V_a，得到修正后t_a时刻的水量差积值。依次类推，就可作出修正的下一级水库水量差积曲线。接下来的调节计算，在水电站的最大过水能力Q_{T2}和水库兴利库容V_Z已知时，又和单库容时的情况一样了。当有更多级的串联水库时，要从上到下一个个地进行调节计算。

在径流调节的基础上，可以像单库的水能计算那样，计算出每一级的水电站出力过程。根据许多年的出力过程，就可以作出出力保证率曲线。将梯级水库中各库出力保证率曲线上的同频率出力相加，可以得出梯级水库总出力保证率曲线，在该曲线上，根据设计保证率可以很方便地求出梯级水库的总保证出力值。

对于具有多种用途的综合利用水库，其水利水能计算要复杂一些，但解决问题的思路和要遵循的原则是一致的，关键问题是在各部门间合理分配水量。解决此类比较复杂的问题时，要建立数学模型（正确选定目标函数和明确各种约束条件），利用合适的数学方法来求解。

二、梯级水库的径流补偿

为了说明径流补偿的概念和补偿调节计算的特点，先看图 5-4 所示的简化例子：甲水库为年调节水库，乙雍水坝处为无调节水库，甲、乙间有支流汇入。乙处建雍水坝是为了引水灌溉或发电。为了充分利用水资源，甲库的蓄放水必须考虑对乙处发电用水和灌溉用水的径流补偿。调节计算的原则是要充分利用甲、乙坝址间和区间的来水，并尽可能使甲库在汛末蓄满，以便利用其库容来最大限度地提高乙处的枯水流量，更好地满足发电、灌溉要求。

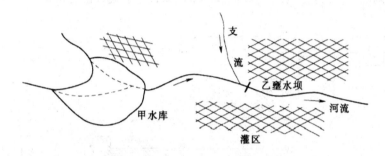

图5-4　径流补偿调节示意图

对图 5-4 所示开发方案用实际资料来说明补偿所得的实际效果。从这里也可以看到解决问题的思路。水库甲的兴利库容为 180（m³/s）·月。设计枯水年水库甲处的天然来水 $Q_{天,甲}$ 和区间来水量（包括支流）$Q_{天,区}$ 资料见图 5-5（a）、（b）。为了进行比较，特研究以下两种情况。

（1）不考虑径流补偿情况。水库甲按本库的有利方式调节，使枯水期调节流量尽可能均衡。因此，用之前推荐公式算得 $Q_{调,甲}$ =180m³/s，如图 5-5（c），该图上的竖线阴影面积表示水库甲的供水量，水平直线 3 表示水库甲的放水过程（枯水期 10 月至次年 3 月），它加上支流和区间的来水过程，即为乙坝址出得引用流量过程，如图 5-5（e）上的 4 线所示。保证流量仅为 190m³/s。

（2）仅考虑径流补偿情况。这时，水库甲应按使乙坝址处枯水期引用流量尽可能均衡的原则调节（水库放水时要充分考虑区间来水的不均衡情况）。为此，先要求出乙坝址处的天然流量过程线，它为图 5-5（a）和（b）中 1、2 两线之和（同时间的纵坐标值相加）。然后，根据来水资料进行调节，仍用公式算得 $Q_{调,乙}$ =200m³/s〔图 5-5（f）〕。它减去各月份的支流和区间来水流量，即为水库甲处相应月份的放水流量〔图 5-5（d）〕。

根据例子可以看出：像一般的梯级水库那样调节时，坝址乙处的保证流量仅为190m³/s（枯水期各月流量中之小者），而考虑径流补偿时，保证流量可以提高至200m³/s，约提高5.3%。这充分说明径流补偿是有效果的。比较图5-5（c）和（d）以及（e）和（f），可以清楚地看出两种不同情况（不考虑径流补偿和考虑径流补偿）下水库甲处和坝址乙处放水流量过程的区别，如果坝址乙处要求的放水流量不是常数，则水库甲的调节方式应充分考虑这种情况，即它的放水流量要根据被补偿对象处（本例中是水库乙处）的天然流量多少确定。

从上面例子可以看到在枯水期进行补偿调节计算的特点和径流补偿的效果。对丰水期的调节计算，仍用水量差积曲线图解法来说明径流补偿的特点。

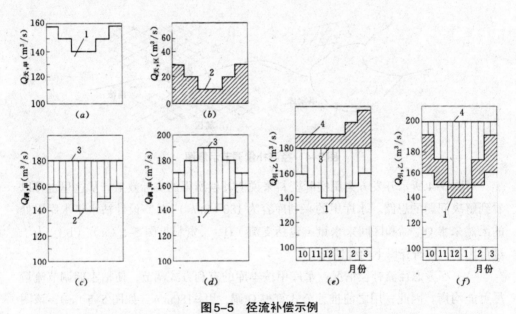

图5-5 径流补偿示例

1—甲水库枯水期的天然来水流量（10月至次年3月）；2—区间（包括）支流来水流量过程；
3—甲库枯水期放水过程；4—乙坝址处的引用流量过程

先根据乙坝址处的天然水量差积曲线进行调节计算，具体方法和单库调节情况的一样，只是库容应采用水库甲的兴利库容 $V_甲$（图5-6）。关于这样做的理由，看一下图5-5（f）就可以明白。通过调节可以得出坝址乙处放水的水量差积曲线OAFBC。图5-6（b）表示的实际方案是：丰水期（OAF段）坝址乙处的水电站尽可能以最大过水能力 Q_T 发电，供水期（BC段）的调节流量是常数，段水电站以天然来水流量发电。OAFBC线与水电站处的天然来水水量差积曲线之间各时刻的纵坐标差，即为各该时刻水库甲中的蓄水量。把这些存蓄在水库中的水量，$\overline{V_a}, \overline{V_甲}, \overline{V_b}$，…

在水库甲的天然水量差积曲线上扣除，得出曲线 Oafbc［图 5-6（a）］，它是水库甲进行补偿调节时放水的水量差积曲线。

　　调节计算结果表示在坝址乙处的天然流量过程线上［图 5-6（c）］。图上 dOaefbc 成线表示经过水电站的流量过程线，它与图 5-6（b）所示调节方案 OAFBC 是一致的。其中有一部分流量是区间的天然流量（$Q_区$-t），其余流量是从上级水库放下来的，在图上用虚直线表示。上级水库放下的流量时大时小，正说明该水库担负了径流补偿任务。上游水库放下的流量是与图 5-6（a）上调节方案 0af6c 是一致的。

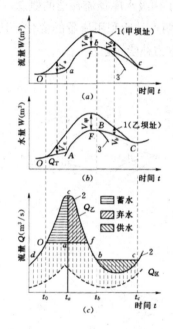

图5-6　径流补偿调节（区间来水较小时）
1—天然水量差积曲线；2—天然流量过程线；3—满库线

　　应该说明，区间天然径流大于水电站最大过水能力时，对上述调节方案中的水库蓄水时段要进行必要的修正，修正的步骤是：

　　（1）在图 4-7（a）上，对调节方案的 Oa 段进行检查，找出放水流量为负值的那一段，然后将该段的放水流量修正到零，即这段时间里水库甲不放水，直到它蓄满为止。图 4-7（a）的 1～3 段平行于 Q=0 线，它就是放水流量为零的那一段，点 3 处水库蓄满。时段 t_1～t_2 内，水电站充分利用区间来水发电，而且还有无益弃水。

　　（2）将 t_1～t_3 时段内各水库甲中的实有蓄水量，从坝址乙处天然来水水量差积曲线的纵坐标中减去，就得到 t_1～t_3 内修正的水电站放水量差积曲线，如图 4-7（b）

上 1 ~ 3 间的区间段。这段时间内的区间来水流量均大于水电站的最大过水能力。

需要说明，水库甲若距坝址乙较远，而且电站乙担负经常变化的负荷时，调节计算工作要复杂些。因为这时要考虑水由水库甲流到电站所需的时间。由于水库甲放出的水量很难在数量上随时满足电站乙担负变动负荷时的要求，故这时水库甲的供水不当处需由水电处的水库进行修正。这些属于修正性质比较精确的调节，故为缓冲调节。这种调节在一定程度上也有补偿作用，故可以把它当做补偿调节的一种辅助性调节。

上面以简化的例子说明了梯级水库径流补偿的概念，如果在水库甲处也修建了水电站，则这时不仅要考虑两点站所利用流量的变化，还应考虑它们水头的不同。因此，应该考虑两点站间的电力补偿问题。

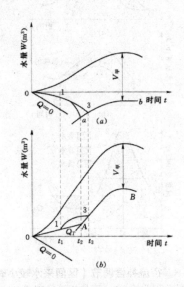

图 5-7　径流补偿调节（区间来水大时）

第二节　并联水库群的径流电力补偿调节计算

一、并联水库的径流补偿

先讨论并联水库甲、乙［图 5-1（b）］共同承担下游丙处防洪任务的问题。如果水库甲、乙到防洪控制点丙的区间设计洪峰流量（对应于防洪标准）不大于丙处的安全泄量，则仍可按丙处的设计洪水过程线，按前述方法求出所需总防洪库容。

在并联水库甲、乙分配防洪库容时，仍先要确定各库的必需防洪库容。如果丙处发生符合设计标准的大洪水，乙丙区间（指丙以上流域面积减去乙坝址以上流域面积）也发生同频率洪水，设乙库相当大，可以完全拦截乙坝址以上的相应洪水，此时甲库所需要的防洪库容就是它的必需防洪库容。它应根据乙丙区间同频率洪水，按两处以安全泄量泄洪的情况计算求出。同理，乙库的必需防洪库容，应根据甲丙区间（指丙处以上流域面积减去甲水库以上流域面积）发生符合设计标准的洪水，按丙处以安全泄量泄洪的情况计算求出。

两水库的总必需防洪库容确定后，由要求的总防洪库容减去该值，即为可以由两水库分担的防洪库容，同样可根据一定的原则和两库具体情况进行分配。有时求出的总必需防洪库容超过所需的总防洪库容，这种情况往往发生在某些洪水分布情况变化较剧烈的河流。这时，甲、乙两库的必需防洪库容就是它们的防洪库容。

上游水库群共同承担下游丙处防洪任务时，一般需要考虑补偿问题。但由于洪水的地区分布、水库特性等情况各不同，防洪调节方式是比较复杂的，在设计阶段一般只能概略考虑。当甲、乙两库处洪水具有一定的同步性，但两水库特性不同时，一般选调洪能力大、控制洪水比重也大的水库，作为防洪补偿调节水库（设为乙库），另外的水库（设为甲库）为被补偿水库。这种情况下，甲库可按本身防洪及综合利用的要求放水，求得下泄流量过程线（$q_甲-t$），将此过程线（计及洪水流量传播时间和河槽调蓄作用）和甲乙丙区间洪水过程线 $Q_丙-t$ 同时间相加，得出 $q_甲+q_丙$ 的过程线。

在乙库处符合防洪标准的洪水过程线上，先作 $q_{安,丙}$（丙处安全泄量）线，然后将（$q_甲+Q_丙$）线倒置于你，丙线下面（图 5-8），这条倒置线于乙库洪水过程线所包围的面积，即代表乙库的防洪库容值，在图上以斜阴影线表示。当乙库处的洪水流量较大时（图 5-8 上 AB 之间），为了保证丙处流量不超过安全泄量，乙库下泄流量应等于 $q_{安,丙}$ 与（$q_甲+Q_丙$）之差。A 点以前和 B 点以后，乙库洪水流量较小，即使全部下泄，丙处流量也不致超过 $q_{安,丙}$ 值。实际上，A 点以前和 B 点以后的乙库泄流量值要视防洪需要而定。有时为了预先腾空水库已迎接下一次洪峰，B 点以后的泄量要大于这时的来水流量。

在甲、乙两库处的洪水相差不大，但同步性较差的情况下，采用补偿调节方式时要持慎重态度，务必将两洪峰尽可能错开，不要使它们组合出现更不利的情况。关于这一点，看一看示意图 5-9 可以理解的更深刻。图上用 abc 和 $a'b'c'$ 分别表示甲、乙支流处的洪水过程线，ab ~ $a'b'c'$（双实线）表示建库前的洪水累加线；aef（虚线）表示甲水库调洪后的放水过程线，双虚线表示甲库放水过程线和乙支流洪水过程线的累加线。显然，修建水库甲后由于调节不当，反而使组合洪水更大了。从这里也可以看到，选择正确的调节方式是多么的重要。并联水库甲、乙在主要是保证下游丙处灌溉和其他农业用水情况下，进行水利计算时，首先要作出丙处设计枯水年份的总需水图。从该图中逐月减去设计枯水年份的区间来水流量，就可得出甲、乙两水库的需水流量过程线，如图 5-10 上 1 线。其次，要确定补偿水库和被补偿水库。一般以库容较大、调节性能较好，对放水没有特殊限制的水库作为补偿水库，其余的则为被补偿水库。被补偿水库按照自身的有利方式进行调节。设甲、乙两库中的乙库是被补偿水库，按其自身的有利方式进行径流调节，设计枯水年仅有两个时期，即蓄水期和供水期，其调节流量过程线如图 5-10 上 2 线所示。从水库甲、乙的需水流量过程线（1 线）中减去水库乙的调节流量过程线（2 线），即得出补偿水库甲的需放水流量过程线，如图 5-10 上 3 线所示。

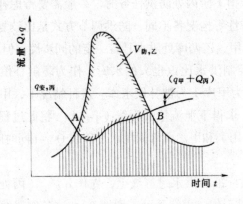

图5-8 考虑补偿作用确定防护库容示意图

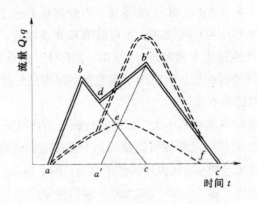

图5-9 洪水组合示意图

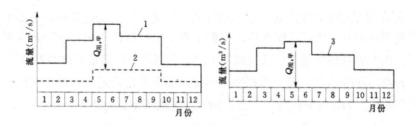

图5-10 推求甲水库的需放水流量过程线
1—需水流量过程线；2—乙库调节流量过程线；3—甲库需放水流量过程线

如果甲库处的设计枯水年总来水量大于总需水量，则说明进行径流年调节即可满足用水部门的要求，否则要进行多年调节。根据甲水库来水过程线和需水流量过程线进行调节时，调节计算方法与单一水库的情况是相同的，这里不重复。应该说明，如果甲乙水库也是规划中的水库，则为了寻求合理的组合方案，应该对乙水库的规模拟定几个方案进行水利计算，然后通过经济计算和综合分析，统一研究决定甲、乙水库的规模和工程特征值。

二、并联水库水电站的电力补偿

如果在图5-1（b）所示甲、乙水库处均修建水电站，则因两电站间没有直接径流联系，它们之间的关系就和其他跨流域水电站群一样。当这些电站投入电力系统共同供电时，如果水文不同步，也就自然地起到水文补偿的作用，可以取长补短，达到提高总保证出力的目的。倘若调节性能有差异，则可通过电力系统的联系进行电力补偿。这时补偿电站可将它对被补偿电站所需补偿的出力，考虑水头因素，在本电站的径流调节过程中计算得出。由此可见，水电站群间的电力补偿和径流补偿是密切联系着的。因此，进行水电站群规划时，应同时考虑径流、电力补偿，使电力系统电站群及其输电线路组合的更为合理，主要参数选择得更加经济。

关于电力补偿调节计算的方法，对初学者来说，还是时历法较易理解。这里介绍电力补偿调节的电当量法。其方法要点是用河流的水流出力过程代替天然来水过程，用电库容代替径流调节时所采用的水库容，然后按径流调节时历图解法的原理进行电力补偿调节。

对同一电力系统中的若干并联水库水电站，用电当量法进行径流补偿调节时，调节计算的具体步骤如下。

（1）将各电站的天然流量过程，按出力计算公式 $N = AQ\overline{H}(kW)$ 算出不蓄出力过程。水头 $\overline{H}$ 可采用平均值，即上、下游平均水位之差。初步计算时，上游平均水位可近似地采用 $0.5V_{兴}$ 相应之库水位，下游平均水位近似地采用对应于多年平均流量的水位。式中的 Q 值应是天然流量减去上游综合利用引水流量所得的差值。

（2）各电站同时间之不蓄出力相加，即得出总不蓄出力过程，根据它绘制处不蓄电能差积曲线。如计算时段用一个月，则不蓄电能的单位可用 kW·月。

（3）根据各电站的水库兴利库容，按公式 $E_{库} = A_E V_{兴} \overline{H}(kW·月)$ 换算为电库容，式中的 $V_{兴}$ 以（m^3/s）·月为单位，$\overline{H}$ 以 m 计。

（4）根据各电站的电库容求出总电库容 $\sum E_{库}$ 然后再不蓄电能差积曲线上进行调节算（图 5-11），具体方法和水量差积曲线图解法一样。图 5-11 上表示的调节方案是：以段（注脚 1、2 表示年份）两个年调节水电站均已装机容量满载发电，b 点处两水库蓄满，bc 段水电站上有弃水出力，cd 段两水库放水（以弃水情况到供水情况之间，往往有以天然流量工作的过渡期），水库供水段两电站的总出力小于它们的总装机容量。

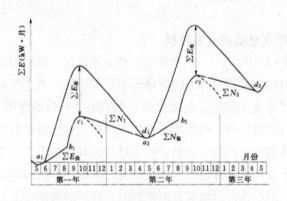

图5-11　用电当量法进行电力补偿

（5）对库容比较大而天然来水较小的电站，检查其库容能否在蓄水期末蓄满（水库进行年调节情况），其目的是避免某一用电站库容去调节另一电站水量的不合理现象。检查的办法是将该电站在丰水期（如图 5-11 上的 ac 段）间的不蓄电能累加起来，看是否大于该电站的电库容 $E_{库}$。如查明电库容蓄不满，则应将蓄不满的部分从 $\sum E_{库}$ 中减去，得 $\sum E'_{库}$ 利用修正后的总电库容进行调节计算，以求符合实际情况的总出力。在这种情况下，丰水期两电站能以多大出力发电，也要按实际情况决定。显然，不但能在丰水期蓄满水库，而且有弃水出力的那个水电站，能以装机容量满载发电（实际运行中还要考虑有否容量受阻情况）；虽然蓄满水库但无弃水出力的水电站，其丰水期的实际发电出力，可根据能量平衡原理计算出。

图 5-12 是两个并联年调节水库枯水年的调节方案，原方案以 abcd 线表示，水库电当量 $\sum E_库$。经复查，有一水库即使水电站丰水期不发电也蓄不满，不足电库容 $\sum E_库$，实际水库电当量 $\sum E'_库$。因此，丰水期仅有一个电站能发电，修正后的调节方案以 a'b'c'd' 线表示。

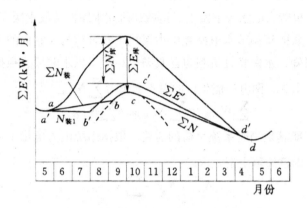

图5-12　枯水年份的电力补偿示意图

（6）根据补偿调节的总出力 $\sum N$，按大小次序排队，绘制其保证率曲线（图5-12 上 1 线）。根据设计保证率在图上求出补偿后的总保证出力。为了比较，将补偿前各电站的出力保证率曲线同频率相加，得总出力保证率曲线（图 5-12 上 2 线），比较图 5-12 上的曲线 1 和 2，可以求得电力补偿增加的保证出力 $\Delta \sum N$。

实践证明，遇到综合利用要求比较复杂，以及需要弄清各个电站在电力补偿调节过程中的工作情况时，调节计算利用时历列表法进行比较方便。

第三节　水库群的蓄放水次序

一、并联水库群蓄放水次序

水电站群联合运行时，考虑水库群的蓄放水次序时一个很重要的问题，正确的水库群蓄放水次序，可以使它们在联合运行中总的发电量最大。

凡是具有相当于年调节程度的蓄水式水电站，它用来生产电能的水量由两部分组成：一部分是经过水库调蓄的水量，它以生产的电能成为蓄水电能，这部分电能的大小由兴利库容的大小决定；另一部分是经过水库的不蓄水量，它生产的电能称为不蓄电能，这部分电能的大小在不蓄水量值一定的情况下，与水库调蓄过程中的水头变化情况有很密切的关系。如果同一电力系统中有两个这样的电站联合运行，由于水库特性不同，它们在同一供水或蓄水时段为生产同样数量电能所引起的水头变化是不同的，这样就使以后各时段中当同样数量的流量通过它们时，引起出力和发电量的不同。因此，为了使它们在联合运行中总发电量尽可能大，就要使水电站的不蓄水量在尽可能大的水头下发电。这就是研究水库群蓄放水次序的主要目的。

设有两个并联的年调节水电站在电力系统中联合运行，它们的来水资料和系统负荷资料均为已知，水库特性资料也已具备。在某一供水时段，根据该时段内水电站的不蓄流量和水头，两电站能生产的总不蓄出力 $\sum N_{不蓄i}$

$$\sum N_{不蓄i} = \sum N_{不蓄,甲i} + \sum N_{不蓄,乙i}$$

如果该值不能满足当时系统负荷的需要，根据系统电力电量平衡还要水库放水补充出力 $N_{库i}$，则该值可由下式求定：

$$N_{库i} = N_{系i} - \sum N_{不蓄i}$$

设该补充出力由水电站甲承担，则水库需放出的流量 $Q_{甲i}$ 为

$$Q_{甲i} = \frac{dV_{甲i}}{dt} = \frac{F_{甲i}\mathrm{d}H_{甲i}}{dt} = \frac{N_{库i}}{AH_{甲i}}$$

式　$dV_{甲i}$——某时段 dt 内水库甲消落的库容；

　　$F_{甲i}$——某时段内水库甲的库面积；

　$dH_{甲i}$——某时段内水库甲消落的深度；

　　A——出力系数，设两电站采用的数值相同。

如果补充出力由水电站乙承担，则需流量：

$$Q_{乙i} = \frac{F_{乙i}H_i}{\mathrm{d}t} = \frac{N_{库i}}{AH_{乙i}}$$

式中符号的意义同前，注脚乙表示水电站乙，根据式

（$Q_{甲i} = \frac{dV_{甲i}}{dt} = \frac{F_{甲i}\mathrm{d}H_{甲i}}{dt} = \frac{N_{库i}}{AH_{甲i}}$）和式（$Q_{乙i} = \frac{F_{乙i}H_i}{\mathrm{d}t} = \frac{N_{库i}}{AH_{乙i}}$）可得：

$$dH_{乙i} = \frac{F_{甲i}H_{甲i}}{F_{乙i}H_{乙i}}dH_{甲i}$$

上式表示两水库在第 i 时段内的水库面积、水头和水库消落层三者间的关系。应该注意，该时段的水库消落水层不同会影响以后时段的发电水头，从而使两水库

的不蓄电能损失不同。两水库的不蓄电能损失值可按下式求定

$$\left. \begin{array}{l} dE_{不蓄, 甲} = W_{不蓄, 甲} dH_{甲i}\eta_{水, 甲} / 367.1 \\ dE_{不蓄, 乙} = W_{不蓄, 乙} dH_{乙i}\eta_{水, 乙} / 367.1 \end{array} \right\}$$

$W_{不蓄, 甲}$、$W_{不蓄, 乙}$——甲、乙水库在 f 时段以后来得供水期不蓄水量；

$\eta_{水, 甲}\eta_{水, 乙}$——甲、乙水电站的发电效率。

对于同一电力系统中联合运行的两个水电站，如果希望它们总的总发电量尽可能大，就应该使总得不蓄电能损失尽可能小。为此，就需要对上式中的两计算式来判别确定水库的放水次序，显然 $\eta_{水, 甲} = \eta_{水, 乙}$ 时，如果

$$W_{不蓄, 甲} dH_{甲i} \langle W_{不蓄, 乙} dH_{乙i}$$

则水电站甲先放水补充出力以满足系统需要较为有利；反之，则应由电站乙先放水。将式（$dH_{乙i} = \dfrac{F_{甲i}H_{甲i}}{F_{乙i}H_{乙i}} dH_{甲i}$）中的关系代入上式，可得水电站先放水有利的条件是

$$\frac{W_{不蓄, 甲}}{F_{甲i}H_{甲i}} < \frac{W_{不蓄, 乙}}{F_{乙i}H_{乙i}}$$

令 $W_{不蓄} / FH = K$，则水电站水库的放水次序可据此 K 值来判别。

在水库供水期初，可根据各库的水库面积、电站水头和供水期天然来水量计算出各库的 K 值，哪个水库的 K 值小，该水库就先供水。应该注意，由于水库供水而使库面下降，改变 F、H 值，各计算时段以后（算到供水期末）的 W$_{不蓄}$值也不同，所以 K 值是变的，应该逐时段判别调整。当两水库的 K 值相等时，它们应同时供水发电。至于两电站间如何合理分配要求的 N$_{库}$值，则要进行试算决定。

在水库蓄水期，抬高库水位可以增加水电站不蓄电能。因此，当并联水库联合运行时，亦有一个蓄水次序问题，即要研究哪个水库先蓄可使不蓄电能尽可能大的问题。也可按照上述决定水电站水库放水次序的原理，找出蓄水期蓄水次序的判别式：

$$K' = W'_{不蓄} / FH$$

式中 $W'_{不蓄}$——自该计算时段到汛末的天然来水量，减去水库在汛期尚待存蓄的库容。

该判别式的用法与供水期情况正好相反，即应以 K' 大的先蓄有利。应该说明，为了尽量避免弃水，在考虑并联水库群的蓄水次序时，要结合水库调度进行。对库容相对较小，有较多弃水的水库，要尽早充分利用装机容量满载发电，以减少弃水数量。

对于综合利用水库，在决定水库蓄放水次序时，一定要认真考虑各水利部门的要求，不能仅凭一个系数 K 或者 K' 值来决定各水电站水库的蓄放水次序。

二、串联水电站水库群蓄放水次序

设有两个串联的年调节水电站在电力系统中联合运行，某一供水时段要依靠其中任一水电站的水库放水来补充出力。如果上游水库供水，那么它可提供的电能为

$$dE_{库，甲i} = F_{甲i}dH_{甲i}(H_{甲i} + H_{乙i})\eta_{水，甲} / 367.1$$

式中符号代表的意义和前面并联水库情况相同。上式中计 $H_{乙i}$，是因为上游水库放出的水量还可通过下一级电站发电。

如果由下游水库放水发电以补出力之不足，则水库乙提供的电能按下式决定：

$$dE_{库，乙i} = F_{乙i}dH_{乙i}H_{乙i}H_{乙i}\eta_{水，甲} / 367.1$$

因要求 $dE_{库，甲i} = dE_{库，乙i}$，仍设 $\eta_{水，甲} = \eta_{水，乙}$，所以可得：

$$dH_{乙i} = \frac{F_{甲i}(H_{甲i} + H_{乙i})}{F_{乙i}H_{乙i}}dH_{甲i}$$

对于水库甲来说，不蓄电能损失的计算公式和并联水库情况相同，而对水库乙则有差别，其计算公式应该是

$$dE_{不蓄，乙} = (W_{不蓄，甲} + V_甲 + W_{不蓄，乙})\,dH_{乙i}\eta_{水，乙} / 367.1$$

式中反映了上游水库所蓄水量 $V_甲$ 及不蓄水量 $W_{不蓄，甲}$ 均通过下游水库这个特点，而 $W_{不蓄，乙}$ 为两电站间的区间不蓄水量。

在串联水库情况下，上游水库先供水有利的条件是：

$$W_{不蓄，甲}dH_{甲i} < (W_{不蓄，甲} + \overline{V}_甲 + W_{不蓄，乙})\,dH_{乙i}$$

将式 $dH_{乙i} = \dfrac{F_{甲i}(H_{甲i} + H_{乙i})}{F_{乙i}H_{乙i}}dH_{甲i}$ 代入式 $W_{不蓄，甲}dH_{甲i} < (W_{不蓄，甲} + \overline{V}_甲 + W_{不蓄，乙})$ $dH_{乙i}$，可得上游水库先供水的有利条件为：

$$\frac{W_{不蓄，甲}dH_{甲i}}{F_{甲i}(H_{甲i} + H_{乙i})} < \frac{W_{不蓄，甲} + V_甲 + W_{不蓄，乙}}{F_{乙i}H_{乙i}}$$

如果令 $W_{不蓄，总} / F\sum H = K$，式中分子表示流经该电站的总不蓄水量，分母中的 $\sum H$ 表示从该电站到最后一级水电站的各站水头值之和，则串联水点站水库的放水次序可根据此 K 值来判别，那个水电站的 K 值较小，哪个水库就先供水。同理，可以推导求出蓄水期的蓄水次序判别式。

同样，对有综合利用任务的水库，在确定蓄放水次序时，应认真考虑综合利用要求，这样才符合前面强调的水资源综合利用原则。

第六章 水库调度

第一节 水库的兴利调度

一、年调节水电站水库基本调度线

1. 供水期基本调度线的绘制

在水电站水库正常蓄水位和死水位已定的情况下，年调节水电站供水期调度的任务是：对于保证率等于及小于设计保证率的来水年份，应在发足保证出力的前提下，尽量利用水库的有效蓄水（包括水量及水头的利用）加大出力，使水库在供水期末泄放至死水位。对于设计保证率以外的特枯年份，应在充分利用水库有效蓄水的前提下，尽量减少水电站正常工作的破坏程度。供水期水库基本调度线就是为完成上述调度任务而绘制的。

根据水电站保证处理图与各年流量资料以及水库特性等，用列表法或图解法由死水位逆时序进行水能计算，可以得到各种年份指导水库调度的蓄水指示线，如图 6-1（a）所示。图 6-1（a）的 ab 线是根据设计枯水年资料作出。它的意义是：天然来水情况一定时，使水电站在供水期按照保证出力图工作，各时刻水库应有的水位。设计枯水年供水期初如水库水位在 b 处（$Z_蓄$），则按保证出力图工作到供水期末时，水库水位恰好消落至 a（$Z_死$）。由于各种水文年天然来水量及其分配过程不同，如按照同样的保证出力图工作，则可以发现天然来水愈丰的年份，其蓄水指示线的位置愈低 [图 6-1（a）上②线]，意即对来水较丰的年份即使水库蓄水量少一些，仍可按保证出力图工作，满足电力系统电力电量平衡的要求；反之，来水愈枯的年份其指示线位置愈高 [图 6-1（a）上③线]。

在实际运行中，由于事先不知道来水属于何种年份，只好绘出典型水文供水期水库蓄水指示线，然后在这些曲线的右上边作一条上包线 AB [图 6-1（b）] 作为供水期基本调度线。同样，在这些曲线的左下边作下包线 CD，作为下基本调度线。两基本调度线间的这个区域称为水电站保证出力工作区。只要供水期水库水位一直处在该范围内，则不论天然来水情况如何，水电站均能按保证出力图工作。

实际上，只要设计枯水年供水期的水电站正常工作能得到保证，丰水年、中水年供水期的正常工作得到保证是不会有问题的。因此，在水库调度中可取各种不同典型的设计枯水年供水期蓄水指示线的上、下包线作为供水期基本调度线，来指导水库的运用。

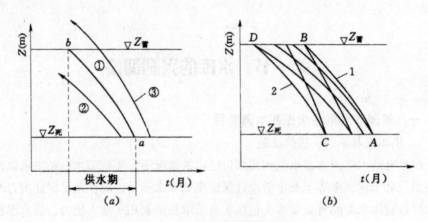

图6-1　水库供水期基本调度线

1-上基本调度线；2-下基本调度线

基本调度线的绘制步骤可归纳如下。

（1）选择符合设计保证率的若干典型年，并对之进行必要的修正，使它满足两个条件：①典型年供水期平均出力应等于或接近平均出力；②供水期终止时刻应与设计保证率范围内多数年份一致。为此，可根据供水期平均出力保证曲线，选择 4～5 个等于或接近保证出力的年份作为典型年。将各典型年的逐时段流量分别乘以各年的修正系数，以得出计算用的各年流量过程线（具体的方法参见"工程水文学"）。

（2）对各典型年修正后的来水过程，按保证出力图自供水期末死水位开始进行逐时段（月）的水能计算，逆时序倒算至供水初期，求得各年供水期按保证出力图工作所需的水库蓄水指示线。

（3）取各典型年指示线的上、下包线，即得供水期上、下基本调度线。上基本调度线表示水电站按保证出力图工作时，各时刻所需的最高库水位，利用它就使水库管理人员在任何年供水期中（特枯年例外）有可能知道水库中何时有多余水量，可以使水电站加大出力工作，以充分利用水资源。下基本调度线表示水电站按保证出力图工作所需的最低库水位。当某时刻库水位低于该线表示的库水位时，水电站就要降低出力工作了。

运行中为了防止由于汛期开始较迟，较长时间在低水位运行引起水电站出力剧烈下降而带来正常工作的集中破坏，可将两条基本调度线结束于同一时刻，即结束于洪水最迟的开始时间。处理方法是：将下调度线（图4-2上的虚线）水平移动至通过 A 点［图6-2（a）］，或将下调度线的上端与上调度线的下端连起来，得到修正后的下基本调度线［图6-2（b）］。

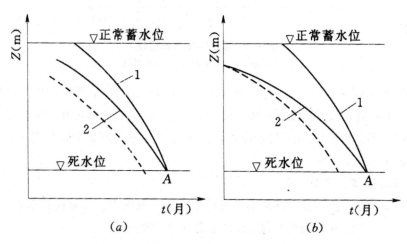

图6-2　供水期基本调度线的修正示意图

1-上基本调度线；2-下基本调度线

2.　蓄水期基本调度线的绘制

一般地说，水电站在丰水期除按保证出力图工作外，还有多余水量可供利用。水电站蓄水期水库的调度任务是：在保证水电站工作可靠性和水库蓄满的前提下，尽量利用多余水量加大出力，以提高水电站和电力系统的经济效益。蓄水期基本调度线是为完成上述重要任务而绘制的。

水库蓄水期上、下基本调度线的绘制，也是求出许多水文年的蓄水期水库水位指示线，然后作它们的上、下包线求得。这些基本调度线的绘制，也可以和供水期一样采用典型年的方法，即根据前面选出的若干设计典型年修正后的来水过程，对各年蓄水期从正常蓄水位开始，按保证出力图进行出力为已知情况的水能计算，逆时序倒算求得保证水库蓄满的水库蓄水指示线。为了防止由于汛期开始较迟而过早降低库水位引起正常工作的破坏，常常将下调度线的起点 h′ 向后移至洪水开始最迟的时刻 h 点，并作光滑 gh 曲线，如图6-3所示。

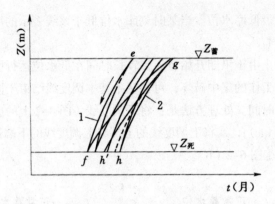

图6-3　蓄水期水库调度线
1-上基本调度线；2-下基本调度线

上面介绍了采用供、蓄水期分别绘制基本调度线的方法，但有时也采用各典型年的供、蓄水期的水库蓄水指示线连续绘出的方法，即自死水位开始逆时序倒算至供水期初，又接着算至蓄水期初再回到死水位为止，然后取整个调节期的上、下包线作为基本调度线。

3. 水库基本调度图

将上面求得的供、蓄水期基本调度线绘在同一张图上，就可得到基本调度图，如图 6-4 所示。该图上由基本调度线划分为五个主要流域：

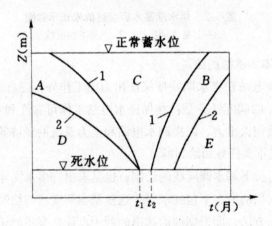

图6-4　水库基本调度图
1-上基本调度线；2-下基本调度线

（1）供水期出力保证区（A 区）。当水库蓄水位在此区域时，水电站可按保证出力图工作，以保证电力系统正常运行。

（2）蓄水期出力保证区（B区）。其意义同上。

（3）加大出力区（C区）。当水库水位在此区域时，水电站可以加大出力（大于保证出力图规定的）工作，以充分利用水能资源。

（4）供水期出力减小区（D区）。当水库水位在此区域内时，水电站应及早减小出力（小于保证出力所规定的）工作。

（5）蓄水期出力减小区（E区）。其意义同上。

由上述可见，在水库运行过程当中，该图是能对水库的合理调度起到指导作用的。

二、多年调节水电站水库基本调度线

1. 绘制方法及特点

如果调节周期历时比较稳定，多年调节水电站水库基本调度线的绘制，原则上可用和年调节水库相同的原理及方法。所不同的是要以连续的枯水年系列和连续的丰水年系列来绘制基本调度线。但是，往往由于水文资料不足，包括的水库供水周期和需水周期数目较少，不可能将各种丰水年与枯水年的组合情况全包括进去，因而作出的这样曲线是不可靠的。同时，方法比较繁杂，使用也不方便。因此，实际上常采用较为简化的方法，即计算典型年法。其特点是不研究多年调节的全周期，而只研究连续枯水系列的第一年和最后一年的水库工作情况。

2. 计算典型年及其选择

为了保证连续枯水年系列内都能按水电站保证出力图工作，只有当多年调节水库的多年库容蓄满后还有多余水量时，才能允许水电站加大出力运行；在多年库容放空，而来水又不足发保证出力时，才允许降低出力运行。根据这样的基本要求，我们来分析枯水年系列第一年和最后一年的工作情况。

对于枯水系列的第一年，如果该年末多年库容仍能够蓄满，也就是概念供水期不足水量可由其蓄水期多余水量补充，而且该年来水正好满足按保证出力图工作所需的水量，那么根据这样的来水情况绘出的水库蓄水指示线即为上基本调度线。显然，当遇到来水情况丰于按保证出力图工作所需的水量时，可以允许水电站加大出力运行。

根据上面的分析，选出的计算典型年最好应具备这样的条件：该年的来水正好等于按保证出力图工作所需要的水量。我们可以在水电站的天然来水资料中，选出符合所述条件而且径流年内分配不同的若干年份为典型年，然后对这些年的各月流量值进行必要修正（可以按保证流量或保证出力的比例进行修正），即得计算典型年。

3. 基本调度线的绘制

根据上面选出的各计算典型年，即可绘制多年调节水库的基本调度线。先对每一个年份按保证出力图自蓄水期正常蓄水位，逆时序倒算（逐月计算）至蓄水期初的年消落水位。然后再自供水期末从年消落水位倒算至供水期初相应的正常蓄水位。这样求得各年按保证出力图工作的水库蓄水指示线，如图 6-5 上的虚线。取这些指示线的上包线即得上基本调度线（图 6-5 上的 1 线）。同样，对枯水年系列最后一年的各计算典型年，供水期末自死水位开始按保证出力图逆时序计算至蓄水期初又回到死水位为止，求得各年逐月按保证出力图工作时的水库蓄水指示线。取这些线的下包线作为下基本调度线。

将上、下基本调度线同绘于同一张图上，如图 6-5 所示。图上 A、C、D 区的意义同年调节水库基本调度图，这里的 A 区就等同于图 6-4 上的 A、B 两区。

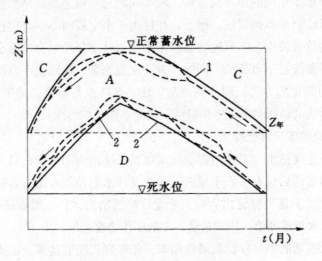

图6-5　水库基本调度图
1-上基本调度线；2-下基本调度线

三、加大出力和降低出力调度线

在水库运行过程中，当实际库水位落于上基本调度线之上时，说明水库可有多余水量，为充分利用水能资源，应加大出力予以利用；而当实际库水位落于下基本调度线以下时，说明水库存水不足以保证后期按保证出力图工作，为防止正常工作被集中破坏，应及早适当降低出力运行。

1. 加大出力调度线

在水电站实际运行过程中，供水初期总是先按保证出力图工作。但运行至 t_i 时，发现水库实际水位比该时刻水库上调度线相应的水位高出 $\triangle Z_i$（图6-6）。相应于 $\triangle Z_i$ 的这部分水库蓄水，称为可调余水量。可用它来加大水电站出力，但如何合理利用，必须根据具体情况来分析。一般来讲，有以下三种运用方式：

（1）立即加大出力。使水库水位在时段末 t_{i+1} 就落在上调度线上（图6-6上①线）。这种方式对水量利用比较充分，但出力不够均匀。

（2）后期集中加大出力（图6-6上②线）。这种方式可使水电站较长时间处于较高水头下运行，对发电有利，但出力也不够均匀。如汛期提前来临，还可能发生弃水。

（3）均匀加大出力（图6-6上③线）。这种方式使水电站出力均匀，也能充分利用水能资源。

当分析确定余水量利用方式后，可用图解法或列表法求算加大出力调度线。

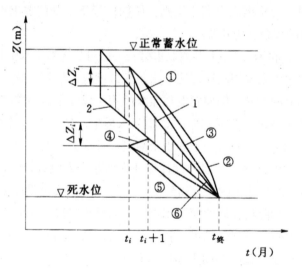

图6-6　加大出力和降低出力的调度方式示意图
1-上基本调度线；2-下基本调度线

2. 降低出力调度线

如水电站按保证出力图工作，经过一段时间至 t_i 时，由于出现特枯水情况，水库供水的结果使水库水位处于下调度线以下，出现不足水量。这时，系统正常工作难免遭受破坏。对这种情况，水库调度有以下三种方式：

（1）立即降低出力。使水库蓄水在 t_{i+1} 时就回到下调度线上（图6-6上④线）。

这种方式一般引起的破坏强度较小，破坏时间也比较短。

（2）后期集中降低出力（图 6-6 上⑤线）。水电站一直按保证出力图工作，水库有效蓄水放空后按天然流量工作。如果此时不蓄水量很小，将引起水电站出力的剧烈降低。这种调度方式比较简单，且系统正常工作破坏的持续时间较短，但破坏强度大是其最大缺点。采用这种方式时应持慎重态度。

（3）均匀降低出力（图 6-6 上⑥线）。这种方式使破坏时间长一些，但破坏强度最小。一般情况下，常按上述第三种方式绘制降低出力线。

将上、下基本调度线及加大出力和降低出力调度线同绘于一张图上就构成了以发电为主要目的的调度全图。根据它可以比较有效地指导水电站的运行。

四、有综合利用任务的水库调度描述

编制兴利综合利用水库的调度图时，首先遇到的一个重要问题是各用水部门的设计保证率不同，例如发电和供水的设计保证率一般较高，灌溉和航运的一般较低。在绘制调度线时，应根据综合利用原则，使国民经济各部门要求得到较好的协调，使水库获得较好的综合利用效益。

灌溉、航运等部门从水库上游侧取水时，一般可从天然来水中扣去引取的水量，再根据剩下来的天然来水用前述方法绘出水库调度线。但是，应注意到各部门用水在要求保证程度上的差异。例如发电与灌溉的用水保证率是不同的，目前一般是从水库不同频率的天然来水中或相应的总调节水量中，扣除不同保证率的灌溉用水，再以此进行水库调节计算。对等于和小雨灌溉设计保证率的来水年份，一般按正常灌溉用水扣除，对保证率大于灌溉设计保证率但小于发电设计保证率的来水年份，按折减后的灌溉用水扣除（例如折减至 2 ~ 3 成等）。对发电设计保证率相应的来水年份，原则上也应扣除折减后的灌溉用水，但如计算时段的库水位消落到相应时段的灌溉引水控制水位以下时，则可不扣除。总之，从天然来水中扣除某些需水部门的用水量时，应充分考虑到各部门的用水特点。

当综合利用用水部门从水库下游取水（对航运来说是要求保持一定流量），而又未用再调节水库等办法解决各用水部门及与发电的矛盾，那么应将各用水部门的要求都反映在调度线中。这时调度图上的保证供水区罢分为上、下两个区域。在上保证供水区个各用水部门的正常供水均应得到保证，而在下保证供水区中保证率高的用水部门应得到正常供水，对保证率低的部门要实行折减供水。上、下两个保证供水区的分界线姑且称它为中基本调度线。图 6-7 所示是某多年调节综合利用水库的调度图，图中 A 区是发电和灌溉的保证供水区，A' 区是发电的保证供水区和灌溉

的折减供水区，D 和 C 区代表的意义同前。

对于综合利用水库，其上基本调度线是根据设计保证率较低（例如灌溉要求的80%）的代表年和正常供水的综合需水图经调节计算后作成，中基本调度线是根据保证率较高（例如发电要求的95%）的设计代表年和降低供水的综合需水图经调节计算后作出，具体做法与前面相同。

这里要补充一下综合需水图的作法。作这种综合需水图时，要特别重视各部门的引水地点、时间和用水特点。例如同一体积的水量同时给若干部门使用时，综合需水图上只要表示出各部门需水量中的控制数字，不要把各部门的需水量全部加在一起。

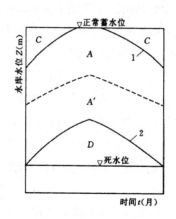

图6-7　某多年调节综合利用水库调度示意图
1—上基本调度线；2—下基本调度线

第二节　水库的防洪调度

一、防洪库容和兴利库容有可能结合的情况

对于雨型河流上的水库，如历年洪水涨落过程平稳，洪水起止日期稳定，丰枯季节界限分明，河川径流变化规律易于掌握，那么防洪库容和兴利库容就有可能部分结合甚至完全结合。

根据水库的调节性能及洪水特性，防洪调度线的绘制可分为以下三种情况。

1. 防洪库容与兴利库容完全结合，汛期防洪库容为常数

对于这种情况，可根据设计洪水可能出现的最迟日期 t_k，在兴利调度图的上基本调度线上定出 b 点 ［图6-8（a）］，该点相应水位即为汛期防洪限制水位。由它与

设计洪水位（与正常蓄水位重合）即可确定拦洪库容值。根据这库容值和设计洪水过程线，经调洪演算得出水库蓄水量变化过程线（对一定的溢洪道方案）。然后将该线移到水库兴利调度图上，使其起点与上基本调度线上的 b 点相合，由此得出的 abc 线以上的区域 F 即为防洪限制区，c 点相应的时间为汛期开始时间。在整个汛期内，水库蓄水量一超过此线，水库即应以安全下泄量或闸门全开进行泄洪。为便于掌握，可对下游防洪标准相应的洪水过程线和下游安全泄量，从汛期防洪限制水位开始进行调控演算，推算出防洪高水位。在实际运行中遇到洪峰，先以下游安全泄量放水，到水库中水位超过防洪高水位时，则将闸门全开进行泄洪，以确保大坝安全。

2. 防洪库容与兴利库容完全结合，但汛期防洪库容随时间变化

这种情况就是分期洪水防洪调度问题。如果河流的洪水规律性较强，汛期愈到后期洪量愈小，则为了汛末能蓄存更多的水来兴利，可以采取分段抬高汛期防洪限制水位的方法来绘制防洪调度线。到底应将整个汛期划分为怎样的几个时段？回答这个问题应当首先从气象上找到根据，从分析本流域形成大洪水的天气系统的运行规律入手，找出一般的，普遍的大致时限，从偏于安全的角度划分为几期，分期不宜过多，时段划分不宜过短。另外，还可以从统计上了解洪水在汛期出；现的规律，如点绘洪峰出现时间分布图，统计各个时段内洪峰出现次数、洪峰平均流量、平均洪水总量等，以探求其变化规律。

本文选用了一个分三段的实例，三段的洪水过程线如图 6-8（b）所示。作防洪调度线时，先对最后一段［图 6-8（b）中的 $t_2 \sim t_3$ 段］行计算，调度线的具体作法同前，然后决定第二段（$t_1 \sim t_2$）的拦洪库容，这时要在 t_2 时刻从设计洪水位逆序进行计算，推算出该段的防洪限制水位。用同法对第一段（$t_0 \sim t_1$）进行计算，推求出该段的 $Z_{汛限}$。连接 abcdfg 线，即为防洪调度线。

应该说明，影响洪水的因素甚多，即使在洪水特性相当稳定的河流上，用任何一种设计洪水过程线很难在实践上和形式上包括未来洪水可能发生的各种情况。因此，为可靠起见，应按同样方法求出若干条防洪蓄水限制线，然后取其下包线作为防洪调度线。

3. 防洪库容与兴利库容部分结合的情况

在这种情况下，防洪调度线 bc 的绘法与情况（1）相同。如果情况（1）中的设计洪水过程线变大或者它保持不变而下泄流量值减小（图 6-9），则水库蓄水量变化过程变为 ba'。将其移到水库调度图上的 b 点处时，a' 超出 $Z_蓄$ 而到 $Z_{设洪}$ 的位置。这时只有部分库容时共用库容（图 6-9 中的③所示），专用拦洪库容（图 6-9 中④所示）就是因比情况（1）降低下泄流量而增加的拦洪库容拦洪 $\Delta \overline{V}_{拦洪}$。

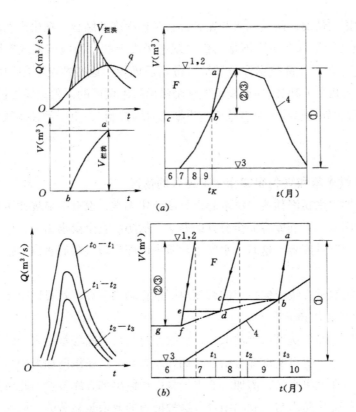

图6-8　防洪库容与兴利库容完全结合情况下防洪调度线的控制

1- 正常蓄水位；2- 设计洪水位；3- 死水位；4- 上基本调度线

①——兴利水库；②——拦洪水库；③——共用水库

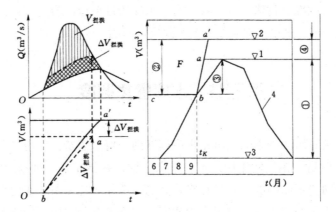

图6-9　防洪库容与兴利库容部分结合情况下防洪调度线的绘制

1——正常蓄水位；2——设计洪水位；3——死水位；4——上基本调度线

①——兴利库容；②——拦洪库容；③——共用库容；④——专用拦洪库容

上面讨论的情况，防洪与兴利库容都有某种程度的结合。在生产实践中两者能不能结合以及能结合多少，不是人们主观愿望决定的，而应该根据实际情况，拟定若干比较方案，经济技术评价和综合分析后确定，这些情况下的调度图都是以 $Z_{汛限}$（一个或几个）和 $Z_{蓄}$ 的连线组成整个汛期限洪调度的下限边界控制线，以 $Z_{校洪}$ 作为其上限边界控制线（左右范围由汛期的时间控制），上、下控制线之间为防洪调度区。

二、防洪库容和兴利库容完全不结合的情况

如果汛期洪水猛涨猛落，洪水起讫日期变化无常，没有明显规律可循，则不得不采用防洪库容和兴利库容完全分开的办法。从防洪安全要求出发，应按洪水最迟来临情况预留防洪库容。这时，水库正常蓄水位即是防洪限制水位，作为防洪下限边界控制线。

对设计洪水过程线根据拟定的调度规则进行调洪演算，就可以得出设计洪水位（对应于一定的溢洪道方案）。

应该说明，即使从洪水特性来看，防洪库容与兴利库容难以完全结合，但如做好水库调度工作，仍可实现部分结合。例如，兴利部门在汛前加大用水就可腾出部分库容，或者在大供水来临前加大泄水量就可预留出部分库容。由此可见实现防洪预报调度就可促使防洪与兴利的结合。这种措施的效果是显著的，但如使用不当也可能带来危害。因此，使用时必须十分慎重。最好由水库管理单位与科研单位、高等院校合作进行专门研究，提出从实际出发的、切实可行的水库调度方案，并经上级主管部门审查批准后付诸实施。我国有些水库管理单位已有这方面的经验教训可供借鉴。应该指出，这里常遇到复杂的风险决策问题。

第三节　水库优化调度

上面介绍用时历法绘制的水电站水库调度图，概念清楚，使用方便，得到比较广泛的应用。但是，在任何年份，不管来水丰枯，只要在某一时刻的库水位相同，就采取完全相同的水库调度方式是存在缺陷的。实际上各年来水变化很大，如不能针对面临时段变化的来水流量进行水库调度，则很难充分利用水能资源，达到最优调度以获得最大的效益。所以，水库优化调度，必须考虑当时来水流量变化的特点，即在某一具体时刻 t，要确定面临时段的最优出力，不仅需要当时的水库水位，还要

根据当时水库来水流量。因此，水库优化调度的基本内容是：根据水库的入流过程，遵照优化调度准则，运用最优化方法，寻求比较理想的水库调度方案，使发电、防洪、灌溉、供水等各部门在整个分析期内的总效益最大。

关于水库调度中采用的优化准则，除经济准则外，目前较为广泛采用的是在满足各综合利用水利部门一定要求的前提下水电站群发电量最大的准则。常见的表示方法有：

（1）在满足电力系统水电站群总保证出力一定要求的前提下（符合规定的设计保证率），使水电站群的年发电量期望值最大，这样可不至于发生因大电量绝对值大而引起保证出力降低的情况。

（2）对火电为主，水电为辅的电力系统中的调峰、调频电站，使水电站供水期的保证电能值最大。

（3）对水电为主，火电为辅的电力系统中的水电站，使水电群的总发电量最大，或者使系统总燃料消耗量最小，也有用电能损失最小来表示的。

根据实际情况选定优化准则后，表示该准则的数学式，就是进行以发电为主水库的水库优化调度工作时所用的目标函数，而其他条件如工程规模、设备能力以及各种限制条件（包括政策性限制）和调度时必须考虑的边界条件，统称为约束条件，也可以用数学式来表示。

根据前面介绍的兴利调度，可以知道编制水库调度方案中蓄水期、供水期的上、下基本调度线问题，均是多阶段决策过程的最优化问题。每一计算时段（例如1个月）就是一个阶段，水库蓄水位就是状态变量，各综合利用部门的用水量和发电站的出力、发电量均为决策变量。

多阶段决策过程是指这样的过程，如将它划分为若干互相有联系的阶段，则在它的每一个阶段都需要做出决策，并且某一阶段的决策确定以后，常常不仅影响下一阶段的决策，而且影响整个过程的综合效果。各个阶段所确定的决策构成一个决策序列，通常称它为一个策略。由于各阶段可供选择的决策往往不止一个，因而就组成许多策略供我们选择。因为不同的策略，其效果也不相同，多阶段决策过程的优化问题，就是要在提供选择的那些策略中，选出效果最佳的最优策略。

动态规划是解决多阶段决策过程最优化的一种方法。所以，国内许多单位都在用动态规划的原理研究水库优化调度问题。当然，动态规划在一定条件下也可以解决一些与实践无关的静态规划中的最优化问题，这时只要认为地引进"时段"因素，就可变为一个多阶段决策问题。例如，最短线路问题的求解，也可利用动态规划。

动态规划的概念和基本原理比较直观，容易理解，方法比较灵活，常为人们所喜用，所以在工程技术、经济、工业生产机军事等部门都有广泛的应用。许多问题利用动态规划去解决，常比线性规划或非线性规划更为有效。不过，当维数（或者状态变量）超过三个以上时，解题时需要计算机的贮存量相当大，或者必须研究采用新的解算方法。这是动态规划的主要弱点，在采用时必须留意。

可以这么说，动态规划是靠递推关系从终点时段向始头方向寻取最优解的一种方法。然而，单纯的递推关系是不能保证获得最优解的，一定要通过最优化原理的应用才能实现。

关于最优化原理，结合水库优化调度的情况来讲，就是若将水电站某一运行时间（例如水库供水期）按时间顺序划分为 $t_0 \sim t_n$ 个时刻，划分为 n 个相等的时段（例如月）。设以某时刻 t_i 为基准，则称 t_0 和 t_i 为以往时期，$t_i \sim t_{i+1}$ 为面临时段，$t_{i+1} \sim t_n$ 为余留时期。水电站在这些时期中的运行方式可由各时段的决策函数——出力及水库蓄水情况组成的序列来描述。如果水电站在 $t_i \sim t_n$ 内的运行方式是最优的，那么包括在其中的 $t_{i+1} \sim t_n$ 的运行方式必定也是最优的。如果我们已对余留时期 $t_{i+1} \sim t_n$ 按最优调度准则进行了计算，那么面临时段 $t_i \sim t_{i+1}$ 的最优调度方式也可以这样选择：使面临时段和余留时期所获得的综合效益符合选定的最优调度准则。

根据上面的叙述，启发我们得出寻找最优运行方式的方法，就是从最后一个时段（时刻 $t_{n-1} \sim t_n$）开始（这时的库水位常是已知的，例如水库期末的水库水位是死水位），逆时序逐时段进行递推计算，推求前一阶段（面临时段）的合适决策，以求出水电站在整个 $t_0 \sim t_n$ 时期的最优调度方式。很明显，对每次递推计算来说，余留时期的效益是已知的（例如发电量值已知），而且是最优策略，只有面临时段的决策变量是未知数，所以是不难解决的，可以根据规定的调度准则来求解。

对于一般决策过程，假设有 n 个阶段，每阶段可供选择的决策变量有 m 个，则有这种过程的最优策略实际上就需要求解 mn 维函数方程。显然，求解维数众多的方程，既需要花费很多时间，而且也不是一件容易的事情。上述最优化原理利用递推关系将这样一个复杂的问题化为 n 个 m 维问题求解，因而使求解过程大为简化。

如果最优化目标是使目标函数（例如取得的效益）极大化，则根据最优化原理，我们可将全周期的目标函数用面临时段和余留时期两部分之和表示。对于第一个阶段，目标函数 f_1^* 为：

$$f_1^* = (s_0, x_1) = \max[f_1(s_0, x_1) + f_2^*(s_1, x_2)]$$

式中　　s——状态变量，下标数字表示时刻；

　　　　x_i——决策变量，下标数字表示时段；

f_1（s_0，s_1）——第一时段状态处于 s_0 作出决策 x_i 所得的效益；

f_2^*（s_1,x_2）——从第二时段开始一直到最后时段（即余留时期）的效益。

对于第二时段至第 n 时段及第 i 时段至第 n 时段的效益，按最优化原理同样可以写成

以下的式子：

$$f_2^* = (s_1,x_2) = \max[f_2(s_1,x_2) + f_2^*(s_2,x_3)]$$

$$f_i^* = (s_{i-1},x_i) = \max[f_i(s_{i-1},x_i) + f_2^*(s_i,x_{i+1})]$$

对于第 n 时段，f_n^* 可以写为

$$f_n^* = (s_{i-1},x_n) = \max[f_n(s_{n-1},x_n)]$$

以上就是动态规划递推公式的一般形式。如果我们从第 n 时段开始，假定不同的时段初状态 s_{n-1}，只需确定该时段的决策变量 x_n（在 x_{n1}、x_{n2}、$\cdots$、x_{nm} 中选择）。对于第 $n-1$ 时段，只要优选决策变量 x_{n-1}，直到第一时段，只需优选 x_1。前面已经说过，动态规划根据最优化原理，将本来是 mn 维的最优化问题，变成了 n 个 m 维问题求解，以上递推公式便是最好的说明。

在介绍了动态规划基本原理和基本方法的基础上，需补充说明以下几点：

（1）对于输入具有随机因素的过程，在应用动态规划求解时，各阶段的状态往往需要用概率分布表示，目标函数用数学期望反映。为了与前面介绍的确定性动态规划区别，一般将这种情况下所用的最优化技术称为随机动态规划。其求解步骤与确定性的基本相同，不同之处是要增加一个转移概率矩阵。

（2）为了克服系统变量维数过多带来的困难，可以采用增量动态规划。求解递推方程的过程是：先选择一个满足诸多约束条件的可行策略作为初始策略，其次在改策略的规定范围内求解递推方程，以求得比原策略更优的新的可行策略。然后重复上述步骤，直至策略不再增优或者满足某一收敛准则为止。

（3）当动态规划应用于水库群情况时，每阶段需要决策的变量不只是一个，而是若干个（等于水库数）。因此，计算工作量将大大增加。在递推求最优解时，需要考虑的不只是面临时段一个水库 S 种（S 为库容区划分的区段数）可能放水中的最优值，而是 M 个水库各种可能放水组合即 SM 个方案中的最优值。

为加深对方法的理解，下面举一个经简化过的水库调度例子。

某年调节水库 11 月初开始供水，次年 4 月末放空至死水位，供水期共 6 个月，如每个月作为一个阶段，则共有 6 个阶段。为了简化，假定已经过初选，每阶段只留 3 个状态（以圆圈表示出）和 5 个决策（以线条表示），由它们组成 $S_0 \sim S_6$ 的许

多种方案，如图 6-10。图中线段上面的数字代表各月根据入库径流采取不同决策可获得的效益。

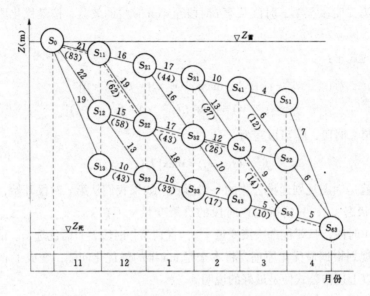

图6-10　动态规划进行水库调度的简化示例

用动态规划优选方案时，从 4 月末死水位处开始逆时序递推计算。对于 4 月初，3 种状态各有一项决策，孤立地看以 $S_{51} \sim S_6$ 的方案较佳，但从全局来看不一定是这样，暂时不能做决定，要再看前面的情况。

将 3、4 两个月的供水情况一起研究，看 3 月初情况，先研究状态 S_{41}，显然 $S_{41}S_{52}S_6$ 较 $S_{41}S_{51}S_6$ 好，因为前者两个月的总效益为 12，较后者的为大，应选前者为最优方案。将各状态选定方案的总效益写在线段下面的括号中，没有写明总效益的均为淘汰方案。同理可得另外两种状态的最优决策。$S_{42}S_{53}S_6$ 优于 $S_{42}S_{52}S_6$ 方案，总效益为 14；$S_{43}S_{53}S_6$ 的总效益为 10。对 3、4 两个月来说，在 S_{41}、S_{42}、S_{43} 三种状态中，以 $S_{42}S_{53}S_6$ 这个方案较佳，它的总效益为 14（其他两方案的总效益分别为 12 和 10）。

应该说明，如果时段增多，状态数目增加，决策数目增加，而且决策过程中还要进行试算，则整个计算是比较繁杂的，一定要通过编写计算程序，利用电子计算计算机来进行计算。

第七章　水利水电工程施工质量控制基础

第一节　水利水电工程建设程序及质量管理体制

一、水利水电工程项目建设程序

1. 基本建设概念和程序

（1）基本建设概念及内容

基本建设是指固定资产的建设，即建筑、安装和购置固定资产的活动及其与之相关的工作。

基本建设包括以下工作内容（见表7-1）。

表7-1　基本建设的工作内容

项目	具体内容
设备工器具的购置	它是指建设项目需要购置的机电设备、工具、器具，都属于固定资产。
建筑安装工程	它是基本建设的重要组成部分，是工程建设通过勘测、设计、施工等生产性活动创造的建筑产品。其包括建筑工程和设备安装工程，建筑工程包括各种建筑物和房屋的修建、金属结构（如闸门等）的安装、安装设备的基础建造等工作。设备安装工程是各种机电设备的装配、安装、试车等工作。
其他基建工作	指不属于上述两项的基建工作，如：勘测、设计、科学试验、淹没及迁移赔偿、水库清理、施工队伍转移、生产准备等项工作。

（2）基本建设程序的概念

基本建设程序是指基本建设项目从决策、设计、施工到竣工验收全过程中，各项工作必须遵循的先后次序。任何一项工程的建设过程，都存在着各阶段、各步骤、各项工作之间一定的不可破坏的先后联系。在水利水电工程项目建设中，存在违反建设程序的事例，比如"四边"建设，它就是边勘察、边设计、边施工、边投产，正常的建设程序是从设想、勘察、评估、决策、设计、施工到竣工投产，这种"四边"工程违背了建设程序，必然要出问题，造成的损失往往是巨大的。

2. 水利水电工程项目建设程序

结合水利水电工程的特点（工程建设规模大、施工工期相对较长、施工技术复杂、横向交叉面广、内外协作关系和工序多）和建设实践，水利水电工程的基本建设程序是依据国家或地区总体规划以及流域综合规划，提出建设项目建议书，进行可行性研究和项目评估决策，然后进行勘测设计，初步设计经过审批后，项目列入国家基本建设年度计划，并进行施工准备和设备、材料订货、采购，开工报告批准后正式施工，建成后进行验收投产。它分为 3 个阶段：前期工作阶段（包括①项目建议书；②可行性研究；③初步设计）、建设期阶段（包括④招标设计与施工详图设计；⑤编制年度计划；⑥设备订货和施工准备；⑦组织施工）、后期工作（包括⑧生产准备；⑨竣工验收及投产运行）。

（1）项目建议书。它是在流域规划的基础上，由主管部门提出的工程项目的轮廓设想，也就是工程项目的目标、任务，主要是从客观上衡量分析工程项目建设的必要性（如防洪、除涝、河道、灌溉、城镇和工业供水、跨流域调水、水力发电、垦殖和其他综合利用）和可能性，即分析其建设条件是否具备，是否值得投入资金和人力，是否进行可行性研究。

（2）可行性研究。可行性研究是运用现代生产科学技术、经济学和管理工程学对建设项目进行技术、经济分析的综合性工作。其任务是研究兴建或扩建某个项目在技术上是否可行，经济上是否显著，财务上是否盈利，建设中要动用多少人力、物力和资金，建设工期多长，如何筹集资金等重要问题，因此，可行性研究是进行项目决策的重要依据。

（3）初步设计。通过不同方案的分析比较，论证本工程及主要建筑物的等级标准；选定坝（闸）址；工程总体布置；主要建筑物型式和控制尺寸；水库各种特征水位；装机容量；机组机型；施工导流方案；主体工程施工方法；施工总进度及施工总布置等。

（4）施工详图设计。按照初步设计所有确定的设计原则、结构方案和控制尺寸，根据建筑安装工作的需要，分期分批地制定出施工详图，提供给施工单位，据以施工。（初步设计完成后进行招标文件编制并开始招标）

（5）制定年度建设计划。水利水电工程建设周期长，要根据批准的总概算与总进度，合理安排分年度施工项目和投资。年度计划的实施内容要和当年分配的投资、材料、机械设备、劳务等要素相结合。

（6）设备订货和施工准备。建设项目具有批准的初步设计文件和批准的建设计划后，就可以进行主要设备的采购订货和施工准备。

（7）施工。施工准备基本就绪后，应由建设单位提出开工报告，并经过批准后才能开始施工。

（8）生产准备。建设项目进入施工阶段后，建设单位在加强施工管理的同时，也要着手做好生产准备工作，保证工程一旦施工，即可投产运行。

（9）竣工验收、交付使用。竣工验收是全面考核建设工作、检查工程是否合乎设计要求和质量要求好坏的重要环节。

二、工程建设实行的制度及质量监督体系

1. 工程建设实行的制度

（1）我国水利水电工程建设项目推行的三项制度

1）项目法人制（法人是具有民事权利能力和民事行为能力，依法独立享有民事权利和承担民事义务的组织。简言之，法人是具有民事权利主体资格的社会组织。有时将法人代表也称为法人，在这里指建设单位）。

2）招标投标制。

3）建设监理制。

（2）水利工程质量管理有关规定

在水利水电工程项目建设中，水利部在《水利工程质量管理规定》（水利部令第7号）明确规定：水利工程质量实行项目法人（建设单位）负责、监理单位控制、施工单位担保和政府监督相结合的质量管理体制。习惯上人们常把它简化为"法人负责、监理控制、施工保证、政府监督"十六字箴言。

1）法人负责

项目法人是工程项目建设的主体，对项目建设的进度、质量、资金管理和生产安全负总责，并对项目主管部门负责。

项目法人在建设阶段的主要职责如下：

组织初步设计文件的编制、审核、申报等工作；按照基本建设程序和批准的建设规模、内容、标准组织工程建设；根据工程建设需要组建现场管理机构，并负责任免其主要行政及技术、财务负责人；负责办理工程质量监督和主体工程开工报告的报批手续；负责与项目所在地地方人民政府及有关部门协调解决好工程建设外部条件；依法对工程项目的勘查、设计、监理、施工和材料及设备等组织招标，并签订有关合同；组织编制审核、上报项目年度建设计划；落实年度工程建设资金；严

格按照概算控制工程投资，用好管好建设资金；负责监督检查现场管理机构建设管理情况，包括工程投资、工期、质量、生产安全和工程建设责任制情况等；负责组织制定、上报在建工程度汛计划和相应的安全度汛措施，并对在建工程安全度汛负责；负责组织编制竣工决算；负责按照有关验收规程组织或参与验收工作；负责工程档案资料的管理，包括对各参建单位所形成档案资料的收集、整理、归档工作进行监督检查。

2）监理控制

监理单位是具有一定资质的、有完整的、严密的组织机构及相应的工作制度、工作程序和工作方法的管理部门，代表业主的利益，是一种中介机构。监理单位受项目法人的委托，代表建设单位监督控制工程项目的实施，建设单位授予监理单位一定的权限，以保证工程建设期间工程的顺利进行，其中"质量认证和否决权"及"工程付款凭证签字认可权"尤为重要，监理单位为工程施工现场派驻监理工程师，实行监理监督权力。

①监理对工程建设实行"三控制、两管理、一协调"，三控制就是质量控制、进度控制和资金控制，两管理就是项目管理和合同管理，一协调就是协调参建各方的关系。

②在质量管理方面，施工企业（承包商）在现场监理工程师的监督下，每道工序必须在"三检"（初检、复检、终检）合格的基础下，经监理工程师检查认证合格，方可进行下一道工序施工，未经质量检验或检验不合格的，不能验收，不得支付工程进度款。

③监理工程师还有权对质量可疑的部位进行抽检，有权要求施工承包商对不合格的或有缺陷的工程部位进行返工或修补。

实行建设监理制，就是要把工程建设的施工质量严格置于监理工程师的控制之下。

3）施工保证

质量是做出来的，不是检查、验收出来的，施工质量好坏的直接责任者是施工单位。因此，施工企业内部各部门、各个环节的经营管理必须是有机的、严密的组织，应明确他们在保证工程或产品质量方面的任务、责任、权限、工作程序和方法，从而形成一个有机的质量保证体系。

工程建设质量保证体系，一般由思想、组织和工作三方面所组成。

①思想保证。思想保证就是所有参加工程建设的职工，要有浓厚的质量意识，牢固地树立"质量第一，用户第一"，掌握全面质量管理的基本思想、观点和方法。

这是建立施工质量保证体系的前提和基础。

②组织保证。组织保证就是要求管理系统中各层次的各专业技术管理部门，都要有专职负责质量职能工作的机构和人员，在操作层要设立兼职或专职的质量检验与控制人员，担负起相应的质量职能活动，以形成工程建设的质量管理网络。

③工作保证。工作保证的关键是施工过程或者称之为施工现场的质量保证，因为它直接影响到工程质量的形成，它一般由"质量检验"和"工序管理"两个方面组成。

质量检验包括：原材料及设备检验、工序质量检验和成品质量检验。

工序管理包括：开展群众性质量管理活动进行工序分析。（比如，质检员召开施工班组人员会议，分析讲解施工工序质量把关的重点和难点，把质量管理责任层层分解，落实到人，实行人人理解掌握、人人严格执行的良好氛围）严格工序纪律，管好影响工序质量因素中的主导因素，建立工序检验点，明确重点，加强工序管理。

4）政府监督

国家将政府质量监督作为一项制度，以法规的形式在《建设工程质量管理条例》中加以明确，这就强调了工程建设的质量必须实行政府监督管理。

①政府监督具有以下特点：

具有权威性。因为质量监督体现的是国家意志，任何单位和个人从事工程建设活动，都必须服从这种监督管理。

具有强制性。这种监督是由国家的强制力来保证的，任何单位和个人不服从这种监督管理将受到法规的制约。

具有综合性。因为这种监督管理并不局限于某一方面，而是贯穿于工程建设阶段的全过程，并适用于建设单位、勘察单位、设计单位、建设监理单位和施工企业。

②工程质量监督的主要内容：对监理、设计、施工和有关产品制作单位的资质进行复核；对建设、监理单位的质量检查体系和施工单位的质量保证体系及设计单位现场服务等实施监督检查；对工程项目的单位工程、分部工程、单元工程的划分进行监督检查；监督检查技术规程、规范和质量标准的执行情况；检查施工单位和建设、监理单位对工程质量检验和质量评定情况；在工程竣工.验收前，对工程质量进行等级核定，编制工程质量评定报告，并向工程验收委员会提出工程质量等级的建议。

③水利工程建设项目质量监督以抽检为主。大型水利工程应建立质量监督项目站，中小型水利工程可根据需要建立质量监督项目站（组），或进行巡回监督。

2. 建设工程质量监督体系

建设工程质量监督体系是指建设工程中各参建主体和管理主体对建设工程质量的监督控制的组织实施方式。也就是工程建设中，政府主管部门，业主，承包商，勘察设计单位，检测单位，工程监理单位，材料、构配件、设备供应单位在建设工程质量监督控制中各自的控制职能和作用。它包括直接参建主体的质量审核控制，业主及代表业主利益的监理单位等中介组织对参建主体质量行为和活动的督促监督，以及代表政府和公众利益的政府质量监督 3 个层次。建设工程的政府监督是监督体系的最高层次，其监督的内容涵盖建设工程所有参建主体的质量行为和实体质量，是整体全面的监督控制。

第二节　水利水电工程施工质量管理及施工阶段质量控制方法

一、质量管理与质量保证

1. 质量和工程质量

质量是指反映实体固有的满足明确或者隐含需要能力的特性的总和。

"固有的"就是指某事或某物中本来就有的，尤其是那种永久的特性。

质量的主体是"实体"，实体可以是活动或者过程的有形产品。如建成的大坝，处理后的地基，或是无形的产品（质量措施规程等），也可以是某个组织体系或人，以及上述各项的组合。由此可见，质量的主体不仅包括产品，而且包括活动、过程、组织体系或人，以及它们的组合。

质量的明确需要是指在合同、标准、规范、图纸、技术文件中已经作出明确规定的要求；质量的隐含需要则应加以识别和确定，如人们对实体的期望，公认的、不言而喻的、不必作出规定的"需要"。

工程质量除了具有上述普遍意义上的质量的含义外，还具有自身的一些特点。在工程质量中，所说的满足明确或者隐含的需要，不仅是针对客户的，还要考虑到社会的需要和符合国家有关的法律、法规的要求。

一般认为工程质量具有以下的特性（见表 7-2）。

2. 质量控制

为达到质量要求所采取的作业技术和活动，致力于满足质量要求，是质量管理的一部分。

表7-2　工程质量的特性

特性	具体内容
过程性	工程的施工过程，在通常的情况下是按照一定的顺序来进行的。每个过程的质量都会影响到整个工程的质量，因此工程质量的管理必须管理到每项工程的全过程。
单一性	这是由工程施工的单一性所决定的，即一个工程一个情况，即使是使用同一设计图纸，由同一施工单位来施工，也不可能有两个工程具有完全一样的质量。因此，工程质量的管理必须管理到每项工程，甚至每道工序
综合性	影响工程质量的原因很多，有设计、施工、业主、材料供应商等多方面的因素。只有各个方面做好了各个阶段的工作，工程的质量才有保证
重要性	一项工程的好与坏不仅仅关系到工程本身，它的安全性是社会性质的，业主和参与工程的各个单位都将受到影响。所以，参建和监督各方必须加强对工程质量的监督和控制，达到工程质量目标，以保证工程建设和使用阶段的安全。

（1）质量控制包括作业技术和管理活动，其目的在于监视过程并排除质量环从最初需要到最终满足要求和期望的各阶段中影响质量的相互作用活动的概念模式。特点：①质量环中的一系列活动中一环扣一环，互相制约，互相依存，互相促进；②质量环不断循环，每经过一次循环，就意味着产品质量的一次提高。所有阶段中导致不满意结果的原因，以取得经济效益。

质量控制的对象是过程，通过对作业技术和管理活动的管理，使被控制对象达到规定的质量要求。

（2）质量控制应贯穿于质量形成的全过程（即质量环的所有环节）。

质量控制的目的在于以预防为主，通过采取预防措施来排除质量环各个阶段产生问题的原因，以获得期望的经济效益。

质量控制的具体实施主要是为影响产品质量的各环节、各因素制定相应的计划和程序，对发现的问题和不合格情况进行及时处理，并采取有效的纠正措施。

3. 工程项目质量保证和质量保证体系

质量保证是指企业对用户在工程质量方面作出的担保，即企业向用户保证其承建的工程在规定的期限内能满足的设计和使用功能。它是质量管理的一部分，其核心是致力于使人们信任产品满足质量要求。

（1）质量保证的目的是提供信任，获信任的对象有两个方面：一是内部的信任，主要对象是组织的领导；二是外部的信任，主要对象是客户。由于质量保证的对象不同，所以客观上就存在着内部和外部质量保证。

（2）信任来源于质量体系的建立和运行（包括技术、管理、人员等方面的因素均处于受控状态），建立减少、消除、预防质量缺陷的机制，只有这样的体系才能说具有质量保证能力。

（3）产品的质量要求（产品要求、过程要求、体系要求），必须反映顾客的要求才能给顾客以足够的信任。

（4）保证方法。

供方的合格说明；提供形成文件的基本证据；提供其他顾客的认定证据；顾客亲自审核；由第三方进行审核；提供经国家认可的认证机构出具的认证材料。

质量保证和质量控制是一个事物的两个方面，其某些活动是相互关联、密不可分的。

质量保证体系是指为了保证质量满足要求，运用系统的观点和方法，将参与设计施工和管理的各部门和人员组织起来，将设计施工的各环节及其管理活动严密协调组织起来，明确他们在保证质量方面的任务、责任、权限、工作程序和方法，从而形成一个有机的质量保证整体。主要内容有：有明确的质量方针、目标和计划；建立严格的质量责任制；建立专职质量管理机构，具有兼职质量管理人员；实行管理业务标准化和管理流程程序化；开展群众性的质量管理活动、建立高效灵敏的质量信息管理系统。

四、质量管理和全面质量管理

质量管理是确保质量方针、目标和职责，并在质量体系中通过诸如质量策划、质量控制、质量保证和质量改进，使其实施全部管理职能的所有指挥和控制活动。

（1）质量管理是下述管理职能中的所有活动。

确定质量方针和目标；确定岗位职责和权限；建立质量体系并使其有效运行。

（2）质量管理是在质量体系中通过质量策划、质量控制、质量保证和质量改进一系列活动来实现的。

（3）一个组织要搞好质量管理，应加强最高管理者的领导作用，落实各级管理者职责，并加强教育、激励全体职工积极参与。

（4）应在质量要求的基础上，充分考虑质量成本等经济因素。

全面质量管理是以组织全员参与为基础，以质量为中心的质量管理形式，其目的在于通过顾客满意和实现本组织所有成员及社会收益而达到长期成功途径。

二、施工阶段质量控制方法

1. 质量控制的基本原理

（1）PDCA 循环原理

PDCA 循环原理就是计划 P（Plan）、实施 D（Do）、检查 C（Check）、处置 A（Action）的目标控制原理。

1）计划可以理解为质量计划阶段，明确目标并制定实现目标的行动方案。

2）实施包含两个环节，即计划行动方案的交底和按计划规定的方法与要求展开工程作业技术活动。（计划行动方案的交底目的在于使具体的作业者和管理者，明确计划的意图和要求，掌握标准，从而规范行为，全面地执行计划的行动方案，步调一致地去努力实现预期的目标。）

3）检查指对计划实施过程进行各种检查，包括作业者的自检，互检和专职管理者专检。各类检查包含两大方面：一是检查是否严格执行了计划的行动方案；实际条件是否发生变化；不执行计划的原因。二是检查计划执行的结果，即产生的质量是否达到标准的要求，对此进行确认和评价。

4）处置对于质量检查所发现的质量问题或质量不合格情况，及时进行原因分析，采取必要的措施，予以纠正，保持质量形成的受控状态。

（2）三阶段（事前、事中、事后）控制原理

三阶段控制原理构成了质量控制的系统控制。

1）事前控制要求预先进行周密的质量计划。其控制包含两层意思，一是强调质量目标的计划预控；二是按质量计划进行质量活动前的准备工作状态的控制。

2）事中控制首先是对质量活动的行为约束，即对质量产生过程各项技术作业活动操作者在相关制度的管理下的自我约束的同时，充分发挥其技术能力，去完成预定质量目标的作业任务；其次是对质量活动过程和结果，来自他人的监督控制，这里包括来自企业内部管理者的检查检验和来自企业外部的工程监理和政府质量监督部门等的监控。事中控制虽然包含自控和监控两大环节，但其关键还是增强质量意识，发挥操作者自我约束自我控制，即坚持质量标准是根本的，监控或他人控制是必要的补充，只有通过建立和实施质量体系来达到这一目的。

3）事后控制包括对质量活动结果的评价认定和对质量偏差的纠正。

以上三个阶段不是孤立和截然分开的，它们之间构成有机的系统过程，实质上就是 PDCA 循环具体化，并在每一次滚动循环中不断提高，达到质量管理或质量控制的持续改进。

（3）三全控制

三全控制是指生产企业的质量管理应该是全面、全过程和全员参与的。它来自于全面质量管理全面质量管理是以组织全员参与为基础的质量管理形式。全面质量管理代表了质量管理发展的最新阶段，起源于美国，后来在其他一些工业发达国家开始推行，并且在实践运用中各有所长。特别是日本，在 20 世纪 60 年代以后推行全面质量管理并取得了丰硕的成果，引起世界各国的瞩目。20 世纪 80 年代后期以来，全面质量管理得到了进一步的扩展和深化，逐渐由早期的 TQC 演化成为 TQM，其含义远远超出了一般意义上的质量管理的领域，而成为一种综合的、全面的经营管理方式和理念的思想，同时包融在质量体系标准（GB/T19000—ISO9000）中（ISO 是国际标准化组织的简称，ISO 是希腊文"平等"的意思。

ISO 是世界上最大的国际标准化组织之一。它成立于 1947 年 2 月 23 日，美国的 Howard Coonley 先生当选为 ISO 的第一任主席。ISO 的前身是 1928 年成立的"国际标准化协会国际联合会"（简称 ISA）。

ISO 的宗旨是"在世界上促进标准化及其相关活动的发展，以便于商品和服务的国际交换，在智力、科学、技术和经济领域开展合作。"ISO 现有 117 个成员，包括 117 个国家和地区。ISO 的最高权力机构是每年一次的"全体大会"，其日常办事机构是中央秘书处，设在瑞士的日内瓦、。中央秘书处现有 170 名职员，由秘书长领导。

ISO 通过它的 2856 个技术机构开展技术活动。其中技术委员会（简称 TC）共 185 个，分技术委员会（简称 SC）共 611 个，工作组（WG）2022 个，特别工作组 38 个。

ISO 的 2856 个技术机构技术活动的成果是"国际标准"。ISO 现已制订出国际标准共 10300 多个，主要涉及各行各业各种产品的技术规范。

ISO 制定出来的国际标准编号的格式是：ISO+ 标准号 +［杠 + 分标准号］+ 冒号 + 发布年号（方括号中的内容可有可无），例如 ISO8402：1987、ISO9000—1：1994 等分别是某一个标准的编号。它对工程质量控制具有理论和实践的指导意义。

全面质量控制是指工程（产品）质量和工作质量的全面控制，工作质量是产品质量的保证，工作质量直接影响产品质量的形成。对于建设工程项目而言，全面质量控制还应该包括建设工程各参与主体的工程质量与工作质量的全面控制。如业主、监理、勘察、设计、施工总包、施工分包、材料设备供应商等，任何一方任何环节的怠慢疏忽或质量责任不到位都会造成对建设工程质量的影响。

全过程质量控制是指根据工程质量的形成规律，按照建设程序从源头抓起，全过程推进。

全员参与控制是指无论组织内部的管理者还是工作者，每个岗位都承担着相应的质量职能，一旦确定了质量方针目标，就应组织和动员全体员工参与到实施质量方针的系统活动中去，发挥自己的角色作用。全员参与质量控制作为全面质量所不可或缺的重要手段就是目标管理。目标管理理论认为，总目标必须层层分解，直到最基层岗位，从而形成自下而上，自岗位个体到部门团体的层层控制和保证关系，使质量总目标分解落实到每个部门和岗位。

2. 建设工程项目质量控制系统

建设工程项目质量控制系统是由政府实施的建设工程质量监督体系、建设单位质量控制体系、工程监理及检测单位质量控制体系、勘察设计企业质量审核体系、施工企业质量保证体系及材料设备供应商质量管理体系构成。

3. 施工阶段质量控制方法

（1）施工质量控制的目标

1）施工质量控制的总体目标是贯彻执行建设工程质量法规和强制性标准，正确配置施工生产要素和采用科学管理的方法，实现工程项目预期的使用功能和质量标准。这是建设工程参与各方的共同责任。

2）建设单位的质量控制目标是通过施工全过程的全面质量监督管理、协调和决策，保证项目达到投资决策所确定的质量标准。

3）设计单位在施工阶段的质量控制目标，是通过对施工质量的验收签证、设计变更控制及纠正施工中所发现的设计问题，采纳变更设计的合理化建议等，保证竣工项目的各项施工结果与设计文件（包括变更设计文件）所规定的标准相一致。

4）施工单位的质量控制目标是通过施工全过程的全面质量自控，保证交付满足施工合同及设计文件所规定的质量标准（含工程质量创优要求）的建设工程产品。

5）监理单位在施工阶段的质量控制目标是，通过审核施工质量文件、报告报表及现场旁站检查、平行检测、施工指令和结算支付控制等手段的应用，监控施工承包单位的质量活动行为，协调施工关系，正确履行工程质量的监督责任，以保证工程质量达到施工合同和设计文件所规定的质量标准。

（2）施工质量控制的过程

1）施工质量控制的过程，包括施工准备质量控制、施工过程质量控制和施工验收质量控制。

施工准备质量控制是指工程项目开工前的全面施工准备和施工过程中各分部分项工程施工作业前的施工准备（或称施工作业准备）。此外，还包括季节性的特殊施工准备。施工准备质量是属于工作质量范畴，然而它对建设工程产品质量的形成产生重要的影响。

施工过程的质量控制是指施工作业技术活动的投入与产出过程的质量控制，其内涵包括全过程施工生产及其中各分部分项工程的施工作业过程。

施工验收质量控制是指对已完工程验收时的质量控制，即工程产品质量控制。包括隐蔽工程验收、检验批验收、分项工程验收、分部工程验收、单位工程验收和整个建设工程项目竣工验收过程的质量控制。

2）施工质量控制过程既有施工承包方的质量控制职能，也有业主方、设计方、监理方、供应方及政府的工程质量监督部门的控制职能，他们具有各自不同的地位、责任和作用。

自控主体：施工承包方和供应方在施工阶段是质量自控主体，他们不能因为监控主体的存在和监控责任的实施而减轻或免除其质量责任。

监控主体：业主、监理、设计单位及政府的质量监督部门，在施工阶段是依据法律和合同对自控主体的质量行为和效果实施监督控制。

自控主体和监控主体在施工全过程相互依存、各司其职，共同推动着施工质量控制过程的发展和最终工程质量目标的实现。

3）施工方作为工程施工质量的自控主体，既要遵循本企业质量管理体系的要求，也要根据其在所承建工程项目质量控制中的地位和责任，通过具体项目质量计划的编制与实施，有效地实现自主控制的目标。一般情况下，对施工承包企业而言，无论工程项目的功能类型、结构型式及复杂程度存在着怎样的差异，其施工质量控制过程都可归纳为以下相互作用的 8 个环节：①工程调研和项目承接：全面了解工程情况和特点，掌握承包合同中工程质量控制的合同条件；②施工准备：图纸会审、施工组织设计、施工力量设备的配置等；③材料采购；④施工生产；⑤试验与检验；⑥工程功能检测；⑦竣工验收；⑧质量回访及保修。

（3）施工质量计划的编制

1）施工质量计划的编制主体是施工承包企业。在总承包的情况下，分包企业的施工质量计划是总包施工质量计划的组成部分。总包有责任对分包施工质量计划的编制进行指导和审核，并承担施工质量的连带责任。

2）根据建筑工程生产施工的特点，目前我国工程项目施工的质量计划常用施工组织设计或施工项目管理实施规划的文件形式进行编制。

3）在已经建立质量管理体系的情况下，质量计划的内容必须全面体现和落实企业质量管理体系文件的要求（也可引用质量体系文件中的相关条文），同时结合本工程的特点，在质量计划中编写专项管理要求。施工质量计划的内容一般应包括：①工程特点及施工条件分析（合同条件、法规条件和现场条件）；②履行施工承包合同所必须达到的工程质量总目标及其分解目标；③质量管理组织机构、人员及资源配置计划；④为确保工程质量所采取的施工技术方案、施工程序；⑤材料设备质量管理及控制措施；⑥工程检测项目计划及方法等。

4）施工质量控制点的设置是施工质量计划的组成内容。质量控制点是施工质量控制的重点，凡属于关键技术、重要部位、控制难度大、影响大、经验欠缺的施工内容以及新材料、新技术、新工艺、新设备等，均可列入质量控制点，实施重点控制。

施工质量控制点设置的具体方法是，根据工程项目施工管理的基本程序，结合项目特点，在制定项目总体质量计划后，列出各基本施工过程对局部和总体质量水平有影响的项目，作为具体实施的质量控制点。如：大坝施工质量管理中，可列出地基处理、工程测量、设备采购、大体积混凝土施工及有关分部分项工程中必须进行重点控制的专题等，作为质量控制重点。又如：在工程功能检测的控制程序中，可设立建筑物构筑物防雷检测、消防系统调试检测，通风设备系统调试等专项质量控制点。

通过质量控制点的设定，质量控制的目标及工作重点就能更加明晰。加强事前预防的方向也就更加明确。事前预控包括明确目标参数、制定实施规程（包括施工操作规程及检测评定标准）、确定检查项目数量及跟踪检查或批量检查方法、明确检查结果的判断标准及信息反馈要求。

施工质量控制点的管理应该是动态的，一般情况下在工程开工前、设计交底和图纸会审时，可确定一批整个项目的质量控制点，随着工程的展开、施工条件的变化，随时或定期进行控制点范围的调整和更新，始终保持重点跟踪的控制状态。

5）施工质量计划编制完毕，应经企业技术领导审核批准，并按施工承包合同的约定提交工程监理或建设单位批准确认后执行。

（4）施工生产要素的质量控制

1）影响施工质量的五大要素

影响施工质量的五大因素，见表7-3。

2）劳动主体的控制

劳动主体的质量包括参与工程各类人员的生产技能、文化素养，生理体能、心里行为等方面的个体素质及经过合理组织充分发挥其潜在能力的群众素质。因此，企业应通过择优录取、加强思想教育及技能方面的教育培训；合理组织、严格考核，并辅以必要的激励机制，使企业员工的潜在能力得到最好的组合和充分的发挥。从而保证劳动主体在质量控制系统中发挥主体自控作用。

表7-3　影响施工质量的五大因素

因素	内容
劳动方法	采以的施工工艺及技术措施的水平
劳动主体	人员素质，即作业者、管理者的素质及其组织效果
劳动手段	工具、模具、施工机械、设备等条件
劳动对象	材料、半成品、工程用品、设备等的质量
施工环境	现场水文、地质、气象等自然环境，通风、照明、安全等作业环境以及协调配合的管理环境

施工企业控制必须坚持对所选派的项目领导者、组织者进行质量意识教育和组织管理能力训练，坚持对分包商的资质考核和施工人员的资质考核，坚持工种按规定持证上岗制度。

3）劳动对象的控制

原材料、半成品、设备是构成工程实体的基础，其质量是工程项目实体质量的组成部分。故加强原材料、半成品及设备的质量控制，不仅是提高工程质量的必要条件，也是实现工程项目投资目标和进度目标的前提。

对原材料、半成品及设备进行质量控制的主要内容为：控制材料设备性能、标准与设计文件的相符性；控制材料设备各项技术性能指标、检验测试指标与标准要求的相符性；控制材料设备进场验收程序及质量文件资料的齐全程度等。

施工企业应在施工过程中贯彻执行企业质量程序文件中明确材料设备在封样、采购、进场检验、抽样检测及质保资料提交等一系列明确规定的控制标准。

4）施工工艺的控制

施工工艺的先进合理是直接影响工程质量、工程进度及工程造价的关键因素，施工工艺的合理可靠还直接影响到工程施工安全。因此在工程项目质量控制系统中，制定和采用先进合理的施工工艺是工程质量控制的重要环节。

对施工方案的质量控制主要包括以下内容。

全面正确地分析工程特征、技术关键及环境条件等资料，明确质量目标、验收标准、控制的重点和难点。

制定合理有效的施工技术方案和组织方案，前者包括施工工艺、施工方法；后者包括施工区段划分、施工流向及劳动组织等。

合理选用施工机械设备和施工临时设施，合理布置施工总平面图和各阶段施工平面图；选用和设计保证质量和安全的模具、脚手架等施工设备；编制工程所采用的新技术、新工艺、新材料的专项技术方案和质量管理方案。

为确保工程质量，尚应针对工程具体情况，编写气象地质等环境不利因素对施工的影响及其应对措施。

5）施工设备的控制

施工所用的机械设备，包括起重机设备、各项加工机械、专项技术设备、检查测量仪表设备及人货两用电梯等，应根据工程需要从设备选型、主要性能参数及使用操作要求等方面加以控制。

对施工方案中选用的模板、脚手架等施工设备，除按适用的标准定型选用外，一般需按设计及施工要求进行专项设计，对其设计方案及制作质量的控制及验收应作为重点进行控制。

按现行施工管理制度要求，工程所用的施工机械、模板、脚手架，特别是危险性较大的现场安装的起重机械设备，不仅要对其设计安装进行审批，而且安装完毕交付使用前必须经专业管理部门的验收，合格后方可使用。同时，在使用过程中尚需落实相应的管理制度，以确保其安全正常使用。

6）施工环境的控制

环境因素主要包括地质水文状况，气象变化及其他不可抗力因素，以及施工现场的通风、照明、安全卫生防护实施等劳动作业环境等内容。环境因素对工程施工的影响一般难以避免。要消除其对施工质量的不利影响，主要是采取预测预防的控制方法。

对地质水文等方面的影响因素的控制，应根据设计要求，分析地基地质资料，预测不利因素，并会同设计等方面采取相应的措施，如降水排水加固等技术控制方案。

对天气气象方面的不利条件，应在施工方案中制定专项施工方案，明确施工措施，落实人员、器材等方面各项准备以紧急应对，从而控制其对工程质量的不利影响。

对环境因素造成的施工中断，往往也会对工程质量造成不利影响，必须通过加强管理、调整计划等措施，加以控制。

（5）施工作业过程的质量控制

1）建设工程项目是由一系列相互关联，相互制约的作业过程（工序）所构成，控制工程项目施工过程的质量，必须控制全部作业过程，即各道工序的施工质量。

2）施工作业过程质量控制的基本程序。进行作业技术交底，包括作业技术要领、质量标准、施工依据、与前后工序的关系等。

检查施工工序、程序的合理性，科学性，防止工序流程错误，导致工序质量失控。检查内容包括：施工总体流程和具体施工作业的先后顺序，在正常的情况下，要坚持先准备后施工、先深后浅、先土建后安装、先验收后交工等。

检查工序施工中人员操作程序、操作质量是否符合质量规程要求。

检查工序施工中间产品的质量，即工序质量、分项工程质量。

对工序质量符合要求的中间产品（分项工程）及时进行工序验收或隐蔽工程验收。质量合格的工序经验收后可进入下道工序施工。未经验收合格的工序，不得进入下道工序施工。

3）施工工序质量控制要求。工序质量是施工质量的基础，工序质量也是施工顺利进行的关键。为达到对工序质量控制的效果，在工序管理方面应做到以下几点：

贯彻预防为主的基本要求，设置工序质量检查点，对材料质量状况、工具设备状况、施工程序、关键操作、安全条件、新材料新工艺应用、常见质量通病，甚至包括操作者的行为等影响因素列为控制点作为重点检查项目进行预控。

落实工序操作质量巡查、抽查及重要部位跟踪检查等方法，及时掌握施工质量总体状况；对工序产品、分项工程的检查应按标准要求进行目测、实测及抽样试验的程序，做好原始记录，经数据分析后，及时作出合格及不合格的判断。

对合格工序产品应及时提交监理进行隐蔽工程验收；完善管理过程的各项检查记录、检测及验收资料，作为工程质量验收的依据，并为工程质量分析提供可追溯的依据。

（6）施工质量验收的方法

1）建设工程质量验收是对已完的工程实体的外观质量及内在质量按规定程序检查后，确认其是否符合设计及各项验收标准的要求，是否可交付使用的一个重要环节。正确地进行工程项目质量的检查评定和验收，是保证工程质量的重要手段。

鉴于建设工程施工规模较大，专业分工较多，技术安全要求高等特点，国家相关行政管理部门对各类工程项目的质量验收标准制定了相应的规范，以保证工程验收的质量，工程验收应严格执行规范的要求和标准。

2）工程质量验收分为过程验收和竣工验收，其程序及组织包括以下几点：

施工过程中，隐蔽工程在隐蔽前通知建设单位（或工程监理）进行验收，并形成验收文件。

分部分项工程完成后，应在施工单位自行验收合格后，通知建设单位（或工程监理）验收，重要的分部分项应请设计单位参加验收。

单位工程完工后，施工单位应自行组织检查、评定，符合验收标准后，向建设单位提交验收申请。

建设单位收到验收申请后，应组织施工、勘察、设计、监理单位等方面人员进行单位工程验收，明确验收结果，并形成验收报告。

按国家现行管理制度，房屋建筑工程及市政基础实施工程验收合格后，尚需在规定时间内，将验收文件报政府管理部门备案。

3）建设工程施工质量验收应符合下列要求：

工程质量验收均应在施工单位自行检查评定的基础上进行；参加工程施工质量验收的各方人员，应该具有规定的资格；建设项目的施工，应符合工程勘察、设计文件的要求；隐蔽工程应在隐蔽前由施工单位通知有关单位进行验收，并形成验收文件；单位工程施工质量应该符合相关验收规范的标准；涉及结构安全的材料及施工内容，应有按照规定对材料及施工内容进行见证取样检测的资料；对涉及结构安全和使用功能的重要部分工程，专业工程应进行功能性抽样检测；工程外观质量应由验收人员通过现场检查后共同确认。

4）建设工程施工质量检查评定验收的基本内容及方法包括以下几点：

分部分项工程内容的抽样检查。

施工质量保证资料的检查，包括施工全过程的技术质量管理资料，其中又以原材料、施工检测、测量复核及功能性试验资料为重点检查内容。

工程外观质量的检查。

5）工程质量不符合要求时，应按以下规定进行处理：

经返工或更换设备的工程，应该重新检查验收；经有资质的检测单位检测鉴定，能达到设计要求的工程，应予以验收；经返修或加固处理的工程，虽局部尺寸等不符合设计要求，但仍然能满足使用要求，可按技术处理方案和协商文件进行验收；经返修和加固后仍不能满足使用要求的工程严禁验收。

第三节　水利水电工程项目划分与工程质量评定

一、水利水电工程项目划分

1. 基本概念

（1）单元工程。指分部工程中由几个工种施工完成的最小综合体，是日常质量考核的基本单位。

（2）分部工程。指在一个建筑物内能组合发挥一种功能的建筑安装工程，是组成单位工程的各个部分。对单位工程安全、功能或效益起控制作用的分部工程称主要分部工程。

（3）单位工程。指具有独立发挥作用或独立施工条件的建筑物。

2．项目划分

工程项目划分是按从高到低、从大到小的顺序进行，这样才能有利于从宏观上对工程项目施工质量进行有序地评定。

水利水电工程项目划分方法是根据水利工程特点和水利部颁发的有关规定进行的。枢纽工程，一般可根据总体布置、设计功能和施工布置等因素，把有独立发挥作用或独立施工条件的建筑物划为一个单位工程；而每一个单位工程，又进一步按其组合发挥一种功能的建筑安装工程，划分若干个分部工程，而每个分部工程又是由若干个工种、工序完成的众多单元工程所组成。

（1）单元工程划分

单元工程是日常考核工程施工质量的基本单位，划分原则如下：

1）枢纽工程中的单元工程是依据设计结构、施工部署或便于进行质量控制和考核的原则，把建筑物划分为若干个层、块、段来确定的。例如，混凝土工程中的一个浇筑仓，土石坝工程中的一个填筑层等。

2）渠道工程中的明渠（暗渠）开挖填筑单元工程、衬砌单元工程，可按渠道施工缝、变形缝或结构缝划分。

3）堤防工程可根据施工方法与施工进度划分单元工程。如土方填筑，可按层、段划分；防护工程按施工段划分等。在实际工程建设中，对于堤身填筑断面较大的分层碾压的堤身填筑工程，通常以日常检查验收的每一个施工段的碾压层划作为一个单元工程，这样便于进行质量控制和考核。但对于堤身断面较小的堤身填筑工程，一般规定按堤身长度 200 ～ 500m 或工程量 1000 ～ 2000m^3 来划分单元工程。

4）单元工程划分注意事项包括以下方面：

同一类型的单元工程的工程量不宜相差太大，最好尽量做到不超过 50%，同一个分部工程中的单元工程数量不宜太少，一般不少于 3 个，不然不利于分部工程的质量评定工作。

有工序的单元工程，应先评定各工序的质量等级，各工序质量等级评定结果均应参加单元工程的质量评定。

无论如何划分单元工程，都要有利于质量检验评定，使能取得较完整的技术数据。

（2）分部工程划分

分部工程是指在一个建筑物内能组合发挥一种功能的建筑安装工程，是组成单位工程的各个部分。对单位工程的安全、功能或效益起控制作用的分部工程称为主要分部工程。分部工程划分是否恰当，对单位工程质量等级评定影响很大。因此，分部工程划分时，主要遵循以下原则：

1）枢纽工程中土建工程按设计或施工的主要组成部分划分分部工程；金属结构、启闭机和机电设备安装工程按组合发挥一种功能的建筑安装工程来划分分部工程；渠道工程和堤防工程可依据设计、施工部署或功能划分分部工程。

2）在同一单位工程中，同类型的各个分部工程（混凝土分部工程）的工程量不宜相差太大，一般不宜超过 50%；不同类型的分部工程，如混凝土分部工程与砌石分部工程的投资不宜相差太大，一般不宜超过 50%。

3）为了使单位工程的质量评定更为合理，对每个单位工程中分部工程的数目也要有一定要求，一般不宜少于 5 个。

（3）单位工程划分

单位工程是指具有独立发挥作用或独立施工条件的建筑物。单位工程通常可以是一项独立的工程，也可以是独立工程中的一部分，是按设计和施工部署进行划分的，一般遵循以下原则进行：

1）枢纽工程，以每座独立的建筑物为一个单位工程。如工程规模大时，也可将一个建筑物中具有独立施工条件的一部分划分为一个单位工程。

2）渠道工程按渠道级别（干、支渠）或工程建设期、段划分，以一条干（支）渠或同一建设期、段的渠道工程为一个单位工程，大型渠系建筑物可划分为一个单位工程，每座独立的建筑物也可作为一个单位工程。

3）堤防工程项目，一般根据设计和施工部署划分为堤身、堤岸防护、交叉连接建筑物和管理实施等单位工程。

二、工程质量评定

施工质量等级评定时，是从底层（或叫低层）到高层依次顺序进行的，这样可以从一开始就按照施工工序、工艺和有关技术规程要求进行，以便在施工过程中把好质量关。由低向高逐级进行检查、检测，是把好质量关的关键。它与工程项目划分相反，工程项目划分是由高到低。所以评定工作是按照单元工程、分部工程、单位工程，直到整个工程项目的顺序进行。

1. 单元工程质量等级评定

（1）工程施工质量等级按国家规定划分为"合格"与"优良"两个级别。单元工程、分部工程、单位工程以及整个工程项目都一样，都各自划分为合格与优良两个等级。单元工程施工质量评定工作的组织与管理：单元工程质量检验评定是在施工单位做好"三检制"的基础上，由施工单位质检部门组织评定，并填写质量评定意见，最后由监理单位复核而定的。

监理单位在复核单元工程质量等级时，除应检查工程现场外，一定还要对该单元工程的施工原始记录和质量检验、检测记录等资料进行查验，必要时应进行抽检。单元工程质量评定表中应明确记载监理单位对单元工程质量等级的复核意见。"单元工程质量评定表"，施工单位由终检责任人填写；质量等级栏目由负责该单元工程监理工作的监理人员填写。

（2）单元工程质量等级评定的依据是《水利水电基本建设工程单元工程质量评定标准》（以下简称《评定标准》），是进行工程质量等级评定的基本尺度，《评定标准》中《金属结构及启闭机械安装工程》规定，主要项目必须符合标准，一般项目检查的实测点有90%及以上符合标准，其余基本符合标准的就可以评定为合格；在合格的基础上，优良项目占全部项目的50%及以上，应评为优良。水利工程建设不允许有不合格工程，不合格就不得验收，必须处理，直至合格通过验收为止，方可进行下一道工序施工或交工验收。单元工程（或工序）质量达不到《评定标准》合格规定时，必须及时处理。其质量等级按下列规定确定。

1）全部返工重做的，可重新评定质量等级。

2）经加固补强并经鉴定能达到设计要求时，其质量只能评为合格。

3）经鉴定达不到设计要求，但建设（监理）单位认为能基本满足安全和使用功能要求的，可不加固补强；或经加固补强后，改变外形尺寸或造成永久性缺陷的，经建设（监理）单位认为基本满足设计要求时，其质量可按合格处理。

2. 分部工程质量等级评定

（1）分部工程质量等级评定标准

1）合格标准。

所含单元工程质量全部合格。

中间产品质量及原材料质量全部合格，金属结构和启闭机制造质量合格，机电产品质量合格。

2）优良标准。

所含单元工程质量全部合格，其中有50%及其以上达到优良，而且主要单元工程、重要隐蔽工程及部位的单元工程质量必须优良，且未发生过质量事故。

中间产品质量全部合格，其中混凝土拌和物质量达到优良，原材料质量、金属结构及启闭机制造质量合格，机电产品质量合格。

（2）分部工程质量评定工作的组织与管理

分部工程施工质量评定是在该分部工程所含的全部单元工程质量评定的基础上进行的。首先由施工单位质检部门组织自行评定，再由监理单位组织设计、施工、运行管理单位（如已成立）复核，并按规定连同填写的《分部工程施工质量评定表》一并报质量监督机构核备。

3. 单位工程质量等级评定

（1）单位工程质量评定标准

1）合格标准。

所含分部工程全部合格；中间产品质量及原材料质量全部合格，金属结构、启闭机制造和机电产品质量合格。

外观质量得分率达到70%以上。

2）优良标准。

所含分部工程全部合格，其中有50%及其以上达到优良，主要分部工程质量优良，且施工中未发生过重大质量事故。

中间产品质量全部合格，其中混凝土拌和物质量达到优良，原材料、金属结构、启闭机制造和机电产品质量合格。

外观质量得分率达到85%；施工质量检验资料齐全。

（2）单位工程质量评定工作的组织管理

1）外观质量评定。在单位工程质量等级评定之前，应由项目法人（建设单位）组织，质量监督机构主持，设计、监理、施工、质量检测、管理运行单位组成的工程外观质量评定组，进行现场检查、检测，评定外观质量。评定要求如下。

评定组人数不应少于5人，大型工程不宜少于7人。

检测数量：全面检查后，抽测25%，且各项不少于10点。

评定等级标准：测点中符合质量标准的点数占总测点数的百分率为100%时，为一级；合格率为99.0%～99.9%时，为二级；合格率为70%～89.9%时，为三级；合格率小于70%时，为四级。其下方的百分数为相应于所得标准分的百分数。每项评定得分按下式计算：

$$各项评定得分 = 该项标准分 \times 该项得分百分率$$

$$得分率 = 实得分 / 应得分$$

2）质量监督机构在核定时，应结合其对单位工程质量监督检查过程、质量抽检及资料检查等情况，并充分听取监理、设计、施工和运行管理单位的意见后，提出核定意见。

4. 工程项目质量等级评定

（1）工程项目质量等级评定标准

1）合格标准：单位工程质量全部合格。

2）优良标准：单位工程质量全部合格，其中有 50% 及其以上的单位工程优良，且主要建筑物单位工程为优良。（主要建筑物是指失事后将造成下游灾害或严重影响工程效益的建筑物，如堤坝、泄水建筑物、输水建筑物、电站厂房及泵站等）

（2）工程项目质量评定工作的组织管理

1）首先由监理单位组织设计、施工和运行管理单位研究后，提出工程项目施工质量等级意见；同时，要完成"工程项目施工质量评定表"。

2）项目法人对监理的意见进行审查并签署意见后，报质量监督机构核定。

3）质量监督机构对项目法人提交的工程项目施工质量等级意见提出核定意见。同时，质量监督机构应在竣工验收时提交的《工程施工质量评定报告》中，向工程竣工验收委员会提出工程项目施工质量等级的建议。

4）竣工验收委员会在上述有关单位（包括初步验收）工作的基础上，最后鉴定工程项目的施工质量等级。

第四节　水利水电工程验收程序与工程质量检验方法

一、水利水电工程验收程序

1. 企业行为性质的验收

企业行为性质的验收有以下几种类型：一种是企业内部产品生产活动过程中的质量检查验收，一道工序完工后，经检查验收合格后，签发合格证，才能进入下一道生产工序；另一种是已经完成全部生产过程的产品，在出厂前，要进行产品性能全面的测试检查，签发合格证；还有一种是企业与企业之间，由于业务上的需要而办理的工程检查测试验收工作，这个企业要使用另一企业的产品进行的验收；再就是当工程做到某一个阶段或做到某种程度，需要办理工程交接手续时，其性质也基本属于甲乙双方业务范畴内，或者说是属于合同内的工作。水利水电工程验收大体归纳有 6 种属于企业行为性质的验收。

（1）日常需要进行的工程质量检查验收。因为一道工序完成后，只有经过质量检查验收合格后，才允许进行下一道工序施工。例如，混凝土浇筑，开仓前的监理工程师检查验收，如果施工缝处理不合格，仓面清理、清洗不干净，钢筋绑扎、模板架立不规范，检查不合格，监理工程师就不签发开仓证，没有开仓证就不能进行混凝土浇筑。土石坝和堤防工程也是一样，一个填筑层压实以后，要取样检查干密度、含水量，不经过检查或检测实验不合格，就不能进行下一个填筑层的施工。

所有这些工序之间的验收，都是为了保证工程施工质量，是随着工序的进行，必须进行的检查验收工作，也可称之为工种、工序间的验收。此外，还有由几个工序组合完成的单元工程验收，也属于此同一性质、同一类型的验收。

（2）原材料、设备、中间产品（如：预制构件、混凝土拌和物等）的验收，也属于这一类性质的验收。质量检查检测不合格的材料、设备、中间产品，是不允许用于工程上的，不应给予验收。

（3）分部工程的签证验收，也是企业行为性质的验收，是甲乙方根据合同规定必须进行的日常验收工作。

（4）有些单位工程，它不能单独发挥工程效益，如水利枢纽工程中的副坝等，但它是具有独立施工条件的，所以，这类单位工程当工程施工已经按设计要求和合同规定完建了，就需要进行完工验收，以便施工单位能及时转移到另一个工程项目的施工，这类单位工程的建成，由承包商按合同规定与业主（项目法人或建设单位）办理完工手续。

（5）由于种种原因工程进展不顺利，需要更换施工单位，则甲乙双方对已完工程进行检查、办理结算和工程交接等验收手续。

（6）工程停缓建时，也需要对已完工程进行检查、结算和交接验收。

2. 政府行为性质的验收

政府行为性质的验收，其性质与前者截然不同，属于政府行为性质，而且还需要取得社会的认同，即"政府认可，社会认同"。因为水利工程不同于一般工民建工程，它属于国民经济的基础设施，工程效益是综合性的、社会性的，不仅涉及国民经济各个部门，而且涉及千家万户的安危。所以，水利工程建设还要取得社会的认同，特别是公益性水利工程的验收，就更具有政府行为性质。水利工程政府行为性质的验收，主要有以下三种。

（1）中间阶段验收。工程建设达到某一个阶段，如水利枢纽工程的导截流、蓄水引水，因为这个时候河流的天然状态将被改变，河流天然状态改变就必然要影响环境生态的变化，甚至会影响到国民经济其他部门工作的变化，如长江三峡的导流、截流，就必然影响到原有长江航运的变化；又如，水轮发电机组的启动，它标志着水资源向能源开发方面的转换；而灌溉排水栗站水泵机组的启动，也将影响原有水资源分配和效益的转换。因此，导（截）流、蓄（引）水、水轮发电机组和水泵机组的启动，这一改变原有河流天然生态状况，改变原有水资源利用、分配状况的关键阶段，都需要通过政府验收和社会认同。

（2）单位工程投入使用验收。具有独立发挥工程效益的单位工程，在验收后即可投入生产运行。对这样的单位工程来说，它的验收，实质相当于竣工验收。但对整个工程项目讲，它只是其中一部分的验收。为有利于区分前面所讲的不能独立发挥工程效益的单位工程验收，人们称之为"单位工程投入使用验收"。

（3）竣工验收。工程已按批准的设计文件规定的规模、内容和按合同要求完建了，施工质量符合要求，工程能够投入正常运用发挥设计效益，就要及时地进行竣工验收。项目法人应向政府作个总的交待，通过验收才能正式交付使用。

另外，在工程竣工验收前，进行工程初步验收。初步验收不是一个验收阶段，它是为竣工验收做技术性准备的。因此，它不是由竣工验收委员会组织进行，而是由项目法人主持，由设计、施工、监理、质量监督、运营管理及有关上级主管单位代表以及有关专家组成。它的主要内容是以技术方面为主。

二、工程质量检验方法

1. 施工单位质量检验的目的及内涵

施工承包人的质量检验是其内部进行的质量检验，是质量检验的基础。施工承包人应建立检验制度，制定检验计划，认真执行初检、复检和终检的施工质量"三检制"，对施工过程进行全面的质量控制。

（1）质量检验的目的

施工单位质量检验目的主要包含：①判断工序是否正常；②判断工程产品、原材料的质量特性是否符合规定要求；③及时发现质量问题及时处理。

（2）质量检验的内涵

质量检验实甲是通过观察和判断，适当结合测量、试验所进行的符合性评价。

质量检验活动主要包括：一是明确对检验对象的质量指标要求；二是按规范测试产品的质量特性指标；三是分析测试所得指标是否符合要求；四是评价与处理，对不符合质量要求的产品（原材料）提出处理意见。

2. 抽样检验的原理和方法

（1）抽样检验的概念

质量检验按检验数量常分为全数检验、抽样检验和免检。全数检验常用于非破坏性检验，批量小、检验费用少或稍有一点缺陷就会带来巨大损失的场合等。在很多情况下常采用抽样检验。

（2）抽样检验的原理

抽样检验是数理统计的方法，抽样检验是利用从批或过程中随机抽取的样本，对批或过程的质量进行检验。

（3）抽样检验的类型

抽样检验按照不同的方式可分为多种类型（见表7-4）：

表7-4　抽样检验按照不同的方式分类

类型	具体内容
验收性抽样检验	是从一批产品中随机抽取部分产品进行检验，来判断这批产品的质量
监督抽样检验	由政府主管部门、行业主管部门进行检验，其主要目的是对各生产部门进行监督
预防性抽样检验	是在生产过程中，对产品进行检验，判断生产过程是否稳定正常。其主要是为了预测、控制工序质量而进行的检验

按单位产品质量特征分为以下几种：

1）计数抽样检验。判断一批产品是否合格，只用到样本中不合格数目或缺陷数。其又分为计件和计点两种。计件是用来表达某些属性的件数，如不合格品数。计点一般适用于产品外观，如混凝土的蜂窝、麻面数。

2）计量抽样检验。指定量地检验从批中随机抽取的样本，采用样品中各单位产品的特征值来判断这批产品是否合格的方法。

（4）抽样方法

抽样以随机为原则，抽样要能反映群体的各处情况，取样机会要均等。工程中常采用以下抽样方法：

1）分层随机抽样。将总体（批）分成若干层次，尽量使层内均匀。常按下列因素进行分层。

操作人员：按现场分、按班次分、按操作人员经验分。

机械设备：按使用的机械设备分。

材料：按材料的品种分、按材料进货的批次分。

加工方法：按加工方法分、按安装方法分。

时间：按生产时间（上午、下午、夜间）分。

该抽样方法多用于工程施工的工序质量检验及散装材料（如水泥、砂、石等）的验收检验。

2）两级随机抽样。当许多产品装在箱中且队在一起构成批量时，可先作为第一级对若干箱进行随机抽样，然后把挑选出的箱作为第二级，再分别从箱中对产品进行随机抽样。

3）系统随机抽样。指当对总体随机抽样有困难时（如连续作业时取样、产品为连续体时取样等），可采用一定间隔进行抽取的抽样方法。

第五节　水利水电工程质量控制的统计分析方法

一、质量控制统计分析基础

1. 质量数据的分类

质量数据是指对工程（或产品）进行某种质量特性的检查、试验、化验等所得到的量化结果，这些数据向人们提供了工程（或产品）的质量评价和质量信息。

（1）按质量数据的特征分类

按质量数据的本身特征分类可分为计量值数据和计数值数据两种。

1）计量值数据

计量值数据是指可以连续取值的数据，属于连续型变量。如长度、时间、重量、强度等。这些数据都可以用测量工具进行测量，这类数据的特点是：在任何两个数值之间都可以取得精度较高的数值。

2）计数值数据

计数值数据是指只能计数、不能连续取值的数据。如废品的个数、合格的分项工程数、出勤的人数等。此外，凡是由计数值数据衍生出来的量，也属于计数值数据。如合格率、缺勤率等虽都是百分数，但由于它们的分子是计数值，所以它们都是计数值数据。同理，由计量值数据衍生出来的量，也属于计量值数据。

（2）按质量数据收集的目的不同分类

按质量数据收集的目的不同分类，可以分为控制性数据和验收性数据两种。

1）控制性数据

控制性数据是指以工序质量作为研究对象，定期随机抽样检验所获得的质量数据。它用来分析、预测施工（生产）过程是否处于稳定状态。

2）验收性数据

验收性数据是以工程产品（或原材料）的最终质量为研究对象，分析、判断其质量是否达到技术标准或用户的要求，而采用随机抽样检验而获取的质量数据。

2. 质量数据的整理

（1）数据的修约

过去对数据采取四舍五入的修约规则，但是多次反复使用，将使总值偏大。因此，在质量管理中，建议采用"四舍六入五单双法"修约，即：四舍六入，五后非零时进一，五后皆零时视五前奇偶，五前为偶应舍去，五前为奇则进一（零视为偶数）。此外，不能对一个数进行连续修约。例如，将下列数字修约为保留一位小数时，分别为：① $14.2631 \rightarrow 14.3$；② $14.3426 \rightarrow 14.3$；③ $14.251 \rightarrow 14.3$；④ $14.1500 \rightarrow 14.2$；⑤ $14.2500 \rightarrow 14.2$。

（2）总体算术平均数 p

$$p = \frac{1}{N}(X_1 + X_2 + \ldots + X_n)$$

式中　N——总体中个体数；

Xn——总体中第 n 个的个体质量特性值。

（3）样本算术平均数 J

$$J = \frac{1}{n}(x_1 + x_2 + \ldots + x_n)$$

式中　n——样本容量；

X_n——样本中第 n 个样品的质量特性值。

（4）样本中位数

中位数又称中数。样本中位数就是将样本数据按数值大小有序排列后，位置居中的数值。

当 n 为奇数时：$\underline{X} = x_{(n+1)/2}$

当 n 为偶数时：$\underline{X} = 1/2(x_{n/2} + x_{(n+1)/2})$

（5）极差 R

极差是数据中最大值与最小值之差，是用数据变动的幅度来反映分散状况的特征值。极差计算简单、使用方便，但比较粗略，数值仅受两个极端值的影响，损失的质量信息多，不能反映中间数据的分布和波动规律，仅适用于小样本。其计算公式为：

$$R = x_{max} - x_{min}$$

（6）标准偏差

用极差只反映数据分散程度，虽然计算简便，但不够精确。因此，对计算精度要求较高时，需要用标准偏差来表征数据的分散程度。标准偏差简称标准差或均方差。总体的标准差用 q 表示，样本的标准差用 S 表示。标准差值小说明分布集中程度高，离散程度小，均值对总体的代表性好；标准差的平方是方差，有鲜明的数理统计特征，能确切说明数据分布的离散程度和波动规律，是最常采用的反映数据变异程度的特征值。其计算公式为：

1）总体的标准偏差：

$$\sigma = \sqrt{\frac{\sum_{i=1}^{n}(x_i - p)^2}{N}}$$

2）样本的标准偏差：

$$S = \sqrt{\frac{\sum_{i=1}^{n}(x_i - J)^2}{n-1}}$$

当样本量（n ≥ 50）足够大时，样本标准偏差 S 接近于总体标准差 σ，

$$S = \sqrt{\frac{\sum_{i=1}^{n}(x_i - J)^2}{n-1}}$$ 中的分母（n−1）可简化为 n。

（7）变异系数

标准偏差是反映样本数据的绝对波动状况，当测量较大的量值时，绝对误差一般较大；测量较小的量值时，绝对误差一般较小。因此，用相对波动的大小，即变异系数更能反映样本数据的波动性。变异系数用 C_v 表示，是标准偏差 S 与算术平均值 J 的比值，即：

$$C_v = S/J$$

混凝土强度保证率和匀质性指标按月不同标号进行统计，混凝土匀质性指标以在标准温、湿度条件下养护 28d 龄期的混凝土试件抗压强度的离差系数 C_v 值表示。

强度保证率 P 是设计要求在施工中抽样检验混凝土的抗压强度，必须大于或等于某一标号强度的概率。如混凝土等级为 C20，设计要求强度保证率 P 为 80%，即平均 100 次试验中允许有 20 次试验强度结果小于 C20。

强度保证率可从图 7-1 中查出，R_{28} 是设计要求 28d 龄期混凝土强度，R_m 是控制试件的平均强度。

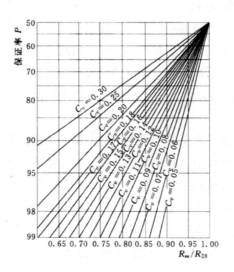

图 7-1　混凝土强度保证率曲线示意图

3. 质量数据的分布规律

在实际质量检测中，我们发现即使在生产过程是稳定正常的情况下，同一总体（样本）的个体产品的质量特性值也是互不相同的。这种个体间表现形式上的差异性，反映在质量数据上即为个体数值的波动性、随机性，然而当运用统计方法对这些大量的个体质量数值进行加工、整理和分析后。会发现这些产品质量特性值（以计量值数据为例）大多都分布在数值变动范围的中部区域，即有向分布中心靠拢的倾向，表现为数值的集中趋势；还有一部分质量特性值在中心的两侧分布，随着逐渐远离中心，数值的个数变少，表现为数值的离散趋势。质量数据的集中趋势和离散趋势反映了总体（样本）质量变化的内在规律性。质量数据具有个体数值的波动性和总体（样本）分布的规律性。

（1）质量数据波动的原因

在生产实践中，常会产生在设备、原材料、工艺及操作人员相同的条件下，生产的同一种产品的质量不同，反映在质量数据上，即具有波动性，亦称为变异性。究其波动的原因，均可归纳为下列几个方面因素的影响。

人的状况，如精神、技术、身体和质量意识等。

机械设备、工具等的精度及维护保养状况。

材料的成分、性能。

方法、工艺、测试方法等。

环境，如温度和湿度等。

根据造成质量波动的原因，以及对工程质量的影响程度和消除的可能性，将质量数据的波动分为两大类，即正常波动和异常波动。质量特性值的变化在质量标准允许范围内波动称之为正常波动，是由偶然因素引起的；若是超越了质量标准允许范围的波动则称之为异常波动，是由系统性因素引起的。

1）偶然性因素

它是由偶然性、不可避免的因素造成的。影响因素的微小变化具有随机发生的特点，是不可避免、难以测量和控制的，或者是在经济上不值得消除，或者难以从技术上消除。如原材料中的微小差异、设备正常磨损或轻微振动、检验误差等。它们大量存在但对质量的影响很小，属于允许偏差、允许位移范畴，引起的是正常波动，一般不会因此造成废品，生产过程正常稳定。通常把4MIE因素的这类微小变化归为影响质量的偶然性原因、不可避免原因或正常原因。

2）系统性因素

当影响质量的4MIE因素发生了较大变化，如工人未遵守操作规程、机械设备发生故障或过度磨损、原材料质量规格有显著差异等情况发生时，没有及时排除，生产过程在不正常，产品质量数据就会离散过大或与质量标准有较大偏离，表现为异常波动，次品、废品产生。这就是产生质量问题的系统性原因或异常原因。由于异常波动特征明显，容易识别和避免，特别是对质量的负面影响不可忽视，生产中应该随时监控，及时识别和处理。

（2）质量数据分布的规律性

在正常生产条件下，质量数据仍具有波动性，即变异性。概率数理统计在对大量统计数据研究中，归纳总结出许多分布类型。一般来说，计量连续的数据属于正态分布。计件值数据符合二项分布，计点值数据符合泊松分布。正态分布规律是各种频率分布中应用最广泛的一种，在水利工程施工质量控制中，量测误差、土质含水量、填土干密度、混凝土坍落度、混凝土强度等质量数据的频数分布一般认为符合正态分布。正态分布概率密度曲线如图7-2所示。

从图7-2中可知：

1）分布曲线关于均值 p 是对称的。

2）标准差 x 大小表达曲线宽窄的程度，x 越大，曲线越宽，数据越分散；x 越小，曲线越窄，数据越集中。

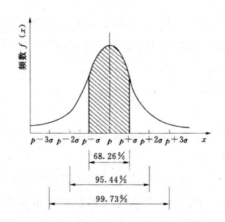

图7-2　正态分布概率密度曲线示意图

3）由概率论中的概率和正态分布的概念，查正态分布表可算出：曲线与横坐标轴所围成的面积为1；正态分布总体样本落在（p-x,p+x）区间的概率为68.3%；落在（p-2x，p+2x）区间的概率为95.4%，落在（p-3x，p+3x）区间的概率为99.7%。也就是说，在测试1000件产品质量特性值中，就可能有997件以上的产品质量特性值落在区间（p-3x，p+3x）内，而出现在这个区间以外的只有不足3件。这在质量控制中称为"千分之三"原则或者"3x原则"。这个原则是在统计管理中作任何控制时的理论根据，也是国际上公认的统计原则。

二、常用的质量分析工具

利用质量分析方法控制工序或工程产品质量，主要通过数据整理和分析，研究其质量误差的现状和内在的发展规律，据以推断质量现状和可能发生的问题，为质量控制提供依据和信息。质量分析方法本身，仅是一种工具，通过它只能反映质量问题，提供决策依据。真正要控制质量，还是要依靠针对问题所采取的措施。

常用的质量分析工具有：直方图法、控制图法、排列图法、分层法、因果分析图法、相关图法和调查表法。

1. 直方图

（1）直方图的作用

直方图法即频数分布直方图法，它是将收集到的质量数据进行分组整理，绘制成频数分布直方图，通过频数分布分析研究数据的集中程度和波动范围的统计方法。通过直方图的观察与分析，可了解生产过程是否正常，估计工序不合格品率的高低，判断工序能力是否满足，评价施工管理水平等。

其优点是：计算、绘图方便、易掌握，且直观、确切地反映出质量分布规律。其缺点是不能反映质量数据随时间的变化；要求收集的数据较多，一般要 50 个以上，否则难以体现其规律。

（2）直方图的绘制方法

1）收集整理数据。

2）计算极差 R。找出全部数据中的最大值与最小值，计算出极差 $R=X_{max}-X_{min}$。

3）确定组数和组距。

确定组数。确定组数的原则是分组的结果能正确地反映数据的分布规律。组数应根据数据多少来确定。组数过少，会掩盖数据的分布规律；组数过多，使数据过于零乱分散、也不能显示出质量分布状况。一般可由经验数值确定，50～100 个数据时，可分为 6～10 组；100～250 个数据时，可分为 7～12 组；数据 250 个以上时，可分为 10～20 组。

确定组距 h。组距是组与组之间的间隔，也即一个组的范围。各组距应相等，于是组距 = 极差 / 组数。

其中，组中值按下式计算：

$$某组组中值 = （某组下界限值 + 某组上界限值）/2$$

4）确定组界值。确定组界值就是确定各组区间的上、下界值。为了避免 X_{max} 落在第一组的界限上，第一组的下界值应比 X_{min} 小；同理，最后一组的上界值应比 X_{max} 大。此外，为保证所有数据全部落在相应的组内，各组的组界值应当是连续的；而且组界值要比原数据的精度提高一级。一般以数据的最小值开始分组。第一组上、下界值按下式计算：

第一组下界限值：$X_{min}-h/2$

第一组上界限值：$X_{min}+h/2$

第一组的上界限值就是第二组的下界限值；第二组的上界限值等于下界限值加组距 h，其余类推。

5）编制数据频数统计表。

6）绘制频数分布直方图。以频率为纵坐标，以组中值为横坐标，画直方图。如图 7-3 所示。

（3）直方图的判断和分析

通过用直方图分布和公差比较判断工序质量，如发现异常，应及时采取措施预防产生不合格品。

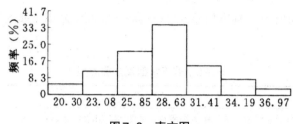

图7-3　直方图

1）理想直方图［图7-4（a）］

理想直方图是左右基本对称的对称的单峰型。直方图的分布中心与公差中心重合；直方图位于公差范围之内，即直方图宽度 B 小于公差 T，可以取 T ≈ 6S。如图7-4（a）所示。其中 S 为检测数据的标准差。

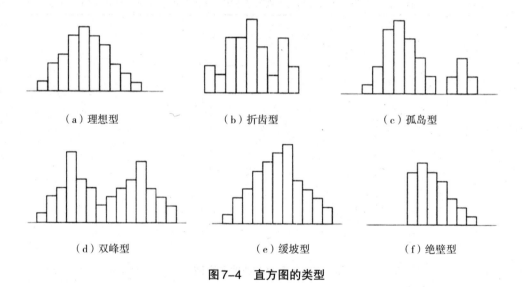

（a）理想型　　　　　　　　（b）折齿型　　　　　　　　（c）孤岛型

（d）双峰型　　　　　　　　（e）缓坡型　　　　　　　　（f）绝壁型

图7-4　直方图的类型

当直方图是左右基本对称的单峰型，且 B < 6S 时，是正常型的直方图。说明混凝土的生产过程正常。

2）非正常型直方图

出现非正常型直方图时，表明生产过程或收集数据作图有问题。这就要求进一步分析判断找出原因，从而采取措施加以纠正。凡属非正常型直方图，其图形分布有各种不同缺陷，归纳起来一般有 5 种类型（见表7-5）。

（4）废品率的计算

由于计量连续的数据一般是服从正态分布的，所以根据标准公差上限 T_u，标准

公差下限 T_l 和平均值 $\overline{X}$、标准偏差 S 可以推断产品的废品率，如图 7-5 所示。计算方法如下：

表7-5　非正常型直方图类型

类型	内容
折齿型	是由于分组过多或组距太细所致。如图7-4（b）所示
孤岛型	是由于原材料或操作方法的显著变化所致。如图7-4（c）所示
双峰型	是由于将来自两个总体的数据（如两种不同材料、两台机器或不同操作方法）混在一起所致。如图7-4（d）所示
缓坡型	图形向左或向右呈缓坡状，即平均值又过于偏左或偏右，这是由于工序施工过程中的上控制界限或下控制界限控制太严所造成的。如图7-4（e）所示
绝壁型	是由于收集数据不当，或是人为剔除了下限以下的数据造成的。如图7-4（f）所示

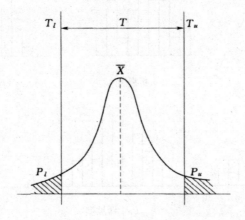

图7-5　正态分布曲线示意图

1）超上限废品率的计算

先求出超越上限的偏移系数：$K_{P_u} = (T_u - \overline{X}) / S$

然后根据它查正态分布表，求得超上限的废品率 P_u。

2）超下限废品率 P_l 的计算

先求出超越下限的偏移系数：$K_{P_l} = (T_l - \overline{X}) / S$

再依据 K_{pl} 查正态分布表，得出超下限的废品率 P_l。

3）总废品率

$$P = P_u + P_l$$

（5）工序能力指数 C_p

工序能力能否满足客观的技术要求，需要进行比较度量，工序能力指数就是表示工序能力满足产品质量标准的程度的评价标准。所谓产品质量标准，通常指产品规格、工艺规范、公差等。工序能力指数一般用符号 C_p 表示，则将正常型直方图与质量标准进行比较，即可判断实际生产施工能力。

1）质量标准要求与实际质量特性值分布范围的比较

T 表示质量标准要求的界限，B 代表实际质量特性值分布范围，两者比较结果一般有以下几种情况：

B 在 T 中间，两边各有一定余地，这是理想的控制状态，如图 7-6（a）所示。

B 虽在 T 之内，但偏向一侧，有可能出现超上限或超下限不合格品，要采取纠正措施，提高工序能力，如图 7-6（b）所示。

B 与 T 重合，实际分布太宽，极易严生超上限与超下限的不合格产品，要采取措施，提高工序能力，如图 7-6（c）所示。

B 过分小于 T，说明工序能力过大，不经济，如图 7-6（d）所示。

B 过分偏离了的中心，已经产生超上限或超下限的不合格品，需要调整，如图 7-6（e）所示。

B 大于 T，已经产生大量超上限与超下限的不合格品，说明工序能力不能满足技术要求；如图 7-6（f）所示。

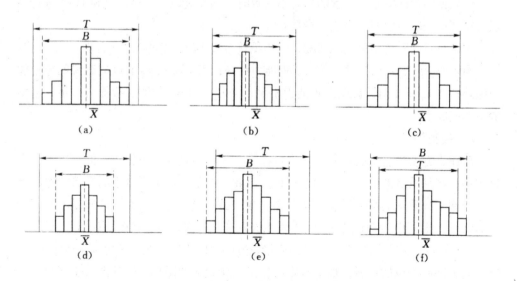

图7-6　质量标准要求与实际质量特征值分布范围的比较

2）工序能力指数 C_p 的计算

①对双侧限而言，当数据的实际分布中心与要求的标准中心一致时，即无偏的工序能力指数为：

$$T = T_u - T_l$$
$$C_p = (T_u - T_l) / 6S$$

当数据的实际分布中心与要求的标准中心不一致时，即有偏的工序能力指数为：

$$C_{pk} = C_p(1-K) = T(1-K)/6S$$
$$K = 2a/T, a = (T_u + T_l)/2 - X$$

式中　T——标准公差；

　T_u、T_l——标准公差上限及下限；

　　a——偏移量；

　　K——偏移系数。

②对于单侧限，即只存在 T_u 或 T_l 时，工序能力指数 C_p 的计算公式应作如下修改。

若仅存在 T_l，则：$C_p = (P - T_l)/3S$

若仅存在 T_u，则：$C_p = (T_u - P)/3S$

式中　P——标准（设计）中心值。

当数据的实际中心与要求的中心不一致时，同样应该用偏移系数 K 对 C_p 进行修正，得到单侧限有偏的工序能力指数 C_{pk}。

不论是双侧限还是单侧限情况，仅当偏移量较小时，所得 C_{pk} 才合理。

当 $1.33 < C_p \le 1.67$ 时，说明工程能力良好；当 $1 \le C_p \le 1.33$ 时，说明工程能力勉强；当 $C_p < 1$ 时，说明工程能力不足；当 $C_p > 1.67$, 说明工程能力过足，会影响工期或成本。

2. 控制图

前述直方图，它所表示的都是质量在某一段时间里的静止状态。但在生产工艺过程中，产品质量的形成是个动态过程。因此，控制生产工艺过程的质量状态，就成了控制工程质量的重要手段。这就必须在产品制造过程中及时了解质量随时间变化的状况，使之处于稳定状态，而不发生异常变化，这就需要利用管理图法。

管理图又称控制图，它是指以某质量特性和时间为轴，在直角坐标系所描的点，依时间为序所连成的折线，加上判定线以后，所画成的图形。管理图法是研究产品质量随着时间变化，如何对其进行动态控制的方法。它的使用可使质量控制从事后检查转变为事前控制。借助于管理图提供的质量动态数据，人们可随时了解工序质量状态，发现问题、分析原因，采取对策，使工程产品的质量处于稳定的控制状态。

控制图一般有三条线：上面的一条线为控制上限，用符号 UCL 表示；中间的一条叫中心线，用符号 CL 表示；下面的一条叫控制下限，用符号 LCL 表示，如图7-7所示。

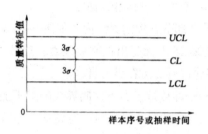

图7-7　控制图

在生产过程中，按规定取样，测定其特性值，将其统计量作为一个点画在控制图上，然后连接各点成一条折线，即表示质量波动情况。

值得注意，这里的控制上下限和前述的标准公差上下限是两个不同的概念，不应混淆。控制界限是概率界限，而公差界限是一个技术界限。控制界限用于判断工序是否正常。控制界限是根据生产过程处于控制状态下，所取得的数据计算出来的；而公差界限是根据工程的设计标准而事先规定好的技术要求。

（1）控制图的种类

按照控制对象，可将双侧控制图分为计量双侧控制图和计数双侧控制图两种。

计量双侧控制图包括：平均值—极差双侧控制图（$\overline{X}$ ~ R 图），中位数—极差双侧控制图（$\overline{X}$ ~ R 图），单值—移动极差双侧控制图（X ~ R_s）。

计数双侧控制图包括：不合格品数双侧控制图（P_n 图），不合格品率双侧控制图（P 图），缺陷数双侧控制图（C 图），单位缺陷数双侧控制图（u 图）。

这里我们只介绍平均值—极差双侧控制图（$\overline{X}$ ~ R）。$\overline{X}$ 管理图是控制其平均值，极差 R 管理图是控制其均方差。通常这两张图一起使用。

（2）控制图的分析与判断

绘制控制图的主要目的是分析判断生产过程是否处于稳定状态。控制图主要通过研究点子是否超出了控制界线以及点子在图中的分布状况，以判定产品（材料）质量及生产过程是否稳定，是否出现异常现象。如果出现异常，应采取措施，使生产处于控制状态。

控制图的判定原则是：对某一具体工程而言，小概率事件在正常情况下不应该发生。换言之，如果小概率时间在一个具体工程中发生了，则可以判定出现了某种异常现象，否则就是正常的。由此可见，控制图判断的基本思想可以概括为"概率性质的反证法"，即借用小概率事件在正常情况下不应发生的思想作出判断。这里所指的小概率事件是指概率小于 1% 的随机事件。

主要从以下 4 个方面来判断生产过程是否稳定。

1）连续的点全部或几乎全部落在控制界线内，如图 7-8（a）所示。经计算可知，以下 3 种情况均为正常：连续 25 点无超出控制界线者；连续 35 点中最多有一点在界外者；连续 100 点中至多允许有 2 点在界外者。

2）点在中心线附近居多，即接近上、下控制界线的点不能过多。接近控制界线是指点子落在了以外和以内。如属下列情况判定为异常：连续 3 点至少有 2 点近控制界线。连续 7 点至少有 3 点接近控制界线。连续 10 点至少有 4 点接近控制界线。

3）点在控制界线内的排列应无规律。以下情况为异常：连续 7 点及其以上呈上升或下降趋势者，如图 7-8（b）所示；连续 7 点及其以上在中心线两侧呈交替性排列者；点的排列呈周期性者，如图 7-8（c）所示。

4）点在中心线两侧的概率不能过分悬殊，如图 7-8（d）所示。以下情况为异常：连续 11 点中有 10 点在同侧；连续 14 点中有 12 点在同侧；连续 17 点中有 14 点在同侧；连续 20 点中有 16 点在同侧。

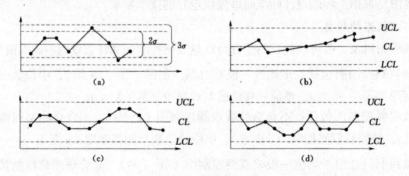

图 7-8　控制图分析

3. 排列图

排列图法又称巴雷特图法，也叫主次因素分析图法，它是分析影响工程（产品）质量主要因素的一种有效方法。

（1）排列图的组成

排列图是由一个横坐标，两个纵坐标，若干个矩形和一条曲线组成，如图 7-9

所示。图中左边纵坐标表示频数，即影响调查对象质量的因素至复发生或出现次数（个数、点数）；横坐标表示影响质量的各种因素，按出现的次数从多至少、从左到右排列；右边的纵坐标表示频率，即各因素的频数占总频数的百分比；矩形表示影响质量因素的项目或特性，其高度表示该因素频数的影响因素（从大到小排列）高低；曲线表示各因素依次的累计频率，也称为巴雷特曲线。

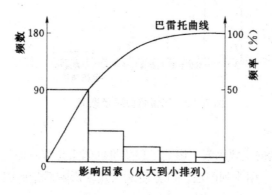

图7-9　排列图的组成

（2）排列图的绘制

1）收集数据

对已经完成的分部、单元工程或成品、半成品所发生的质量问题，进行抽样检查，找出影响质量问题的各种因素，统计各种因素的频数，计算频率和累计频率。

2）作排列图

建立坐标。右边的频率坐标从 0 ~ 100% 划分刻度；左边的频数坐标从到总频数划分割度，总频数必须与频率坐标上的 100% 成水平线；横坐标按因素的项目划分刻度按照频数的大小依次排列。

画直方图形。根据各因素的频数，依照频数坐标画出直方形（矩形）。

画巴雷特曲线。根据各因素的累计频率，按照频率坐标上刻度描点，连接各点即为巴雷特曲线。如图 7-10 所示。

（3）排列图分析

通常将巴氏曲线分成 3 个区，A 区、B 区和 C 区。累计频率在 80% 以下的叫 A 区，其所包含的因素为主要因素或关键项目，是应该解决的重点；累计频率在 80% ~ 90% 的区域为 B 区，为次要因素；累计频率在 90% ~ 100% 的区域为 C 区，为一般因素，一般不作为解决的重点。

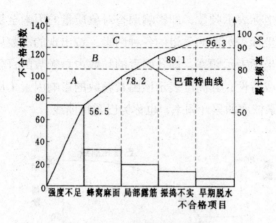

图7-10　巴雷特曲线示意图

（4）排列图的作用

1）找出影响质量的主要因素。影响工程质量的因素是多方面的，有的占主要地位，有的占次要地位。用排列图法，可方便地从众多影响质量的因素中找出影响质量的主要因素，以确定改进的重点。

2）评价改善管理前后的实施效果。对其质量问题的解决前后，通过绘制排列图，可直观地看出管理前后某种因素的变化。评价改善管理的效果，进而指导管理。

3）可使质量管理工作数据化、系统化、科学化。它所确定的影响质量主要因素不是凭空设想，而是有数据根据的。同时，用图形表达后，各级管理人员和生产工人都可以看懂，一目了然，简单明确。

4．分层法

分层法又叫分类法，是将调查收集的原始数据，根据不同的目的和要求，按某一性质进行分组、整理的分析方法。分层的结果使数据各层间的差异突出地显示出来，层内的数据差异减少了，在此基础上再进行层间、层内的比较分析。可以更深入地发现和认识质量问题的原因，由于产品质量是多方面因素共同作用的结果，因而对同一批数据，可以按不同性质分层，使我们能从不同角度来考虑、分析产品存在的质量影响因素。

5．相关图法

（1）相关图法的概念

相关图又称散布图。在质量控制中它是用来显示两种质量数据之间关系的一种图形。质量数据之间的关系多属相关关系。一般有三种类型：一是质量特性和影响因素之间的关系；二是质量特性和质量特性之间的关系；三是影响因素和影响因素之间的关系。

我们可以用 Y 和 X 分别表示质量特性值和影响因素，通过绘制散布图，计算相关系数等，分析研究两个变量之间是否存在相关关系，以及这种关系密切程度如何，进而对相关程度密切的两个变量，通过对其中一个变量的观察控制，去估计控制另一个变量的数值，以达到保证产品质量的目的。这种统计分析方法，称为相关图法。

（2）相关图的绘制方法

1）收集数据

要成对地收集两种质量数据，数据不得过少。

2）绘制相关图

在直角坐标系中，一般 x 轴用来代表原因的量或较易控制的量，y 轴用来代表结果的量或不易控制的量，然后将数据中相应的坐标位置上描点，便得到散布图。如图 7-11 所示。

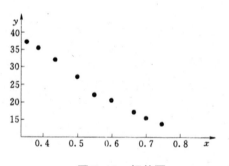

图 7-11　相关图

（3）相关图的观察和分析

相关图中点的集合，反映了两种数据之间的散布状况，根据散布状况我们可以分析两个变量之间的关系。归纳起来有以下 6 种类型（见表 7-6）：

表 7-6　相关的类型

类型	内容
正相关［图 7-12（a）］	散布点基本形成由左至右向上变化的一条直线带，即随 z 增加，y 值也相应增加，说明 z 与 y 有较强的制约关系。此时，可通过对 z 控制而有效控制 y 的变化
弱正相关［图 7-12（b）］	散布点形成向上较分散的直线带。随 z 值的增加，y 值也有增加趋势，但 z、y 的关系不像正相关那么明确。说明 y 除受 z 影响外，还受其他更重要的因素影响。需要进一步利用因果分析图法分析其他的影响因素

类型	内容
不相关［图7-12(c)］	散布点形成一团或平行于x轴的直线带。说明x变化不会引起y的变化或其变化无规律，分析质量时可以排除x的因素
负相关［图7-12(d)］	散布点形成由左向右向下的一条直线带，说明x对y的影响与正相关恰恰相反
弱负相关［图7-12(e)］	散布点形成由左至右向下分布的较分散的直线带。说明x与y的相关关系较弱，且变化趋势相反，应考寻找影响y的其他更重要的因素
非线性相关［图7-12(f)］	散布点呈一曲线带，即在一定范围内x增加，y也增加；超过这个范围x增加，y则有下降趋势。或改变变动的斜率呈曲线形态

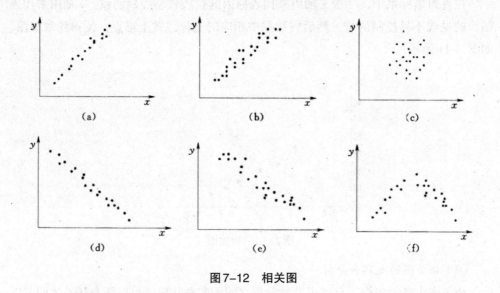

图7-12　相关图

6. 调查表法

调查表法也叫调查分析表法或检查表法，是利用图表或表格进行数据收集和统计的一种方法。也可以对数据稍加整理，达到粗略统计，进而发现质量问题的效果。所以，调查表除了收集数据外，很少单独使用。调查表没有固定的格式，可根据实际情况和需要自己拟订合适的格式。根据调查的目的不同，调查表有以下几种形式：

分项工程质量调查表；不合格内容调查表；不良原因调查表；工序分布调查表；不良项目调查表。

第八章　导截流、土石方开挖工程施工质量控制技术

第一节　导截流工程质量控制技术

一、导截流工程质量标准

1. 导流工程质量标准

（1）导流方式

水利水电施工导流方式包括各施工阶段导流泄水建筑物的型式、布置及导流程序。导流方式主要取决于坝型及地形、地质条件，导流流量的大小也有重要影响，一些位于通航河流的工程还必须妥善解决施工期间的航运问题。

施工导流方式一般有分期围堰导流、明渠导流和隧洞导流。在施工过程中根据需要还采用坝体底孔导流、缺口导流和永久泄水建筑物导流等。

导流方式不但影响导流工程的规模和造价，且与枢纽布置、主体工程施工布置、施工工期密切相关，有时还受施工条件及施工技术水平的制约。导流方式各有其特点。

分期围堰导流（简称分期导流）方式适用于河流流量大、河槽宽、覆盖层薄的坝址，一期围堰基坑内一般包括发电、通航及用于中后期导流的永久建筑物。

隧洞导流方式适用于河谷狭窄、地质条件适合开挖导流隧洞的坝址。

明渠导流方式适用于河流流量较大，河床一侧有较宽台地的坝址。为满足中后期导流需要，还可在明渠坝段内设置导流底孔或留缺口；导流明渠还常用于施工期通航。明渠导流虽仍属于河床内分期导流，但其与分期导流的主要区别在于分期导流很少专为满足导流需要而扩大原河床的过流断面，导流的各个阶段均在原天然河床内导流。而明渠导流系利用岸边台地，在一期围堰保护下，需要在岸边专为导流

或者结合永久工程开挖，建成具有必要宽度、深度、长度的明渠，以实现导流或通航的要求。

对我国已建和在建的部分混凝土坝的统计表明，在长江干流及其主要支流岷江、汉江、沅水和赣江等大江大河和较宽阔的河床上多采用分期导流或明渠导流，例如长江三峡、葛洲坝、葛洲坝水利枢纽工程位于湖北省宜昌市三峡出口南津关下游约3km处。长江出三峡峡谷后，水流由东急转向南，江面由 390m 突然扩宽到坝址处的 2200m。由于泥沙沉积，在河面上形成葛洲坝、西坝两岛，把长江分为大江、二江和三江。大江为长江的主河道，二江和三江在枯水季节断流。葛洲坝水利枢纽工程横跨大江、葛洲坝、二江、西坝和三江。葛洲坝工程主要由电站、船闸、泄水闸、冲沙闸等组成。大坝全长 2595m，坝顶高 70m，宽 30m。控制流域面积 100 万 km^2，总库容 15.8 万 m^3。电站装机 21 台，年均发电量 141 亿 kW·h。建船闸 3 座，可通过万吨级大型船队。27 孔泄水闸和 15 孔冲沙闸全部开启后的最大泄洪量，为每秒 11 万 m^3。葛洲坝水利枢纽工程是我国万里长江上建设的第一个大坝，是长江三峡水利枢纽的重要组成部分。这一伟大的工程，在世界上也是屈指可数的巨大水利枢纽工程之一。水利枢纽的设计水平和施工技术，都体现了我国当前水电建设的最新成就，是我国水电建设史上的里程碑。安康水电站、丹江口水利枢纽等工程。而在黄河、雅砻江、乌江、清江、澜沧江等狭窄河段则采用隧洞导流，例如龙羊峡、李家峡、刘家峡、二滩、乌江渡等工程。

对土石坝的统计表明，绝大多数无论河谷宽狭、导流流量大小都采用隧洞导流。只有极少数位于十分开阔的河床上采用涵洞导流，这主要是由于土石坝不便在河床内分期施工，且一般不允许坝体过水，因此河床一次断流，隧洞导流往往成为土石坝工程的主要选择。

（2）导流标准

导流建筑物级别及洪水标准，简称导流标准。

导流标准是施工首先要确定的问题。导流标准的高低实质上是风险度大小的问题。导流标准不但与工程所在地的水文气象特性、水文系列长短、导流工程运用时间长短直接相关，也取决于导流建筑物和主体工程，例如大坝的抗风险能力，以及遭遇超设计标准洪水时可能对工程本身和下游地区带来损失的大小。导流标准还受地质条件以及各种施工条件的制约。需要结合工程实际，全面综合分析其技术上的可行性和经济上的合理性，然后作出抉择。

2. 导流标准的实施情况

从以下列举的工程实例中，不难看出导流标准和围堰型式选择的正确与否，给工程带来的较大影响。

（1）二滩水电站

二滩水电站地处中国四川省西南边陲攀枝花市郊，是亚洲第三大水电站。该电站位于雅砻江下游河段二滩峡谷区内，两岸临江坡高 300～400m，左岸谷坡 25°～45°，右岸谷坡 30°～45°，雅砻江以 N60° W 方向流经坝区。河床枯水位高程 1011～1012m，水面宽 80～100m。总装机容量 330 万 kW，单机容量 55 万 kW，这在 21 世纪初三峡电站建成之前，均列全国第一，单机容量排世界前 10 位。二滩拱坝坝高 240m 为中国第一高坝。在双曲拱坝排行中，高度居亚洲第一、世界第三；承受总荷载 980 万 t，列世界第一。

二滩水电站混凝土双曲拱坝高 240m，左岸为地下厂房。该工程为峡谷高拱坝，只宜采用一次断流围堰，隧洞导流。在招标设计阶段，曾结合围堰型式对导流标准作了认真分析，认为高土石围堰比较适合二滩坝址覆盖层深度的实际情况。由于围堰高度超过 50m，相应拦洪库容超过了 1 亿 m^3，且围堰使用期较长，必须采用较高的导流标准，并认为坝址正长岩岩性坚硬，有条件开挖大型隧洞。因此推荐以 30 年一遇洪水流量 13500m^3/s 作为围堰的挡水标准，用两条衬砌后断面尺寸均为 17.5m×23.0m（宽×高）的特大型隧洞导流。为降低围堰的风险度，还研究过在深厚覆盖层上建造混凝土过水围堰的方案，但因地基处理过于复杂和困难而作罢。施工时将围堰加高了 4m，达到 50 年一遇洪水的校核标准，并将围堰交付保险。该围堰在 4 年的运行期间，实际发生的最大洪水流量为 8170m^3/s，相当于设计导流流量的 60%。导流工程费用虽较高，但占总投资的比例很小。

（2）刘家峡水电站

刘家峡水电站，位于甘肃省临夏回族自治州永靖县（刘家峡镇）县城西南约 1km 处。刘家峡水电站，是黄河上游开发规划中的第 7 个梯阶电站，兼有发电、防洪、灌溉、养殖、航运、旅游等功能。总装机容量 122.5 万 kW，年发电量 57 亿 kW·h，主送陕西、甘肃、青海。刘家峡水库，蓄水量 57 亿 m^3。水域呈西南—东北向延伸，长约 54km，面积 130 多平方公里。

刘家峡水电站混凝土重力坝高 147m，发电厂房位于坝后偏右岸（其中两台机组位于右岸地下），陡槽式溢洪道位于远离河岸的右岸高台地上。工程于 1958 年开工时，采用左岸单洞导流，洞径 14m×14m。土石过水围堰挡水标准为：枯水期 10 年一遇，洪水流量 1610m^3/S。1960 年 1 月河床截流后，将上游围堰改为不过水围堰，但挡水标准仅提高为枯水期 20 年一遇，洪水流量 1760m^3/s。要求在大汛前将大坝抢浇到河床正常水位以上，用以替代围堰。7 月上旬因围堰发生管涌，基坑被淹，7 月下旬当洪水流量达到 2000m³/s，围堰被毁，工程停止缓建。

1964 年复工后，吸取了过去的教训，将导流标准提高为全年 10 年一遇，洪水流量 4700m³/s，为此在右岸增设了一条 13.5m×13.5m 的导流隧洞（后期改建为永久泄洪洞），并将上游围堰改为高 49m 的混凝土过水拱形围堰，保证了大坝和厂房的正常施工。

（3）龙羊峡水电站

龙羊峡大坝位于青海中部的共和县境内，距西宁 146km，是亚洲著名的大坝。"龙羊"是藏语，意为"险峻的悬崖深谷"。龙羊峡海拔 2700m，峡长 40km，河道狭窄，狭口窄处仅 40m，水流湍急，惊涛拍岸，浊浪排空，涛声雷动。两岸山壁陡峭，如刀砍斧劈，周围乱石横布，犬牙交错，危石峥嵘。龙羊峡大坝高 178m，坝底宽 80m，拱顶宽 23.5m，全长 1227m（挡水长度），水库周长 108km，面积 383km²，库容量 247 亿 m³。总装机容量 128 万 kW，单机容量 32 万 kW，年发电量 60 亿 kW·h。

龙羊峡水电站混凝土重力坝拱坝高 178m，发电厂房位于坝后。导流方式为一次断流围堰、隧洞导流。隧洞断面尺寸为 15m×18m。原设计上游为溢流式混凝土拱形围堰，1979 年因截流日期拖后，难以按期完成混凝土拱形围堰，将其改为混凝土心墙土石围堰，并将挡水标准由 10 年一遇洪水提高到 20 年一遇洪水，并以 50 年一遇洪水作为校核标准。1980 年又在围堰右端增设了非常溢洪道，1981 年又据水情预报将上游围堰加高 7m。当年汛期实际发生接近 200 年一遇的洪水，上游水位逼近加高后的堰顶，围堰蓄洪量高达 11 亿 m³，严重威胁工程和下游的安全，由于奋力抢险和非常溢洪道的及时分洪才战胜了洪水，转危为安，如果事前没有预报措施，其后果将难以设想。

与龙羊峡水电站成为鲜明对照的是岩滩水电站。该工程采用明渠导流，原设计上下游为不过水土石围堰，开工后改为碾压混凝土整体重力式围堰，挡水标准为全年 5 年一遇的洪水，围堰建成后的当年 8 月，发生有水文记录以来的最大洪水，漫堰流量达 4000m³/s。如果仍为不过水的土石围堰，而挡水标准又低于实际发生的大洪水，一旦漫顶溃决，将产生严重后果，可见不过水的高土石围堰风险相对较大。

3. 截流工程质量标准

（1）概述

截流工作在泄水建筑物接近完工时，即以进占方式自两岸或一岸建筑戗堤（作为围堰的一部分）形成龙口，并将龙口防护起来，待泄水建筑物完工以后，在有利时机，全力以最短时间将龙口堵住，截断河流。接着在围堰迎水面投抛防渗材料闭气，水即全部经泄水道下泄。与闭气同时，为使围堰能挡住可能出现的洪水，必须立即加高培厚围堰，使之迅速达到相应设计水位的高程以上。

截流是整个水利枢纽施工的关键，它的成败直接影响工程进度。如失败了，就可能使工期推迟一年。截流工作的难易程度取决于：河道流量、泄水条件；龙口的落差、流速、地形地质条件；材料供应情况及施工方法、施工设备等因素，因此事先经过充分的分析研究，采取适当措施，才能保证在截流施工中争取主动，顺利完成截流任务。

我国从 20 世纪 30 年代开始到 50 年代，截流大多以平堵完成，投抛料由普通的块石发展到使用 20 ~ 30t 重的混凝土四面体、六面体、异形体和构架等。从 20 世纪 50 年代开始，由于水利建设逐步转到大河流。山区峡谷落差大（4 ~ 10m），流量大，加上重型施工机械的发展，立堵截流开始有了发展；与之相应，世界上对立堵水力学的研究也普遍开展。所以从 60 年代以来，立堵截流在世界各国河道截流中已成为主要方式。截流落差大于 5m 为常见，更高有达 10m。由于在高落差下进行立堵截流，于是就出现了双戗堤、三戗堤、宽戗堤的截流方法。以后立堵不仅用于岩石河床，而且也向可冲刷基床推广。我国绝大多数河道截流都是用立堵法完成的。

（2）截流工程质量标准

1）河道截流是大中型水利水电工程施工中的一个重要环节。截流的成败直接关系到工程的进度和造价，设计方案必须稳妥可靠，保证截流成功。

2）选择截流方式应充分分析水力学参数、施工条件和难度、抛投物数量和性质，并进行技术经济比较。

单戗立堵截流简单易行，辅助设备少，较经济，适用于落差不超过 3.5m。但龙口水流能量相对较大，流速较高，需制备的重大抛投物料相对较多。

双戗和双戗立堵截流，可分担总落差，改善截流难度，适用于落差大于 3.5m。

建造浮桥或栈桥平堵截流，水力学条件相对较好，但造价高，技术复杂，一般不常选用；定向爆破、建闸等方式只有在条件特殊、充分论证后方可选用。

3）河道截流前，泄水道内围堰或其他障碍物应予清除；因水下部分障碍物不易清除干净，会影响泄流能力和增大截流难度，设计中宜留有余地。

4）戗堤轴线应根据河床和两岸地形、地质、交通条件、主流流向、通航、过水要求等因素综合分析选定，戗堤宜为围堰堰体组成部分。

5）确定龙口宽度及应考虑的位置。

龙口工程量小，应保证预进占段裹头不致遭冲刷破坏。

河床水位较浅、覆盖层较薄或基岩部位，有利于截流工程施工。

6）若龙口段河床覆盖层抗冲能力低，可预先在龙口抛石或抛铅丝笼护底，增大糙率和抗冲能力，减少合龙工作量，降低截流难度。立堵截流护底范围：轴线下游护底长度可按水深的 3 ~ 4 倍取值，轴线以上可按最大水深的 2 倍取值。护底宽度根据最大可能冲刷宽度加一定富裕值确定。

7）截流抛投材料选择的原则。

预进占段填料尽可能利用开挖渣料和当地天然料；龙口段抛投的大块石、石串或混凝土四面体等人工制备材料数量应慎重研究确定；截流备料总量应根据截流料物堆存、运输条件、可能流失量及戗堤沉陷等因素综合分析，并留适当备用量；戗堤抛投物应具有较强的透水能力，且易于起吊运输。

8）重要截流工程的截流设计应通过水工模型实验验证并提出截流期间相应的观测设施。

二、围堰工程质量标准

1. 围堰形式及适用条件

（1）土石围堰

土石围堰是用当地材料填筑而成的围堰，不仅可以就地取材和充分利用开挖弃料作围堰填料，而且构造简单，施工方便，易于拆除，工程造价较低，这种围堰形式被广泛采用。因土石围堰断面较大，一般用于横向围堰，但在宽阔河床的分期导流中，由于围堰束窄河床增加的流速不大，也可作为纵向围堰，但需注意防冲设计，以保围堰安全。

（2）混凝土围堰

混凝土围堰具有抗冲能力大、断面尺寸小、工程量少、并允许过水等优点，但混凝土围堰要求直接修筑在基岩上，并要求有干地施工条件，施工复杂。围堰形式多采用重力式围堰，主要因为结构及施工均较简单；重力式混凝土围堰现在有普遍采用碾压混凝土浇筑的趋势。

为了节约混凝土工程量，加快施工速度，采用混凝土拱围堰的枢纽也不少。如巴西伊泰普水电站，伊泰普水电站位于巴西西南部与巴拉圭和阿根廷的交界处，从近处看，全长 7744m 的大坝就像一座钢筋混凝土铸就的长城，在浪花掀起的雾气的笼罩下，显得雄伟壮观。坝高 196m，相当于 65 层楼房的高度。大坝外壁，18 个巨型管道——18 个发电机组的注水管一字排开，每根管道的直径 10.5m，长 142m，每秒注水 645m³。从坝底仰望，它们好似 18 根擎天巨柱，头抬得再高，也难望其全貌。这座雄伟的大坝将巴拉那河拦腰截断，形成深 250m、面积达 1350km²、总蓄水量为 290 亿 m³ 的人工湖。大坝的西侧是水库的溢洪道，十几道闸门敞开，库水能以每秒

4.6 万 m^3 的流量倾泻而出，飞卷的波浪高达几十米，形成一道壮丽的人工瀑布，蔚为壮观。伊泰普水电站是当之无愧的"世纪工程"。水电站 18 台发电机组总装机容量为 1260 万 kW，是当今世界上已建成水电站中的巨无霸。明渠围堰、龙羊峡水电站上游围堰，均采用混凝土拱围堰形式，它要求两岸有较好的拱座条件。在流水中修筑混凝土围堰则比较困难，在施工队伍具有丰富水下作业经验，以及水深、流速不大的情况下，水下修筑混凝土围堰也是可能的。我国乌江渡、凤滩等水电站工程均采用水下施工修筑混凝土围堰，而且非常成功。

（3）草土围堰

草土围堰是我国劳动人民在黄河治水堵口采用的传统方法，具有悠久历史。这是一种草土混合结构，施工简单，可就地取材，造价低，易于拆除，一般适于施工水深不大于 6m，流速 3.0m/s 以下的情况。

（4）木笼围堰

木笼围堰是由框格木结构，内填块石组成的围堰形式。这种围堰，具有断面小和抗冲能力强的特点，但木材消耗较多。施工时要求有一定的水深浮运木笼，木笼与基础面接触部分的防渗需要潜水工下水作业，施工要求技术高、精度高、造价高。

木笼围堰一般不宜高于 15m。我国最高木笼围堰为西津电站西津水电站位于广西横县的郁江，西津水电站是当时全国最大的低水头河床式径流电站，1958 年 10 月动工兴建，1964 年投入发电。1966 年 7 月、1975 年 12 月、1979 年 7 月，2 号、3 号、4 号机组相继投产，总投资 18294 万元。装机 4 台，总容量 23.44 万 kW。大坝高 41m，为混凝土宽缝重力坝，总长 299.7m，设溢流闸门 17 孔。控制流域面积 77300km²，多年平均流量 1620m³/s，总库容 30 亿 m³，设计灌溉面积 8.5 万亩，年均发电量 10.91 亿 kW·h。坝基岩石为花岗岩。围堰，高 18m，木结构设计复杂，抗冲流速可达 6m/s。

（5）钢板桩格形围堰

钢板桩格形围堰由"一字形"钢板桩与异形连接板组成的格体和联弧段构成。格体和联弧段内均填土石料，以维持围堰的稳定。

钢板桩格形围堰可以修建在岩石地基上或非岩基上，堰顶浇筑混凝土盖板后也可用作过水围堰用，修建和拆除可以高度机械化，断面小，抗冲能力强，安全可靠，钢板桩尚可回收，最高挡水水头应小于 30m，一般 20m 以下为宜。

2. 围堰形式选择原则

（1）安全可靠，能满足稳定、抗渗、抗冲要求。

（2）结构简单，施工方便，易于拆除并能充分利用当地材料及开挖渣料。

（3）堰基易于处理，堰体便于与岸坡或已有建筑物连接。

（4）在预定施工期内修筑到需要的断面及高程；具有良好的技术经济指标。

3. 围堰的平面布置

围堰的平面布置主要包括围堰外形轮廓布置和确定堰内基坑范围两个问题。外形轮廓不仅与导流泄水建筑物的布置有关，而且取决于围堰种类、地质条件以及对防冲措施的考虑。堰内基坑范围大小主要取决于主体工程的轮廓和相应的施工方法。当采用一次拦断法导流时，围堰基坑是由上、下游横向围堰围成。当采用分期导流时，围堰基坑是由纵向围堰与上、下游横向围堰围成。在上述两种情况下，上下游横向围堰的布置，都取决于主体工程的轮廓。通常基坑坡趾距离主体轮廓的距离不应小于 20 ~ 30m，以便于布置排水设施、交通运输道路、堆放材料和模板等。至于基坑开挖边坡的大小，则与地质条件有关。在分期导流时，上下游围堰一般不与河床中心线垂直，围堰的平面布置常呈梯形，即可使水流顺畅，同时也便于运输道路的布置和衔接。当采用一次拦断法导流时，上、下游围堰不存在突出的绕流问题，为了减少工程量，围堰多与主河道垂直。

当纵向围堰不作为永久建筑物的一部分，基坑坡趾距离主体工程轮廓的距离，一般不小于 2.0m，以便于布置排水导流系统和堆放模板，如无此要求，只需留 0.4 ~ 0.6m。

4. 土石围堰填筑材料应具有的性能

防渗体土石料可采用砂壤土，其渗透系数不宜大于 1×10^{-4}cm/s。若当地富有风化料或砾质土料，并经过实验验证能满足防渗要求时，应优先选用。水下抛投砾质土料时，应考虑处理分离的措施。

堰壳填料应为无凝性材料，渗透系数大于 1×10^{-2}cm/S，一般采用天然砂卵石或石渣。围堰水下堆石体不宜采用软化系数大于 0.8 的石料。

5. 围堰工程常见质量问题监控与防治

（1）围堰的防渗和防冲

围堰的防渗、接头和防冲是保证围堰正常的关键问题，对土石围堰来说尤为突出。一般土石围堰在流速超过 3.0m/s 时，会发生冲刷现象，尤其在采用分段围堰法导流时，若围堰布置不当，在束窄河床段的进出口和沿纵向围堰会出现严重的涡流，淘刷围堰及其基础，导致围堰失事。

1）围堰的防渗

围堰防渗的基本要求，和一般挡水建筑物无大的差异。土石围堰的防渗一般采用斜墙、斜墙接水平铺盖、垂直防渗墙或灌浆帷幕等措施。围堰一般需在水中修筑，因此如何保证斜墙和水平铺盖的水下施工质量是一个关键问题。

柘溪水电站柘溪水电站位于中国湖南省、资水干流上，距安化县东平市12.5km。混凝土单支墩大头坝，最大坝高104m，装机容量44.7万kW，保证出力11.27万kW，多年平均发电量21.74亿kW·h。工程以发电为主，兼有防洪、航运等效益。1958年7月开工，1962年1月第一台机组发电，1975年7月全部投产。坝址呈V形河谷，两岸陡峭，水面宽90～110m，采用明渠结合隧洞导流。明渠长500m，宽60m，底坡3‰，设计流量1300m³/s。隧洞长430m，宽13.6m，高12.8m，最大泄量850m³/s。1958年12月14日明渠通水，河道截流。1959年隧洞开始过水。上游土石木笼混合过水围堰高26.5m，用0.75m厚混凝土板和木笼护面，最大过堰流量4086m³/s，单宽流量10m³/s，堰顶水深3.08m。土石围堰的斜墙和铺盖是在10～20m深水中，用人工手铲抛填的方法施工的，施工时注意了滑坡、颗粒分离及坡面平整等的控制。

2）围堰的接头处理

围堰的接头是指围堰与围堰、围堰与其他建筑物及围堰与岸坡等的连接而言。围堰的接头处理与其他水工建筑物接头处理的要求并无多大区别，所不同的仅在于围堰是临时建筑物，使用期不长，因此接头处理措施可适当简便。如混凝土纵向围堰与土石横向围堰的接头，一般采用刺墙型式，以增加绕流渗径，防止引起有害的集中渗漏。

3）围堰的防冲

围堰遭受冲刷在很大程度上与其平面布置有关，尤其在分段围堰法时，水流进入围堰区受到束窄，流出围堰区又突然扩大，这样就不可避免地在河底引起动水压力的重新分布，流态发生急剧改变，此时在围堰的上下游转角处产生很大的局部压力差，局部流速显著增高，形成螺旋状的底层涡流，流速方向自下而上，从而淘刷堰脚及基础。为了避免由局部淘刷而导致溃堰的严重后果，必须采用护底措施。一般多采用简易的抛石护底措施来保护堰脚及其基础的局部冲刷；另外，还应对围堰的布置给予足够的重视，力求使水流平顺地进、出束窄河段。通常在围堰的上下游转角处设置导流墙，以改善束窄河段进出口的水流条件。导流墙实质上是纵向围堰分别向上、下游的延伸。

（2）围堰的拆除

围堰是临时建筑物，导流任务完成以后，应按设计要求进行拆除，以免影响永久建筑物的施工及运行。例如，在采用分段围堰法导流时，第一期横向围堰的拆除如果不合要求，势必会增加上、下游水位差，从而增加截流工作的难度，增加截流料物的重量及数量。如果下游围堰拆除不干净，会抬高尾水位，影响水轮机的利用水头。土石围堰相对来说断面较大，因之有可能在施工期最后一次汛期过后，上游水位下降时，从围堰的背水坡开始分层拆除，但必须保证依次拆除后所残留的断面能继续挡水和维持稳定，以免发生安全事故，使基坑过早淹没，影响施工。

土石围堰一般可用挖土机或爆破等方法拆除；草土围堰的拆除比较容易，一般水上部分用人工拆除，水下部分可在堰体挖一缺口，让其过水冲毁或用爆破法炸除；钢板桩格型围堰的拆除，首先要用抓斗或吸石器将填料清除，然后用拔桩机起拔钢板桩；混凝土围堰的拆除，一般只能用爆破法炸除，但应注意，必须使主体建筑物或其他设施不受爆破危害。

（3）围堰堰顶高程

围堰堰顶高程的决定，取决于导流设计流量及围堰的工作条件。

下游围堰的堰顶高程由下式决定：

$$H_d = h_d + h_a + \delta$$

式中 H_d——下游围堰堰顶高程，m；

h_d——下游水位高程，m；可以直接由原河流水位流量关系曲线中找出；

h_a——波浪爬局，m；

δ——围堰的安全超高，m，一般对于不过水围堰可按有关规定确定，对过水围堰可不予考虑，见表8–1。

表8–1 不过水围堰堰顶安全超高下限值

围堰型式	围堰级别	
	Ⅲ	Ⅳ ~ Ⅴ
土石围堰（m）	0.7	0.5.
混凝土围堰（m）	0.4	0.3

上游围堰的堰顶高程由下式决定：

$$H_h = h_d + z + h_a + \delta$$

式中 H_h——上游围堰堰顶高程，m；

z——上下游水位差，m；

纵向围堰堰顶高程要与束窄河段宣泄导流设计流量时的水面曲线相适应。因此，纵向围堰的顶面往往做成阶梯形或倾斜状，其上游部分与上游围堰同高，下游部分与下游围堰同高。

三、基坑排水质量标准

1. 基坑排水概述

基坑排水包括初期排水和经常性排水两部分。初期排水是指围堰合龙闭气后排除基坑积水为主的排水。经常性排水是指在基坑积水排完后，为保持施工基坑干燥，继续排除基坑内各种渗水、雨水、施工用水等的排水工作。

（1）排水量的计算

排水量一般以小时为设计计算单位。不同排水期的排水量计算分述如下。

1）初期排水

初期排水包括排除基坑积水、围堰和基坑渗水及降雨径流，可用下式表达：

$$排水量 = 基坑积水 + 渗水 + 雨水$$

①基坑积水。基坑积水是指围堰合龙闭气后积存在基坑内的水量。它包括围堰水下部分饱和水和基坑内覆盖层饱和水，这部分水在基坑水位下降、集流到基坑内均需予以排除。

基坑积水可用下式表达：

$$基坑积水（基坑积水面积 \times 基坑平均水深）$$

式中 K——经验系数。与围堰种类、基坑覆盖层情况、排水时间、基坑面积大小等因素有关。一般采用 1.5 ~ 2.5。

②渗水。渗水是指通过各种途径渗到基坑内的水量。它包括围堰渗水、基坑渗水。渗水与围堰内外水位差、围堰防渗形式、基坑处理措施等有直接关系。

由于初期排水一般较少，围堰内外水位差较小，围堰合龙后亦已闭气处理，所以渗水量是不大的。

③雨水。雨水是指在初期排水期间，由于降水在基坑集水面积内产生的径流。集水面积应设法尽可能减少，减少到只在基坑范围内，这样可节约排水费用。为此，需将基坑范围以外流向基坑的集水面积上产生的雨水（径流）用集水沟渠排至基坑范围以外这是特别重要的。

2）经常性排水

经常性排水包括基坑渗水、雨水、施工中弃水。

围堰渗水，根据围堰形式、围堰工程地质、水文地质条件及围堰最高挡水水位与基坑开挖高程决定的渗流水头计算求得。雨水则按一定时段降雨强度，可选用计算频率值设计，亦可参用枢纽附近雨量台站实测降水强度进行计算。施工弃水，主要包括基坑冲洗、混凝土施工养护等用水。它与工程规模有关、，一般按每次养护每立方米混凝土用水 5L、每天养护 8 次估算养护用水。

3）基坑过水后的排水

过水围堰在每次基坑过水后的排水主要是排除过水后围堰基坑内积水，可按设计基坑水位，计算基坑积水量，其他与初期排水相同。

4）小时排水量计算

为了确定基坑排水的设备和工艺布置，只有一个总排水量是不够的，必须通过计算，用小时排水量来确定抽水设备的规模。在小时排水量计算时，要注意下列几个问题。

在初期排除基坑集水时，一方面要按施工进度安排时间排完，另一方面又要与围堰断面形式相适应。为了在排水时不致因基坑水位下降速度太快而影响围堰的安全，一般土石围堰允许基坑水位下降速度为 1 ~ 2m/d。开始时下降速度要小，视抽水情况检验可以适当加快。同时还要考虑围堰背水坡填料的排水性能。

渗水量按各施工期设计渗透水头计算，按渗多少排多少确定小时排水量。由于渗水量计算影响因素复杂，难以计算准确，一般在计算后均乘以 1.1 ~ 1.2 的安全系数。在基本资料较多，渗透图形较准，且有一定试验验证资料，安全系数可以小些，反之，从安全角度出发则应选用较大安全系数。

雨水量计算一般均按抽水时段的最大降雨量计算。在深基坑，有时亦考虑用小时降水强度核算，以免基坑遭受淹没。

小时排水量的组合，在不同的时期，组合情况各异，一般初期排水以基坑积水为主，经常性排水除有枯水期与汛期之分外，汛期降雨量与混凝土养护水不要叠加组合，而是将渗水分别与降水和基坑弃水组合，选用大者来确定抽水容量。对于过水围堰过水后的排水只有基坑积水。

（2）排水设备选择

排水设备选择主要根据小时排水量及排水扬程来确定。排水扬程包括几何扬程和排水管道、闸阀、弯头等局部和沿程的水头损失。

基坑排水的主要设备是低扬程的离心水泵。在组织基坑排水时，扬程应力求不超过 15 ~ 20m。如果基坑很长（300 ~ 500m 以上），应在下游侧设置一些排水点。为了汇集基坑中的渗水，应设置专门的排水深井，深井前方接集水沟，井内放入几组吸水管。在采用大功率水果时，集水井的最小深度应不小于 2 ~ 2.5m，井的平面尺寸为 1.5m×1.5m ~ 2.0m×2.0m，井的总容积应能保证水泵运行 3 ~ 5min（如果停电时间不超过 3 ~ 5min），在个别情况下，根据供电的实际情况，也可考虑较长的间歇时间，此时，井的容积也应相应加大。

从地面上排出积水是最经济的，但在软土层中，特别是在有承压地下水时，采用地面排水将使今后的水工建筑物地基土壤受到破坏，变得松散，这是不允许的。因此，地面排水方法可用于岩石、黏土、密实砂黏土或粗砾石层等不致破坏松散的地基中，而在砂土、亚砂土和轻质砂黏土地基中，基坑排水应采用地下方式。

对于砂土围堰，为了减少深基坑内的集水数量，一般都在其地基中设置专门的防渗墙。在前苏联，一般采用 GB Ⅱ—500 型专用机组修建防渗墙，这种机组可在软土层中开出 500mm 宽、30m 深的沟槽。在下卡马水电站建设中，曾经采用过这种防渗墙以减少通过河床冲积层进入基坑的渗水，该水电站防渗墙长 600m，面积 10400m²，向下一直伸入到隔水地层，墙深 16 ~ 17.5m，宽 500m。防渗墙主要依靠向槽内浇筑膨润土泥浆和投入块状黏土而使其达到稳定。

（3）排水布置

排水布置包括排水站、排水管道、集水沟渠及集水坑的布置。

1）排水站布置

初期排水时，排水站的布置根据基坑集水深度大小，可采用固定式排水站和浮动式排水站，一般水泵允许吸程为 5m 左右，当基坑水深小于 5m 时，可采用固定式排水站。基坑水深大于 5m，一级站不能排完时，需布置多级排水站或浮动式排水站。对于基坑水深较大，浮动式排水站可随基坑水位下降而移动，可避免排水站搬迁，从而能增大排水站的利用和减少设备数量。

排水站布置要注意能排除基坑最低处集水，尽可能缩短排水管道，避免与基坑施工交通等发生干扰，初期与后期要尽可能结合，要布置较好的出水通道。

经常性排水站运用时间较长，应充分利用地形，可分设于基坑上下游地势低洼处，使管道布置最短，避免与基坑开挖、出渣运输以及围堰加高等施工发生干扰，同时应注意使集水沟渠和集水坑的布置有比较合适的场地。根据基坑范围大小，经常性排水站分成几处布置，一般中型工程在围堰基坑上下游应各布置一个站。

过水围堰的排水站，应考虑基坑过水时需拆除排水站和过水后又要恢复的情况。要求排水管道布置在不受过水影响的位置，以便于很快恢复排水站的工作。

2）排水管道布置

基坑排水管道，一般使用胶管、铸铁管和钢管。胶管和钢管由于重量较轻，宜在初期排水时设站使用，特别是浮动式排水站使用胶管显得更能适应基坑下降的连续排水条件。铸铁管多在经常性排水时使用，由于使用时间较长，常将其固定在管座上，在布置上要求管道最短、集中，尽可能不受基坑施工交通影响，给维修养护提供有利条件。

3）集水坑及集水沟渠布置

集水坑对初级排水关系不大，在几天或 10 多天内即可将基坑存水排除，不需布置固定集水坑。

对于经常性排水，集水坑及集水沟渠的布置是十分重要的。它的任务和作用是汇集基坑范围内的水，以便集中于集水坑内，由排水站排出基坑以外。首先集水坑布置高程要能将基坑大部分水汇集至集水坑内，集水坑高程是排水站设计扬程的依据。其次集水坑要求有一定容积，主要目的是使经常性排水能正常运行，使水泵工作经常处于最优状态。若容积太小，常在一次大雨后，即可能淹没排水站和基坑，若因短期停电或设备临时故障，基坑和排水站则将面临险境。

对于基坑局部低洼沟可用小型水泵排至集水坑内，再由排水站排出。

2. 基坑排水质量标准

（1）在导流工程投资中，基坑排水费用所占比重较大，应结合不同防渗措施进行综合分析，使总费用最小。

（2）初期排水总量由围堰闭气后的基坑积水量、抽水过程中围堰及基础渗水量、堰身及基坑覆盖层中的含水量，以及可能的降水量等 4 部分组成。其中可能的降水量可采用抽水时段的多年日平均降水量计算。初期排水的时间：大型基坑一般可采用 5 ~ 7d，中型基坑不超过 3 ~ 5d。具体确定基坑水位下降速度时，尚应考虑对不同堰型的影响。

（3）经常性排水应分别计算围堰和基础在设计水头的渗流量、覆盖层中的含水量、排水时降水量及施工弃水量，再据此确定最大抽水强度。其中降水量按抽水时段最大日降水量在当天抽干计算；施工弃水量与降水量不应叠加。基坑渗水量可视围堰型式、防渗方式、堰基情况、地质资料可靠程度、渗流水头等因素适当扩大。

3. 基坑排水的首次疏干问题

在基坑排水施工中，特别需要注意的是基坑排水的首次疏干问题，因为它涉及围堰的安全、工期的长短、施工费用的多少。为此往往要采用较大功率的排水设备，需要的时间也比较长。例如在布拉茨克和克拉斯诺雅尔斯克水电站施工中，第一期基坑的疏干时间分别为 3 个半月和 13 个月，第二期基坑则分别为 5 个半月和 5 个月。尽管围堰结构、地基以及基坑边坡情况均容许大幅度加快抽水速度，但基坑中水位的实际降低速度仍很缓慢：布拉茨克水电站不超过 0.7m/ 昼夜；克拉斯诺雅尔斯克则不超过 0.5m/ 昼夜。

当围堰建成的时刻，围堰所围的基坑往往是泡在水中的，且水位一般与河水齐平。排除掉这一部分积水是基坑抽水和使围堰转入单侧承受水压作用阶段需要完成的主要任务。

首次疏干基坑时所需排除的水量，包括基坑中原有的积水和在抽水过程中，由于地下渗流、堰体渗漏和降雨径流等汇集到基坑中的水量。

大型水利枢纽的建设经验表明，第一次疏干基坑积水在一般条件下需时 2 ~ 4 周。在这一段时间内，排水设备的排水能力应按基坑初期水量的 3 ~ 4 倍考虑。在排除基坑最初积水时，确定抽干基坑积水的时间是个重要问题。这里有两个相互矛盾的因素：一方面，主体工程要求尽早开工；另一方面，抽水时又必须保证河岸、边坡、围堰和基坑底的稳定，因为水位急剧下降可能导致这些部分遭到破坏。土层中的管涌变形往往发生在水位的急降过程中。边坡的坍滑和流土现象都是突然发生的，一般不可能用肉眼及时发现。

实践表明，水位下降的速度在最初几天里应控制在下列数值内：地基为粗粒土和岩石时不超过 0.5 ~ 0.7m/ 昼夜；地基为中粒土时不超过 0.4m/ 昼夜，地基为细粒土时不超过 0.15 ~ 0.2m/ 昼夜。

第二节　土石方开挖工程质量控制技术

一、施工测量控制

1. 施工控制测量

（1）工程的首级控制基准点一般由业主单位向承建单位提供。质检员应对上述基准点成果进行复核，并将复核结果以书面形式向监理机构报告，如有异议，由监理机构转报项目法人进行核实，经检查后，由业主单位（或监理单位）书面形式通知承建单位才能启用该成果。

（2）应根据施工需要加密控制点，并应在施测前 7d 将作业方案报监理机构审批，施测结束后，将外业记录、控制点成果及精度分析资料报监理审核。该成果必须经监理机构批准后才能正式启用。

（3）承建单位应负责保护并经常检查已接收的和自行建立的控制点，一经发现有位移或破坏，及时报告监理工程师，在监理工程师及业主指示下采取必要的措施予以保护或重建。若施工需要拆除个别控制点，承建单位应提出申请，报监理机构和业主批准。

2. 施工放样

（1）对各工程部位的施工放样，应严格按合同文件及施工测量规范执行，确保放样精度满足设计要求。

（2）关键部位的放样措施必须经质检员审核报监理审批。如基础开挖开口线、坝轴线、混凝土工程基础轮廓点等放样，监理将进行内、外业检查和复核。

（3）每块混凝土浇筑前，必须进行模板的形体尺寸检查，并将校模资料上报监理审查，内容包括：测站、后视、实测值与设计值比较差异量等。

3. 施工测量控制

（1）施工测量资料应整理齐全。

（2）开口轮廓位置和开挖断面的放样应保证开挖规格，其精度应符合下列要求：平面，覆盖层 50cm，岩石 20cm；高程，覆盖层 25cm，岩石 10cm。

（3）断面测量应符合下列规定：

1）断面测量应平行主体建筑物轴线设置断面基线，基线两端点应埋标桩。正交于基线的各断面桩间距应根据地形和基础轮廓确定，混凝土建筑物基础的断面应布设各坝段的中线、分线上；弧线段应设立以圆弧中心为准的正交弧线断面，其断面间距的确定除服从基础设计轮廓外，一般应均分圆心角。

2）断面间距用刚卷尺实量，实量各间距总和与断面基线总长（L）的差值应控制在 L/500 以内。

3）断面测量需设转点时，其距离可用刚卷尺或皮卷尺实量。若用视距观测，必须进行往测、返测，其校差应不大于 L/200。

4）开挖中间过程的断面测量，可用经纬仪测量断面桩高程。但在岩基竣工断面测量时必须以五等水准测定断面桩高程。

（4）基础开挖完成以后，应及时测绘最终开挖地形图以及与设计施工详图同位置、同比例的纵横剖面图。竣工地形图及纵横剖面图的规格应符合下列要求。

1）原始地面（覆盖层和岩基面）地形图比例，一般为 1：200～1：1000。

2）用于计算工程量（覆盖层和岩基面）的横断面图，纵向比例一般为 1：100～1：200，横向比例一般为 1：200～1：500。

3）竣工基础横断面图纵横比例一般为 1：100～1：200。

4）竣工建基面地形图比例一般为 1：200，等高距可根据坡度和岩基起伏状况选用 0.2m、0.5m 或 1.0m，也可仅测绘平面高程图。

二、土方明挖工程质量控制

1. 土方开挖的质量控制

在水利工程施工中，明挖主要是建筑物基础、导流渠道、溢洪道和引航道（枢纽工程具有通航功能时）、地下建筑物的进、出口等部位的露天开挖，为开挖工程的主体。明挖的施工部署可分为两种类型，一种是工程规模大而开挖场面宽广，地形相对平坦，适宜于大型机械化施工，可以达到较高的强度，如葛洲坝工程和长江三峡工程；二是工程规模虽不很大，但工程处于高山峡谷之中，不利于机械作业，只能依靠提高施工技术，才能克服困难，顺利完成。

（1）土方工程施工方法

土方明挖工程依据施工对象和施工方法的特点，可以分为建筑物基础开挖、渠道开挖和河道疏浚。

水利水电工程建筑物主要是坝、闸、船闸、电站等，其基础开挖的共同特点是要符合建筑物要求的形态，对开挖边界线外保留的土体不允许破坏其天然结构。

土方开挖一般不需要爆破，可用机械直接开挖。基础开挖从地形特征上可分为河床开挖和岸坡开挖。河床开挖的特点是地形较平坦、施工比较方便，但往往是施工时间短、强度较大；岸坡开挖，特别是山区高坝的岸坡，其开挖高度大，施工条件差，技术复杂，一般多在施工的前期开挖。

闸、坝的土质地基开挖，一般应自上而下全断面一次挖完。在开挖中，应特别注意排水设施，还必须审慎地注意地基的不均匀沉陷。开挖程序应结合排水考虑。

（2）土方明挖工程质量控制

1）开挖应遵循自上而下的原则。

2）开挖轮廓应满足下列要求。

符合施工详图所示的开口线、坡度和工程的要求。

如某些部位按施工详图开挖后，不能满足稳定、强度、抗渗要求，或设计要求有变更时，必须按监理、业主、设计商定的要求继续开挖到位。

最终开挖超、欠挖值满足规范要求，坡度不得陡于设计坡度。

3）对于在外界环境作用下极易风化、软化和冻裂的软弱基面，若其上建筑物暂时未能施工覆盖时，应按设计文件和合同技术要求进行保护。

4）边坡开挖完成后应及时进行保护。对于高边坡或可能失稳的边坡应按合同或设计文件规定进行边坡稳定检测，以便及时判断边坡的稳定情况和采取必要的加固措施。

2. 岩石基础开挖

（1）岩石基础开挖的一般规定

1）一般情况下，岩石基础开挖应自上而下进行，当岸坡和河床底部同时施工时，应确保安全；否则，必须先进行岸坡开挖。

2）为保证基础岩体不受开挖区爆破的破坏，应按留足保护层的方式进行开挖，在有条件的情况下，则应先采取预裂防震，再进行开挖区的松动爆破。

3）基础开挖中，对设计开口线外坡面、岸坡和坑槽开挖壁面等，若有不安全的因素，均必须进行处理，并采取相应的防护措施。随着开挖高度下降，对坡（壁）面应及时测量检查，防止欠挖，避免在形成高边坡后再进行坡面处理。

4）遇有不良的地质条件时，为了防止因爆破造成过大震裂或滑坡等，对爆破孔的深度和最大一段起爆药量，应根据具体条件由施工、地质和设计单位共同研究另行确定，实施之前必须报监理工程师审批。

5）实际开挖轮廓应符合设计要求。对软弱岩石，其最大误差应由设计和施工单位共同议定；对坚硬或中等坚硬的岩石，其最大的误差应符合下列规定。

平面高程一般不大于 0.2m。

边坡规格依开挖高度而异：8m 以内时，误差不大于 0.2m；8～15m 时，误差不大于 0.3m；16～30m 时，误差不大于 0.5m。

6）爆破施工预留保护层厚度不小于 1.5m，清除岩基保护层时，必须采用浅孔、密孔、少药量火炮爆破开挖，建基面必须无松动岩块、无爆破影响裂隙。

7）在建筑物及新浇筑混凝土附近进行爆破时，必须考虑爆破对其影响。

（2）岩石基础开挖质量检查处理

1）开挖后的建筑物基础轮廓不应有反坡；若出现反坡时均应处理成顺坡。对于陡坎，应将其顶部削成钝角或圆滑状。

2）建基面应整修平整；建基面如有风化、破碎，或含有软弱夹层和断层破碎带以及裂隙发育和具有水平裂隙等，均应用人工或风镐挖到设计要求的深度。

3）建基面附有的方解石薄脉、黄锈（氧化铁）、氧化锰、碳酸钙和黏土等，经设计、地质人员鉴定，认为影响基岩与混凝土的结合时，都应清除。

4）建基面经锤击检查松动的岩块，必须清除干净。

5）易风化及冻裂的软弱建基面，当不能及时覆盖时，应采取专门技术措施处理；在建基面上发现坤下水时，应及时采取措施进行处理，避免新浇筑混凝土受到损害。

三、水利建设爆破工程质量标准

1. 一般规定

（1）钻孔施工不宜采用直径（d）大于 150mm 的钻头造孔。钻孔孔径按造孔的钻头直径可分为：

1）大孔径：110mm < d ≤ 150mm

2）中孔径：50mm < d ≤ 110mm。

3）小孔径：d ≤ 50mm。

（2）紧邻设计建筑物基面、设计边坡、建筑物或防护目标，不应采用大孔径爆破方法。

（3）在有水或潮湿条件下进行爆破，应采用抗水爆破材料；在寒冷地区的冬季进行爆破，必须采用抗冻爆破材料。.

（4）炸药用量，以2号岩石硝铵炸药为准，若使用其他品种的炸药，其用量应进行换算。

2. **紧邻水平建基面的爆破**

（1）紧邻水平建基面爆破效果，除其开挖偏差应符合基本的规定外，还不应使建基面岩体产生大量爆破裂隙，以及使节理裂隙面、层面等软弱面明显恶化，并损害岩体的完整性。

（2）紧邻水平建基面的岩体保护层厚度，应由爆破试验确定。

（3）对岩体保护层进行分层爆破，必须遵守下述规定：

第一层：炮孔不得穿入距水平建基面1.5m的范围；炮孔装药直径不应大于400mm；应采用梯段爆破方法。

第二层：对节理裂隙不发育、较发育、发育和坚硬的岩体，炮孔不得穿入距水平建基面0.5m的范围；对节理裂隙极发育和软弱的岩体，炮孔不得穿入距水平建基面0.7m的范围。

炮孔与水平建基面的夹角不应大于60°，炮孔装药直径不应大于32mm。应采用单孔起爆方法。

第三层：对节理裂隙不发育、较发育、发育和坚硬、中等坚硬的岩体，炮孔不得穿过水平建基面；对节理裂隙极发育和软弱的岩体，炮孔不得穿入距水平建基面0.2m的范围，剩余0.2m的岩体应进行撬挖。

炮孔角度、装药直径和起爆方法，均同第二层的规定。

3. **特殊部位附近的爆破**

（1）如需在新浇筑大体积混凝土附近进行爆破，必须进行试验后确定。

（2）如需在新灌浆区、新预应力锚固区、新喷锚（或喷浆）支护区等部位附近进行爆破，必须通过试验证明可行，并经主管部门批准。

四、喷锚支护质量控制与评定

1. 一般原则和要求

（1）采用锚喷支护应按有关规范进行施工，搞好光面爆破。

（2）锚喷支护用的锚杆材质和砂浆标号必须符合设计要求。

1）钢筋应调直、除锈、去污；水泥应选用新鲜的标号不低于 425 号的普通硅酸盐水泥。

2）掺用的速凝剂、早强剂及减水剂等严禁含有对锚杆有腐蚀作用的化学成分。速凝剂初凝时间不大于 5min，终凝时间不大于 10min。

（3）锚孔内岩粉和积水必须清除干净，砂浆锚杆宜采用"先注浆后插杆"的程序。预应力锚杆宜采用"先安锚杆后注浆"的程序。锚孔注浆必须饱满。

（4）喷混凝土用的混合材料拌制和使用，必须符合规范规定，严格按照试验配比单配料。

喷混凝土应分层进行，两层间隔时间超过 1.0h，应把喷层表面的乳膜、浮尘等杂物冲洗干净，并做好喷层养护工作和冬季施工的保温工作。

2. 质量检查内容和质量标准

（1）砂浆锚杆、预应力锚杆质量检查项目和标准（表8-2）

表8-2　砂浆锚杆、预应力锚杆质量检查项目和标准

检查项目	质量标准
△锚杆材质和砂浆标号	符合设计要求
孔位偏差	小于10cm
孔轴方向	垂直岩壁或符合设计要求
孔深偏差	±5cm
△锚孔清理	无岩粉、积水
△砂浆锚杆抗拔力	符合设计和规范要求
△预应力锚杆张拉力	符合设计和规范要求

（2）喷射混凝土质量检查项目和标准（表8-3）

表8-3　喷射混凝土质量检查项目和标准

项目	质量标准	
	优良	合格
△喷射混凝土性能	符合设计要求	符合设计要求

项目		质量标准	
		优良	合格
喷射混凝土厚度不得小于设计厚度的	水工隧洞	80%及其以上	70%及其以上
	非过水隧洞	80%及其以上	60%及其以上
△喷层均匀性（现场取样检查）		无夹层、包砂	个别处有夹、包砂
喷层表面整体性		无裂缝	个别处有细微裂缝
△喷层密实情况		无渗水滴水	个别点渗水
喷层养护		养护、保温好	养护、保温一般

（3）检查数量

1）锚杆的锚孔采用抽样检查，数量为10%～15%，但不少于20根；锚杆总量少于20根时，进行全数检查（2～5项）。每批喷锚支护锚杆施工时，必须进行砂浆质量检查。

2）锚杆的抗拔力、张拉力检查。每300～400根（或按设计要求）抽样不少于一组（3根）。

3）喷混凝土。每20～50m（水工隧洞为20m）设置检查断面一个，检测点数不少于5个。每100m³喷混凝土的混合料试件数不少于2组（每组3块），做喷混凝土性能试验。

3. 质量评定

（1）砂浆、预应力锚杆在主要检查项目符合标准的前提下，凡其他检查项目点总数中有70%及其以上符合上述标准的，即评为合格；有90%及其以上符合上述标准的，即评为优良。

（2）喷混凝土在喷混凝土的抗压强度保证率达到85%及其以上的前提下，凡主要检查项目符合上述合格或优良标准，其他检查项目检测点总数中有70%及其以上符合上述合格标准的，即评为合格。

五、疏浚工程质量控制

1. 一般原则和要求

（1）河道疏浚工程，应根据设计要求进行，原则上不应有欠挖。

（2）超深、超宽不应危及堤防、护坡及岸边建筑物的安全。

（3）对于回淤比较严重的河道或感潮河段应根据设计要求和机械性能结合实际

专门制定标准；河道疏浚工程开挖的弃土应输送到指定地点。

（4）由于设备性能所限，边坡如按梯形断面开挖时，可允许下超上欠，其断面超、欠面积比应大于 1，并控制在 1.5 以内。

2. 质量检查内容和质量评定标准

（1）开挖横断面每边最大允许超宽值（表 8-4）

表8-4　开挖横断面每边最大允许超宽值

挖泥船类型	机具规格		最大允许超宽（m）
绞吸式	绞刀直径	＞2m	1.5
		1.5 ~ 2m	1
		1.5m以下	0.5
链斗式	斗容量	0.5m³以上	1.5
		0.5m³及其以下	1
铲扬式	斗容量	2m³以上	1.5
		2m³及其以下	1
抓斗式	斗容量	4m³以上	1.5
		2 ~ 4m³以上	1
		2m³以下	0.5

（2）最大允许超深值（表 8-5）

表8-5　最大允许超深值

挖泥船类型	机具规格		最大允许超宽（m）
绞吸式	绞刀直径	2m以上	0.6
		1.5 ~ 2m	0.5
		1.5m以下	0.4
链斗式	斗容量	0.5m³以上	0.4
		0.5m³及其以下	0.3
铲扬式	斗容量	2m³以上	0.5
		2m³及其以下	0.4
抓斗式	斗容量	4m³以上	0.8
		2 ~ 4m³以上	0.6
		2m³以下	0.4

（3）欠挖极限值

未达到设计深度的欠挖点，如不能满足下列各条规定时，应进行返工处理：

1）欠挖值小于设计水深的5%，不大于30cm。

2）横向浅埂长度小于挖槽设计底宽的5%，不大于2m。

3）纵向浅埂长度小于2.5m。

（4）检查数量

以检查疏浚的横断面为主，横断面间距宜为50m，检测点间距为2~5m，必要时可检测河道纵剖面，以进行复核。

（5）质量评定

检测点不欠挖，超宽超深值在允许范围内，即为合格点。

凡单元工程范围内，检测合格点占总检测点数的90%及其以上，即评为合格；检测合格点占总检测数的90%及其以上的，即评为优良。

第九章　水工混凝土与水工碾压混凝土工程质量控制技术

第一节　水工混凝土工程质量控制技术

一、组成混凝土材料的质量检验

1. 水泥

（1）水泥品质应符合现行的国家标准及有关部颁标准的规定。每一个工程所用水泥品种以 1 ~ 2 种为宜，并应固定供应厂家。有条件时优先选用散装水泥。

（2）选用的水泥强度等级应与混凝土设计强度等级相适应。水位变化区、溢流面及经常受水流冲刷部位、抗冻要求较高的部位，宜使用较高强度等级的水泥。

（3）运至工地的每一批水泥，检验其生产厂家的出厂合格证和品质试验报告，作为质量检查验收资料保存。

（4）抽样时按每 200 ~ 400t 同厂家、同品种、同强度等级的水泥为一组试样，每进一批水泥不足 200t 时也按一组试样取样送检。

（5）先出厂的水泥应先用。袋装水泥储运时间超过 3 个月，散装水泥超过 6 个月，使用前应重新检验。

2. 骨料（中间产品）

（1）骨料的分类

1）骨料的分类（表 9-1）

2）细骨料有人工砂和天然砂

粗砂：细度模数为 3.7 ~ 3.1；平均粒径大于 0.5mm。

中砂：细度模数为 3.0 ~ 2.3；平均粒径为 0.5 ~ 0.35mm。

细砂：细度模数为 2.2 ~ 1.6；平均粒径为 0.35 ~ 0.25mm。

表9-1 混凝土中间产品（骨料）的分类

名称	说明
细骨料	在混凝土中，粒径为0.15～5mm的骨料称为细骨料
	按来源分为人工砂和天然砂，一般采用天然砂
	人工砂是指经过人工加工制成的砂料（如陶砂），天然砂是指由岩石风化后形成，以石英为主要成分，有河砂、海砂和山砂
粗骨料	在混凝土中，粒径大于5mm的骨料称为粗骨料
	通常常用的粗骨料有卵石和碎石两种

特细砂：细度模数为1.5～0.7；平均粒径小于0.25mm。

①天然砂有河砂、海砂和山砂，河砂和海砂因生成过程中受水的冲刷，颗粒形成较圆滑，质地紧固，但海砂内常夹有疏松的石灰质贝壳碎屑，会影响混凝土的强度；山砂系岩石风化后在原地沉积而成，其颗粒多棱角，并含有黏土及有机质杂质，因此，河砂的质量较好。

②用粗砂配制混凝土，用水量少，强度高，但和易性较差；用细砂配制混凝土，用水量多，和易性好，但强度较差．因此采用中砂最为合适。

3）粗骨料有卵石和碎石

①卵石系天然岩石风化而成，依产地和来源不同，可分为河卵石、海卵石和山卵石。河卵石和海卵石较纯净，颗粒光洁圆滑，大小不等，不需加工即可利用，配制成的混凝土流动性好、孔隙率小、水泥用量较少等优点，但与水泥浆的黏结力稍差。山卵石则常掺有较多杂质，颗粒表面较粗糙，与水泥浆的黏结力较好。一般采用的卵石规格为5～150mm。

②碎石系坚硬岩石由机械或人工破碎而成。碎石的强度大而均匀，表面粗糙，与水泥浆黏结力强，在水泥标号和水灰比相同的条件下，碎石混凝土的强度比卵石混凝土的高，但由它拌和的混凝土的可塑性小，和易性稍差。

（2）砂石骨料生产质量标准

1）一般原则和要求

①骨料的料源、质量，在施工前应进行详细地调查和取样试验，并在保证质量的前提下，根据技术经济比较，拟定使用平衡计划，避免在施工过程中产生失误。

②骨料应根据优质、经济、就地取材的原则进行选择。骨料中含有活性骨料、黄锈时必须进行专门试验论证。

③砂料应质地坚硬、清洁、级配良好。使用山砂、特细砂，应经过试验论证。

砂的细度模数宜在 2.4 ~ 2.8 范围内。天然砂宜按粒径分级，人工砂可不分级。

④冲洗、筛分骨料时，应控制好筛分进料量、冲洗水压和用水量、筛网的孔径与倾角等，以保证各级骨料的成品质量符合要求。

⑤砂石骨料运距较远，转运次数较多时，为保证砂石骨料质量，应考虑增设缓衡装置或二次筛分设施。

2）质量检查内容和质量标准

砂料的质量检查项目和标准，见表 9-2。

表 9-2　砂料的质量检查项目和标准

检查项目	质量标准
天然砂中含泥量（%）	< 3，其中黏土含量 < 1
△天然砂中泥团含量	不允许
△人工砂中石粉含量（%）	6 ~ 12（指颗粒 < 0.15mm）
坚固性（%）	< 10
云母含量（%）	< 2
密度（t/m³）	> 2.5
轻物质含量（%）	< 1
硫化物及硫酸盐含量，按重量折算成 SO_3（%）	< 1
△有机质含量	浅于标准色

注：标有△为主要检查项目。

粗骨料的质量检查项目和标准，见表 9-3。

表 9-3　粗骨料的质量检测项目和标准

检查项目	质量标准
超径	原孔筛检验 < 5%，超逊径筛检验 0
逊径	原孔筛检验 < 10%，超逊径筛检验 < 2
含泥量（%）	D20、D40 粒径级 < 1，D80、D150（或 D120）粒径级 < 0.5
△泥团	不允许
△软弱颗粒含量（%）	< 5
硫化物及硫酸盐含量按重量折算成 SO_3（%）	< 0.5
△有机质含量	浅于标准色

续表

检查项目	质量标准
密度（t/m³）	＞2.55
吸水率（％）	D20、D40＜2.5，D80、D150＜1.5
△针片状颗粒含量（％）	＜15，有试验论证，可以放宽至25

注：标有△为主要检查项目。

3）检查数量

按月或按季度进行抽样检查分析，一般每生产500m³砂石骨料，在净料堆放场取一组样，总抽样数量：按月检查分析，不少于10组；按季度检查分析，不少于20组。

4）质量评定

综合分析抽样检查成果时，应分规格评定质量。凡抽样检查中主要检查项目全部符合标准，任一种规格的其他检查项目有90％及其以上的检查点符合上述标准的，即评为优良；有70％及其以上的检查点符合标准的，即评为合格。

二、水工混凝土拌和（中间产品）质量标准

1. 一般原则和要求

（1）所选用的混凝土拌和设备能力，必须与浇筑强度相适应，以确保混凝土施工的连续性；拌制混凝土时，必须严格遵守试验室签发的配料单进行称量配料，严禁擅自更改。

（2）应采取措施保护砂石骨料含水量的稳定，定时测定含水情况，降雨时应增加测定次数。

（3）混凝土纯拌和时间必须符合规范要求，掺混合料、减水剂、引气剂及加冰时，宜延长拌和时间。见表9-4。

表9-4　混凝土最少拌和时间

拌和机容量Q（m³）	最大骨料粒径（mm）	最少拌和时间（s）	
		自落式拌和机	强制式拌和机
0.8≤Q≤1	80	90	60
1≤Q≤3	150	120	75
Q≥3	150	150	90

2. 质量检查内容和质量标准

（1）混凝土拌和质量的检查项目和标准（表9-5）

表9-5　混凝土拌和质量的检查项目和标准

项目	质量标准	
	优良	合格
Δ原材料称量偏差符合规范要求的频率	90%及其以上	70%及其以上
砂子含水量（控制在6%以内）的频率	90%及其以上	70%及其以上
Δ符合规定拌和时间的频率	100%	100%
混凝土坍落度符合设计要求的频率	80%及其以上	70%及其以上
Δ混凝土水灰比符合设计要求的频率	90%及其以上	80%及其以上
混凝土出机口温度，符合设计要求的频率	80%及其以上	70%及其以上
	高1～2℃	高2～3℃

注：标有Δ为主要检查项目。

1）在混凝土拌和生产中，应对各种原材料的配料称量进行检查并记录，每8h不应少于2次。

2）混凝土拌和时间，每4h应检测1次。

3）混凝土坍落度每4h应检测1～2次。其允许误差应符合表9-6的规定；混凝土拌和物温度、气温和原材料温度，每4h应检测1次

表9-6　混凝土坍落度允许误差

坍落度	允许偏差（cm）	坍落度	允许偏差（cm）
≤4	±1	4～10	±2
>10	±3	—	—

（2）混凝土试块质量检查项目和标准（表9-7）

表9-7　混凝土试块质量检查项目和标准

检查项目	质量标准	
	优良	合格
任何一组试块抗压强度最低不得低于设计标号的	90%	85%
Δ无筋（或少筋）混凝土强度保证率	85%	80%

检查项目		质量标准	
		优良	合格
Δ配筋混凝土强度保证率		90%	85%
混凝土抗拉、抗渗、抗冻指标		不低于设计标号	不低于设计标号
混凝土抗压强度的离差系数	<200号	<0.18	<0.22
	≥200号	<0.14	<0.18

注：标有Δ为主要检查项目。

（3）检查数量

混凝土拌和各检查项目检测次数，按施工规范和设计要求，但月内每项检测次数不得少于30次。

同一标号混凝土取样（包括机口和仓面）数量见表9-8。

表9-8　混凝土取样数量

项目		28d龄期	设计龄期
抗压	大体积混凝土	每500m³取试件3个	每1000m³取试件3个
	非大体积混凝土	每100m³取试件3个	每200m³取试件3个
抗拉强度		每2000m³取试件3个	每3000m³取试件3个

（4）质量评定

1）一般按月（或季）评定混凝土拌和质量。凡主要检查项目符合上述优良标准，其他检查项目符合上述合格标准的，即评为优良；凡主要检查项目符合上述合格标准，其他检查项目基本符合上述合格标准的，即评为合格。

2）一般按月（季）分标号评定混凝土试块质量。凡主要检查项目符合上述优良标准，其他检查项目符合合格标准的，即评为优良；凡主要检查项目符合上述合格标准的，其他检查项目也符合上述合格标准的，即评为合格。

3）混凝土拌和质量评定：在同一月（或季）内任一标号混凝土，凡混凝土拌和质量优陡或合格，混凝土试块质量优良，即评为优良；凡混凝土试块质量均为合格，即评为合格。三、混凝土浇筑工序质量检查评定

单元工程划分：按混凝土浇筑仓号，每一仓号为一个单元工程；排架、柱、梁等按一次检查验收的若干个柱、梁为一个单元工程。

混凝土单元工程的质量标准由基础面或混凝土施工缝处理、模板、钢筋、止水、

伸缩缝和坝体排水管及混凝土浇筑等工序的质量标准组成。

1. 基础面或伸缩缝处理

（1）质量检查内容和质量标准（表9-9）

表9-9　基础面或混凝土施工缝处理

检查项目		质量标准
基础岩面	△建基面	无松动岩块
	△地表水和地下水	妥善引排或封堵
	岩面清洗	清洗洁净、无积水、无积渣杂物
混凝土施工缝	△表面处理	无乳皮，成毛面
	混凝土表面清洗	清洗洁净、无积水、无积渣杂物
软基面	△建基面	预留保护层已挖除，地质符合设计要求
	垫层铺垫	符合设计要求
	基础面清理	无乱石、杂物，坑洞分层回填夯实

注：标有△为主要检查项目。

（2）质量评定

开仓前最后一次检查，在主要检查项目符合本标准的前提下，凡其他检查项目基本符合上述标准，已同意验收的，即评为合格；凡其他检查项目全部符合上述标准的，即评为优良。

2. 止水、伸缩缝和坝体排水管

（1）一般原则和要求

1）水工建筑物中的止水、伸缩缝和坝体排水系统属于隐蔽工程，在整个施工过程中，必须加强监督检查和认真保护，防止损坏和堵塞，确保施工质量。

2）止水、伸缩缝和排水系统的形式、结构尺寸及材料品质、规格等，均必须符合设计要求。

3）沥青及混合物的原材料和配合比，在使用前需通过试验确定。

4）金属止水片的几何尺寸必须符合设计图纸，无水泥砂浆浮皮、浮锈、油漆、油渍等杂物，搭接焊必须采用双面氧焊，焊接牢固、焊缝无砂眼裂纹。严禁在金属片上穿孔。

5）塑料和橡胶止水片的安装，应采取措施防止变形和撕裂；预制的多孔混凝土排水管，必须达到设计强度后才能安装。

（2）质量检查内容和质量标准

1）金属止水片和塑料、橡胶止水的安装质量标准，见表9-10。

表9-10　金属止水片和橡胶、塑料止水的安装质量标准

检查项目		允许偏差（mm）
金属止水片的几何尺寸	宽	±5
	高（牛鼻子）	±2
	长	±20
△金属止水片搭接长度		不小于20，双面氧焊
安装偏差（大体积混凝土细部结构）		±30（20）
△插入基岩部分		符合设计要求

注：标有△为主要检查项目。

2）伸缩缝的制作及安装质量标准，见表9-11。

表9-11　伸缩缝的制作及安装质量标准

检查项目	质量标准
涂敷沥青料	混凝土表面洁净干燥，涂刷均匀平整，与混凝土黏结紧密，无气泡及隆起现象
贴沥青油毛毡	伸缩缝表面清洁干燥，蜂窝麻面处理并填平，外露施工铁件割除，铺设厚度均匀平整，搭接紧密
铺设预制油毡板	混凝土表面清洁，蜂窝麻面处理并填平，外露施工铁件割除，铺设厚度均匀平整、牢固，相邻块安装紧密平整无缝
△沥青井、柱安装	电热元件及绝缘材料置放准确牢固、不短路，沥青填塞密实，安装位置准确、稳固，上下层衔接好

3）坝体排水管安装质量标准，见表9-12。

表9-12　坝体排水管安装质量标准

检查项目		允许偏差（mm）
管排水管	平面位置	不大于10
	倾斜度	不大于4%
多孔性排水管	平面位置	不大于10
	倾斜度	不大于4%
△排水管畅通性		畅通

注：标有△为主要检查项目。

（3）检查数量

一单元工程中若同时有止水、伸缩缝和坝体排水管三项，则每一单项的检查（测）点不少于 8 个，总检查（测）点数不少于 30 个；若只有其中的一项或两项，总检查（测）点数不少于 20 个。

（4）质量评定

在主要检查项目符合本标准的前提下，凡检查（测）点总数中有 70% 及其以上符合上述标准的，即评为合格；凡有 90% 及其以上符合上述标准的，即评为优良。

3. 混凝土浇筑

（1）一般原则和要求

1）混凝土的生产和原材料的质量均应符合规范和设计要求。

2）所选用的混凝土浇筑设备能力，必须与浇筑强度相适应，以确保混凝土施工的连续性。如因故中止，且超过允许间歇时间，则必须按工作缝处理。

3）浇筑混凝土时，严禁在途中和仓内加水，以保证混凝土质量。

4）浇入仓内的混凝土，应注意平仓振捣，不得堆积，严禁滚浇；为了防止混凝土裂缝，夏季和冬季混凝土施工，其温度控制标准，应符合有关设计文件规定，并应加强混凝土养护和表面保护。

（2）质量检查内容和控制标准

1）混凝土浇筑质量检查内容和标准，见表 9-13。

表9-13　混凝土浇筑质量检查项目和标准

检查项目	质量标准	
	优良	合格
砂浆铺筑	厚度不大于3cm，均匀平整、无漏铺	厚度不大于3cm，局部稍差
△入仓混凝土料	无不合格料入仓	少量不合格料入仓，经处理尚能基本满足设计要求
△平仓分层	厚度不大于50cm，铺设均匀分层清楚，无骨料集中现象	局部稍差
△混凝土振捣	垂直插入下层5cm，有次序，无漏振	无架空和漏振
△铺料间歇时间	符合要求，无初凝现象	上游迎水面15cm以内无初凝现象，其他部位初凝累计面积不超过1%并经过处理合格
积水和泌水	无外部水流入泌水及时排除	无外部水流入，有少量泌水，排除不够及时

检查项目	质量标准	
	优良	合格
插筋、管路等埋设件保护	保护好，符合要求	有少量位移，但不影响使用
混凝土养护	混凝土表面保持湿润无时干时湿现象	混凝土表面保持湿润但局部短时间有时干时湿现象

注：标有△为主要检查项目。

2）混凝土结构物体的表面和内部质量缺陷检查项目和标准，见表9-14。

表9-14　混凝土质量缺陷检查项目和标准

检查项目	质量标准	
	优良	合格
△有表面平整要求的部位	符合设计规定	局部稍超出规定，但累计面积不超过0.5%
麻面	无	少量麻面，但累计面积不超过0.5%
蜂窝	无	轻微、少量、不连续，单个面积不超过$0.1m^2$深度不超过骨料最大粒径，已按要求处理
△漏筋	无	无主筋外露，箍、副筋个别外露，已按要求处理
碰损掉角	无	重要部位不允许，其他部位轻微、少量，已按要求处理
表面裂缝	无	有短小、不跨层的表面裂缝，已按要求处理
△深层及贯穿裂缝	无	无

注：标有△为主要检查项目。

（3）检查数量

按混凝土浇筑时和拆模后分别进行检查。

（4）质量评定

凡主要检查项目全部符合上述合格标准，其他检查项目基本符合上述合格标准的，即评为合格；凡主要检查项目全部符合上述优良标准，其他检查项目符合上述优良或合格标准的，即评为优良。

混凝土单元工程质量评定：在上述基础岩面，混凝土施工缝，模板，钢筋，止水、伸缩缝和坝体排水管，混凝土浇筑5项全部达到合格的基础上，凡混凝土浇筑、钢筋两项达到优良，其余3项中有任意一项达到优良，则该混凝土单元工程即评为优良，否则只能评为合格。

四、钢筋混凝土预制构件安装工程

单元工程划分：按施工检查质量评定的根、套、组划分，每一根、套、组预制构件安装为一个单元工程。

1. 一般原则和要求

（1）构件吊装时的混凝土强度，必须符合设计要求。如设计无规定时，不得低于设计标号的70%。

（2）吊装时，构件型号、安装位置应符合设计要求，吊装后的构件，不应出现扭曲、损坏现象。构件与底座、构件与构件的连接应符合设计要求。

2. 质量检查内容和质量标准

（1）构件安装质量检查项目和标准，见表9-15。

表9-15 构件安装质量检查项目和标准

检查项目	质量标准
△构件型号和安装位置	符合设计图纸
△构件吊装时的混凝土强度	符合设计图纸

（2）构件安装质量检测项目和标准，见表9-16。

表9-16 构件安装质量检测项目和标准

检查项目			允许偏差（mm）
杯型基础	中心线和轴线的位移		±10
	杯形基础底标高		0 ~ -10
柱	中心线和轴线的位移		±5
	垂直度	柱高10m以下	10
		柱高10m及其以上	20
	牛腿上表面和柱顶标高		±8
吊车梁	中心线和轴线的位移		±5
	梁顶面标高		10 ~ -5
屋架	下弦中心线和轴线位移		±5
	垂直度	桁架、拱形屋架	1/250屋架高
		薄复梁	5

续表

检查项目		允许偏差（mm）
预制廊道、井	中心线和轴线的位移	±20
筒板（埋入建筑物）	相邻两构件的表面平整	10
建筑物外	相邻两板面高差	3（局部5）
表面模板	外边线与结构物边线	±10

3. 检查数量

按要求逐项检查，总检测点数量不少于 20 个。

4. 质量评定

构件安装质量评定，在主要检查项目符合本标准的前提下，凡检测总点数中 70% 及其以上符合上述标准的，即评为合格；凡有 90% 及其以上符合上述标准的，即评为优良。

第二节　水工碾压混凝土工程质量控制技术

一、碾压混凝土工程概述

1. 概述

碾压混凝土筑坝技术的基本特点是：使用硅酸盐水泥、火山灰质掺和料、水、外加剂、砂和分级控制的粗骨料拌制成无坍落度的干硬性混凝土，采用与土石坝施工相同的运输及铺筑设备，用振动碾分层压实。碾压混凝土坝既具有混凝土体积小、强度高、防渗性能好、坝身可溢流等特点，又具有土石坝施工程序简单、快速、经济、可使用大型通用机械的优点。

碾压混凝土坝大体分为两类：一类以日本"金包银"模式为代表的 RCD，采用中心部分为碾压混凝土填筑，外部用常态混凝土（一般厚为 2 ~ 3m）防渗和保护。另一类为全碾压混凝土坝，称为 RCC，其结构简单，施工机械化强度高。

2. 碾压混凝土筑坝技术的发展

我国碾压混凝土筑坝技术已经非常成熟，达到世界先进及领导水平：①我国已建工程最多，在建及规划设计中的工程最多；②已建、在建的不少工程代表了国际最先进的水平。例如，沙牌：坝高 132m，是目前世界上最高的碾压混凝土拱坝；龙首：坝高 80m，是在建的最高碾压混凝土薄拱坝，厚高比 0.17 的双曲拱坝。

二、碾压混凝土的质量检查内容

1. 原材料

（1）检查水泥的标号和品种是否符合有关规定，水泥是否有出厂合格证，复验报告，水泥的各项技术性能指标是否满足规定要求。

（2）检查细骨料（砂）的细度模数及其他质量指标是否符合有关规定。

（3）检查掺合料的料源是否充足，品质如何，抽查材质试验报告。

2. 配合比

（1）检查碾压混凝土的配合比是否满足工程设计的各项指标及施工工艺要求。

（2）检查碾压混凝土配合比设计方案及其报告。

3. 碾压混凝土拌和

（1）检查计量器具及其使用情况，抽查配料各种称量偏差是否在允许值范围内。

（2）检查碾压混凝土拌和质量，投料顺序和拌和时间是否由试验室确定。

4. 碾压混凝土的运输

（1）检查运输能力及卸料条件是否满足工程施工要求。

（2）检查运输工具和运输道路是否满足运送碾压混凝土的要求。

5. 碾压混凝土入仓

（1）检查碾压混凝土与基岩结合面的处理情况。

（2）检查碾压混凝土铺筑用的模板是否满足碾压混凝土施工的要求。

（3）检查入仓方式、平仓厚度是否符合有关规定，抽查碾压试验报告。

6. 碾压

（1）检查碾压设备的规格、型号能否满足工程施工要求。

（2）碾压遍数和碾压方式是否达到碾压试验的要求。

（3）检查碾压后的混凝土容重指标是否符合有关规定。

7. 缝面处理

（1）检查造缝是否符合有关规定。

（2）检查填缝材料及其处理方式是否符合规定要求。

（3）检查施工缝或冷缝层面处理是否符合要求。

8. 异种混凝土浇筑

检查常态混凝土与碾压混凝土交接处处理是否满足规定要求。

9. 养护与防护

（1）检查碾压混凝土养护是否符合要求。

（2）冬季施工时，要检查碾压混凝土的保温措施是否可靠。

10. 其他

（1）检查水工碾压混凝土工程的几何尺寸和外观质量。

（2）水工碾压混凝土工程质量事故的调查与处理。

（3）重要隐蔽工程和关键部位单元工程的验收签证。

（4）外观质量评定；对单位工程和重要分部工程的质量等级进行核定。

三、碾压混凝土的质量控制要点

1. 对原材料的质量控制要点

（1）宜优先选用散装水泥，水泥的品种，宜选用硅酸盐水泥、普通硅酸盐水泥、中热硅酸盐水泥。水泥标号不宜低于 425 号。其品质应符合现行国家标准及部颁标准。

（2）碾压混凝土应选用质地坚硬、级配良好的细骨料。人工砂细度模数宜在 2.2 ~ 2.9 之间，天然砂细度模数宜在 2.0 ~ 3.0。应严格控制超径颗粒含量。使用细度模数小于 2.0 的天然砂，应经过试验论证。

人工砂的石粉（$d < 0.16$mm 的颗粒）含量宜控制在 10% ~ 22%，最佳石粉含量应通过试验确定。

天然砂的含泥量（$d < 0.08$mm 的颗粒）应不大于 5%。

（3）选择碾压混凝土粗骨料的级配及最大粒径时，应进行技术经济比较。一般以 80mm 为宜。

（4）施工前应做好掺合料料源的调查研究和品质试验。

2. 碾压混凝土拌和的质量控制要点

（1）拌和前应对搅拌设备的各种称量装置进行检定，达到称量精度后，方可投入使用。

（2）碾压混凝土应充分搅拌均匀，其投料顺序和拌和时间由现场试验选定。当采用倾翻自由式搅拌机时，拌和时间一般需比常态混凝土延长 1min 左右。

（3）搅拌楼应有快速测定细骨料含水量的装置；搅拌过程中应经常观察灰浆在搅拌机叶片上黏结情况，若黏结严重，应及时清理。

（4）卸料斗之出料口与运输工具之间的落差应尽量缩小，并不宜大于 2m。

3. 铺筑前准备的质量控制要点

（1）碾压混凝土铺筑前，基岩面上应先浇筑一层常态混凝土。

（2）碾压混凝土铺筑用的模板，宜采用悬臂钢模板或其他便于振动碾作业的模板。

4. 卸料与摊铺的质量控制要点

（1）碾压混凝土宜均衡、连续地铺筑。铺筑层的高度一般由混凝土的拌制及铺筑能力、温度控制、坝体分块形状和尺寸、细部结构等因素确定。

（2）当采用自卸汽车直接进仓卸料时，宜采用退浇法依次卸料；其摊铺方向一般与坝轴线方向垂直。卸料堆旁出现的分离骨料，应用其他机械或人工将其均匀地摊铺到未碾压的混凝土面上。

（3）严禁不合格的混凝土进入仓内；已进入的应作处理，直到施工监督人员认可后，方可继续进行混凝土铺筑。

（4）碾压混凝土应采用薄层平仓法，平仓厚度宜控制在 17 ~ 34cm 范围，如经试验论证，能保证质量，也可适当放宽。

（5）混凝土应在卸料处就地摊铺开，用平仓机平仓并辅以少量人工拿掀将其摊平。平仓机操作手应按"少刮、浅推、快提、快下"的操作要领进行作业，并避免急转弯。

（6）平仓方向的选择，主要以减少分离为原则，避免在行车路线之间造成沟槽。平整过的仓面应平整、无坑洼、高程一致。

5. 碾压施工的质量控制要点

（1）适合于压实堆石的振动碾均可用于碾压混凝土。

（2）在坝体迎水面 3m 范围内，碾压方向宜与水流方向垂直，其他范围不限。

（3）碾压时，先无振碾压两遍，然后按要求的振动碾压遍数进行碾压；各碾压条带应重叠 20cm 左右。碾压遍数依振动压实设备的型号和尺寸、碾压层厚度以及混凝土的配合比，经现场试验确定，一般情况下有振碾压不少于 8 遍。

（4）碾压过程中用表面型核子密度仪测得的容重值已达到规定指标时，则表明该部位的混凝土已充分压实，无须再增加压实遍数。

（5）振动碾的行走速度宜采用 1km/h 左右；如经论证，也可适当提高。

（6）混凝土拌和物从拌和到碾压完毕的历时以不超过两小时为宜。

（7）碾压层的允许间隔时间（系指从下层拌和物出机时起到上层混凝土碾压完毕止）宜控制在混凝土的初凝时间以内。

（8）建筑物边部的碾压混凝土，可采用小型振动碾或振动夯压实。

（9）压实过程中应注意：

当混凝土表面出现裂纹时，须在有振碾压后增加两遍无振碾压；当混凝土表面出现不规则、不均匀回弹或塑性迹象时，须检查拌和的均匀性，运输和平仓过程中的分离程度，及时采取措施（包括修改配合比等），予以纠正。

6. 缝面处理的质量控制要点

（1）碾压混凝土坝施工一般不设纵缝，横缝可采用振动切缝机等造缝。

（2）切缝一般采用"先切后碾"，也可"先碾后切"。填缝材料可用 0.2mm 厚的镀锌铁片或其他材料。

（3）施工缝或冷缝层面必须进行刷毛或冲毛。以清除表面上的乳皮和松动骨料，再铺 1.5cm 厚、高于混凝土设计标号的砂浆或同标号小骨料的碾压混凝土后，方可摊铺新的混凝土。

（4）刷毛或冲毛时间可依施工季节和混凝土标号等条件，通过试验确定。

（5）冲毛或刷毛的质量标准以清除混凝土表面灰浆和露出石子为准。已处理好的施工缝或冷缝层面应保持洁净和湿润状态，不得有污染、干燥面和积水。

（6）因施工计划、降雨或其他原因而停止铺筑混凝土时，其施工接缝表面应做成斜坡，坡度以采用 1:4 为宜；正在铺筑或铺筑完毕但未到终凝时间的仓面，应防止外来的水流入。

7. 异种混凝土浇筑的质量控制要点

（1）在靠近模板、廊道、止水设施和基岩面等处，一般采用常态混凝土。如在靠近模板、廊道处采用碾压混凝土，粗骨料的最大粒径不宜大于 40mm。

（2）同一仓号内常态混凝土与碾压混凝土的浇筑顺序，可依施工条件而定；但两者必须连续地进行，相接部位的压实工作，必须在先浇的混凝土初凝前完成。

（3）常态混凝土与碾压混凝土的结合部位须认真处理，碾压混凝土如在上部时，振动碾碾压范围超出碾压混凝土 20cm，常态混凝土如在上，用振捣器斜振范围超出常态混凝土 20cm。

8. 养护和防护的质量控制要点

（1）碾压混凝土的铺筑仓面宜保持湿润；碾压混凝土的养生期应比常态混凝土略长，对于永久暴露面一般应维持 3 周以上。对于水平施工层面应维持到上一层碾压混凝土开始铺筑为止。

（2）碾压混凝土冬季施工时，应采取保温措施。拆模时间适当延长。

第十章 灌浆、模板与钢筋工程质量控制技术

第一节 灌浆工程质量控制技术

一、岩石灌浆工序质量控制

1. 灌浆材料的质量控制

灌浆材料主要可分为两类：一类是固体颗粒的灌浆材料，如水泥、黏土、砂等；另一类是化学灌浆浆材，如环氧树脂、聚氨酯、甲凝等。

（1）灌浆用水泥的质量要求

水泥是固粒灌浆材料中的最主要和应用得最广泛的灌浆材料。

水泥的品种很多，灌浆工程所采用水泥的品种应根据灌浆目的、基岩地质条件以及环境水的侵蚀作用等确定，相关技术规范中规定："一般情况下，应采用普通硅酸盐水泥或硅酸盐大坝水泥。当有耐酸或其他要求时，可采用抗酸水泥或其他类特种水泥"，"使用矿渣硅酸盐水泥或火山灰质硅酸盐水泥灌浆时，应得到设计许可。灌浆浆液水灰比不应稀于1：1（质量比）"。

灌浆用水泥应为新鲜水泥，受潮结块的禁止使用。灌浆用水泥应具备的主要条件是强度、细度和耐蚀性。对于强度和细度，技术规范中有明确规定，即"回填灌浆所用的水泥标号不应低于325号，帷幕和固结灌浆所用的水泥标号不应低于425号。坝体接缝灌浆所用的水泥标号不应低于525号"，"帷幕灌浆和坝体接缝灌浆，对水泥细度的要求为通过8μm方孔筛的筛余量不应大于5%；当坝体接缝张开度小于5mm时，对水泥细度的要求为通过71μm方孔筛的筛余量不应大于2%"。

对小于0.2mm宽度的细微裂隙，用一般水泥灌浆是没有显著效果的，这一论点已为实践所证明。这是由于水泥颗粒受到了裂隙宽度限制的缘故。在这种情况下，

进行水泥灌浆，则应采用磨细水泥或超细水泥，即将普通水泥通过各种方法研磨成颗粒更细的水泥。磨细水泥的最大粒径 Dmax 在 35μm 以下，平均粒径 D50 为 6 ~ 10μm。超细水泥 Dmax 在 12μm 以下，D50 为 3 ~ 6μm。

（2）灌浆用砂的质量要求

在灌注大裂隙和溶洞时，为了避免浆液过大的扩散流失和节省水泥，在浆液中常加入砂，制成水泥砂浆或水泥黏土砂浆。砂应为质地坚硬的天然砂或人工砂。砂的粒度，也就是砂的粗细程度，对制成的浆液的性能有很大关系。选用砂的粒度主要应根据灌注岩石中裂隙的宽度、空洞的大小、要求浆液的性能、灌注条件以及灌浆目的等而定。一般要求灌浆用的砂的粒径不大于 1.0mm。

相关技术规范中规定："粒径不宜大于 2.5mm，细度模数不宜大于 2.0,SO_3 含量宜小于 1%，含泥量不宜大于 3%，有机物含量不宜大于 3%。"

（3）粉煤灰的质量要求

粉煤灰为在煤粉炉中燃烧煤时从烟道气体中收集到的细颗粒粉末。灌浆用粉煤灰等级应根据灌浆目的和对浆液的要求而定，一般宜采用 I 级或 II 级。水泥粉煤灰浆中使用的粉煤灰的细度应小于水泥的细度。

（4）黏土和膨润土的质量要求

为了改善浆液性能和节约水泥，在帷幕灌浆，特别是在砂砾石地基帷幕灌浆的浆液中，常常加入黏土。

1）灌浆黏土的技术性能要求。黏土类型有：高岭黏土、蒙脱黏土、伊里黏土。

选择灌浆用的黏土，一般宜注意下述条件：

①塑性指数大于 17。

②黏粒（粒径小于 0.005mm）含量不少于 40% ~ 50%。

③粉粒（粒径 0.005 ~ 0.05mm）含量一般不多于 45% ~ 50%。

④含砂量（粒径 0.05 ~ 0.25mm）不大于 5%。

由于受灌岩层地质条件的不同，对黏土性能指标的要求也应因之而异，目前还没有统一的标准。技术规范中规定：塑性指数大于 14,黏粒含量大于 25%，含砂量小于 5%，有机物含量小于 3%。

有的文献中提出这样的要求：大于 0.1mm 的颗粒含量小于 6%；小于 0.005mm 的颗粒含量大于 50%。

作为附加剂用的膨润土，颗粒愈细愈好，一般黏粒含量宜在 40% 以上，塑性指数宜在 40 以上。

2）膨润土。膨润土作为水泥浆中的外加剂，可以提高浆液稳定性、触变性、降低析水性。作为水泥黏土浆中的掺合料，不仅可以大大地改善浆液性能，而且因其是干料，配浆工艺也简便多了。

一般灌浆工程配制水泥黏土浆用的黏土，往往可以在工程所在地或其附近找到，但优质的膨润土却不是各处都有的。我国辽宁省黑山县、吉林省九台县和山东省黄县、威县，潍坊等地均制备有膨润土成品材料，细度 74pm 筛筛余量小于 5%，小于 0.002mm 的黏粒含量在 40% 以上，液限多为 100 左右或更大些，塑性指数 30 ~ 50，可以散装箱运，也有袋装的，按价出售。使用方便。

（5）水的质量要求

制浆的用水，其品质符合拌制混凝土用水的要求即可。通常供作饮用的自来水及清洁不浊且无显著酸性反应的天然水，均可作为制浆用水。

（6）外加剂的质量要求

1）速凝剂。速凝剂可以加速水泥水化作用的发生，缩短产生水化热时间，增进早期强度。在灌浆工程中，当需要水泥浆早期很快凝结时，可视具体情况，在浆液中掺加一定量的速凝剂。适宜的掺量，应通过试验确定。

在水泥浆中，一般常用的速凝剂有氯化钙、水玻璃（硅酸钠）等。

2）减水剂。减水剂是一种亲水性表面活性的化学剂，其主要作用是可以改善浆体的流动性和分散性。技术规范中明确规定拌制细水泥浆和稳定浆液应加入减水剂和采用高速搅拌机。诸多浆液的室内试验资料和工地施工实践表明，减水剂对改善浆液性能确实起到了很好的作用。近期在灌浆施工中常用的有萘磺酸盐（萘系高效减水剂）和木质素磺酸盐。

高效减水剂常用的有：天津市雍阳减水剂厂生产的 NF 和 UNF 减水剂，大连第二有机化工厂生产的 NF 减水剂；淮南矿务局合成材料厂生产的熊猫牌 NF 减水剂等。木质素磺酸盐常用的是本质素磺酸钙，简称木钙。

3）稳定剂。经常用的是膨润土。

根据对浆液要求和需要，有时还常掺入其他一些外加剂。应注意的是所有外加剂凡能溶于水的均应以水溶液状态加入。

2. 灌注浆液的质量控制

1）黏土浆。黏土浆主要是黏性土（黏土、壤土、砂壤土）与水（有时还添外加剂和掺合料等）经过搅拌分散而成的悬浊的混合体浆液。黏土浆在灌浆和防渗墙工程中的应用有 3 个方面：造孔的泥浆固壁、充填和劈裂灌浆以及黏土防渗墙（泥浆墙）。不同方面的应用对黏性土成分要求也不同。泥浆固壁要求黏土颗粒越多越好，一般用纯黏土和膨润土；灌浆和黏土防渗墙以防渗为目的，用一般黏土（黏粒含量不小于30%总干土重），有时壤土（黏粒含量占10%～30%总土重）也可满足要求。

2）纯水泥浆。以水泥为主料，用水调剂成浆液或根据需要添加一定量的附加剂的浆液为纯水泥浆，是目前工程中最常用的灌浆材料。纯水泥浆的基本性能要求如下：

①配制水泥浆一般按照重量比例配制。水和水泥的配制比例（水灰比、水胶比）变化范围较大，水泥浆的基本性能变化也很大。

②水灰比越小，水泥浆的黏度、密度、结石率、抗压强度越大，凝结时间越短；水灰比越大，黏度、密度、结石率、抗压强度越小，凝结时间越长。

③一般状态水泥浆的水灰比为0.75～1.5比较适宜。水灰比过小太稠，过大太稀，只有在特殊情况下才应用，例如：基岩灌浆开始用稀浆，孔隙比较大时用稠浆。

④纯水泥浆起始水灰比参考表10-1。一般采用先灌稀浆，后灌浓浆。岩层灌浆水灰比变化范围较大，土层中灌浆水灰比变化范围较小，一般为2：1～.5：1。

表10-1　纯水泥浆起始水灰比

单位吸水率［L/（min·m·m）］	起始水灰比	
	破碎岩石	集中漏水
0.01以下	10：1	6：1
0.01～0.10	8：1	4：1
0.10～0.50	6：1	2：1
0.50～2.0	4：1	1：1
2.0以上	2：	0.8：1

3）水泥黏土浆。在水泥中加黏土和水拌制或秸土浆中加水泥配制成水泥黏土浆。黏土掺量视工程实际情况而定，一般黏土掺量占水泥重大于10%，有时黏土掺量是水泥量的3～4倍。水泥黏土浆兼有黏土浆与水泥浆的优点，并且优缺点能得到一定程度的互补。

二、岩石地基固结灌浆控制要点

固结灌浆是对水工建筑物基础浅层破碎、多裂隙的岩石进行灌浆处理，改善其力学性能，提高岩石弹性模量和抗压强度。它是一种比较常用的基础处理方法，在水利水电工程施工中得到广泛应用。

1. 主要技术要求

（1）固结灌浆孔可采用风钻或其他型钻机造孔，终孔孔径不宜小于38mm，孔位、孔向和孔深均应满足设计要求。

（2）固结灌浆应按环间分序、环向加密的原则进行。环间宜分为两个次序，地质条件不良地段可分为 3 个次序。

（3）固结灌浆宜采用单孔灌浆的方法，但在注入量较小地段，同一环上的灌浆孔可并联灌浆，孔数宜为两个，孔位宜保持对称。固结灌浆孔相互串浆时，可采用群孔并联灌注，孔数不宜多于 3 个，并应控制压力，防止混凝土面或岩石面抬动。

（4）固结灌浆孔基岩段长小于 6m 时，可全孔一次灌浆。当地质条件不良或有特殊要求时，可分段灌浆。

（5）固结灌浆压力大于 3MPa 的工程，灌浆孔应分段进行灌浆。灌浆段的划分、灌浆压力的使用以及灌浆工艺的选择，应通过现场灌浆试验确定。固结灌浆浆液比级和变换，可参照帷幕灌浆的规定根据工程具体情况确定。

（6）固结灌浆孔灌浆前的压水试验应在裂隙冲洗后进行，采用单点法。压水试验检查宜在该部位灌浆结束 3 ~ 7d 后进行。检查孔的数量不宜少于灌浆总孔数的 5%。孔段合格率应在 800 以上，不合格孔段的透水率值不超过设计规定值的 500，且不集中，灌浆质量可认为合格。

（7）岩体弹性波速和静弹性模量测试，应分别在该部位灌浆结束 14d 和 28d 后进行。其孔位的布置、测试仪器的确定、测试方法、合格批标以及工程合格标准，均应按照设计规定执行。

（8）灌浆孔灌浆和检查孔检查结束后，应排除孔内积水和污物，采用压力灌浆法或机械压浆法进行封孔，并将孔口抹平。

（9）钻孔相互串浆时，可采用群孔并联灌注，孔数不宜多于 3 个。应控制压力，防止混凝土面或岩石面抬动。

（10）固结灌浆孔应采用压力水进行裂隙冲洗，直至回水清净时止。冲洗压力可为灌浆压力的 80%，该值若大于 1MPa 时，采用 1MPa。地质条件复杂、多孔串通以及设计对裂隙冲洗有特殊要求时，冲洗方法宜通过现场灌浆试验或由设计确定。

2. 固结灌浆效果检查

大坝基础固结灌浆完成后，应当进行灌浆质量和固结效果的检查，经检查不符合要求的地段，根据实地情况，认为有必要时，需加密钻孔，补行灌浆。固结灌浆效果检查，一般应以岩石力学性能的改进程度或所达到的数值为主要标志，渗透性单位吸水量仅可作为间接指标，起辅助性的检查作用，采用后一方法检查，比较简单、易行，所以在一般工程上采用较多。检查的方法，常用的有下列几种：

（1）整理、分析灌浆资料，验证灌浆效果。

1）计算出各次序灌浆孔的单位吸水量和单位注入量的平均值，由其逐序的减少程度，评断灌浆效果。

2）依照不同的灌浆次序，绘制出单位吸水量频率曲线及频率累计曲线、单位注入量频率曲线及频率累计曲线，由其变化情况，评断灌浆效果。

（2）钻设检查孔检查。在单位注入量大的地段或认为灌浆质量有疑问的地段，应钻设检查孔，进行压水试验和灌浆以检查固结灌浆的效果。检查孔的数目，一般可按灌浆孔数的 5%～10% 来控制。

1）做压水试验压水检查工作宜在该部位灌浆结束不少于 3d 后进行。压水试验多选用一个压力阶段，其压力值多与该段同一高程的灌浆压力相同。深孔固结灌浆检查孔压水试验的压力值，可根据工程实际情况确定，当单位吸水量小于规定数值时，认为合格。

2）单位注入量检查孔压水试验完毕后，本孔还需进行灌浆，以其单位注入量值的大小也作为检查固结灌浆的一个标志。有些工程规定：检查孔的单位吸水量和单位注入量均需小于某一规定数值，固结灌浆才被认为是合格。例如某一工程作这样的规定：检查孔的单位吸水量和单位注入量均分别小于 0.03L/（min·m·m）和 25kg/m 时，该区的固结灌浆才算合格。

3）测定弹性模量或弹性波速。鉴定坝基岩石经固结灌浆后其物理力学性能和改进程度，常利用弹性模量（或弹性波速）来表示。用弹性模量检查，宜在该部位灌浆结束不少于 14d 后进行。弹性模量（简称弹模，用 E 表示）测试方法有静力弹性模量（简称静弹模，用 E 表示）和动力弹性模量（简称动弹模，用巴表示）两种。静弹模测试比较复杂，且所测得的数据代表岩体的范围也很小，而动弹测试方法比较简便，速度快，且能反映出深部岩层及较大范围的岩体的弹性模量，故在固结灌浆效果检查中常被广泛采用。

弹性波速度也能间接反映出岩石的物理力学性能，所以有些工程就直接用它来表示岩石经固结灌浆后的效果。

4）钻孔取岩芯、开挖竖井或平洞检查。除上述各项试验检查方法外，还可利用检查孔所采取的岩芯，观察水泥结石充填及胶结情况。根据需要，对岩芯也可进行必要的物理力学性能试验。

在大坝基础深部有危及坝基安全的软弱破碎带，经灌浆处理后，为确定灌浆效果，必要时，也可开挖井洞或钻设大口径钻孔，人员下去，进行实地直观检查。同时，在井、洞内还可做岩石力学性能试验，如测定岩石的弹性模量等。

3. 岩石地基固结灌浆单元工程质量评定

（1）各孔质量评定标准：在主要检验项目符合质量标准的前提下，一般检查项目也全部符合质量标准的检查孔评为优良孔；一般项目基本符合质量标准的检查孔评为合格孔见表10-2。

表10-2　岩石地基固结灌浆单元工程质量标准

项目		质量标准
钻孔	孔序	应符合设计要求
	孔位	应符合设计要求
	△孔深	不得小于设计孔深
灌浆	灌浆分段和段长	应符合设计要求
	钻孔清洗	应符合设计要求
	灌前进行压水试验的孔数和压水试验	孔数不少于总孔数的5%，压水试验应符合设计要求
	△灌浆压力	应符合设计要求
	△浆液变换和结束标准	应符合设计要求
	有无中断及其影响质量程度	应无中断或虽有中断，单经检查分析，尚不影响灌浆质量
	△抬动变形	抬动值不应超过设计规定
	封孔	应符合规范或设计要求
	△灌浆记录	齐全、清晰、准确

注：标有△为主要检查项目。

（2）单元工程效果检查：测量岩体波速和静弹性模量，分别在灌浆结束14d、28d后进行，岩体波速和静弹性模量符合设计规定。

压水试验：检查孔数量不少于灌浆总孔数5%，压水试验在灌浆结束3～7d后进行，检查孔段合格率大于等于80%，不合格孔段透水率小于等于1.59设为合格。

（3）单元工程评定标准：在本单元工程灌浆效果检查符合要求的前提下，灌浆孔全部合格，且优良孔占70%及其以上，即评为优良；若优良孔达不到70%，即评为合格。

三、岩石地基帷幕灌浆质量控制

1. 岩石地基帷幕灌浆的一般规定

（1）蓄水前应完成蓄水初期最低库水位以下的帷幕灌浆及其质量检查和验收工

作。蓄水后，帷幕灌浆应在库水位低于孔口高程时施工。

（2）同一地段的基岩灌浆必须按先固结灌浆后帷幕灌浆的顺序进行。

（3）帷幕灌浆必须按分序加密的原则进行。由三排孔组成的帷幕，应先进行边排孔的灌浆，然后进行中排孔的灌浆。边排孔宜分为三序施工，中排孔可分为二序或三序施工。由两排孔组成的帷幕，宜先进行下游排孔的灌浆，然后进行上游排孔的灌浆。每排孔宜分为三序施工。单排帷幕灌浆孔应分为三序施工。

（4）帷幕灌浆采用自上而下分段灌浆法时，一个坝段或一个单元工程内，后序排上的第一序孔宜在前序排上最后次序孔在岩石中均灌完 15m 后再开始钻进。同一排上相邻的两个次序孔之间，以及后序排上第一次序孔与其相应部位前序排上最后次序孔之间，在岩石中钻孔灌浆的间隔高差不得小于 15m。

（5）帷幕后的主排水孔和扬压力观测孔必须在相应部位帷幕灌浆检查合格后，方可开始钻进；施工中不得在帷幕线上进行可能导致不良后果的灌浆试验。

2. 帷幕灌浆钻孔的质量控制

（1）帷幕灌浆孔宜采用回转式钻机和金刚石钻头或硬质合金钻头钻进；固结灌浆孔可采用各式合宜的钻机和钻头钻进。

（2）帷幕灌浆钻孔位置与设计位置的偏差不得大于 10cm。因故变更孔位时，应征得设计同意。实际孔位应有记录；孔深应符合设计规定。

（3）帷幕灌浆孔宜选用较小的孔径，钻孔孔壁应平直完整；帷幕灌浆钻孔必须保证孔向准确。钻机安装必须平正稳固；钻孔宜埋设孔口管；钻机立轴和孔口管的方向必须与设计孔向一致；钻进应采用较长的粗径钻具并适当地控制钻进压力。

（4）帷幕灌浆孔应进行孔斜测量，发现偏斜超过要求应及时纠正或采取补救措施。

（5）垂直的或顶角小于 5° 的帷幕灌浆孔，其孔底的最大允许偏差值不得大于表 10-3 中的规定。

表 10-3　钻孔孔底最大允许偏差值

孔深	20	30	40	50	60
最大允许偏差（m）	0.25	0.50	0.80	1.15	1.50

孔深大于 60m 时，孔底最大允许偏差值应根据工程实际情况并考虑帷幕的排数具体确定，一般不宜大于孔距。

（6）顶角大于 5° 的斜孔，孔底最大允许偏差值可根据实际情况按比垂直的或顶角小于 5° 规定适当放宽，方位角偏差值不宜大于 5°。

（7）钻灌浆孔时应对岩层、岩性以及孔内各种情况进行详细记录。

（8）钻孔遇有洞穴、塌孔或掉块难以钻进时，可先进行灌浆处理，而后继续钻进。如发现集中漏水，应查明漏水部位、漏水量和漏水原因，经处理后，再行钻进。

（9）钻进结束等待灌浆或灌浆结束等待钻进时，孔口均应堵盖，妥加保护。

3. 钻孔冲洗、裂隙冲洗和压水试验要求

（1）灌浆孔（段）在灌浆前应进行钻孔冲洗，孔内沉积厚度不得超过 20cm。

（2）帷幕灌浆孔（段）在灌浆前宜采用压力水进行裂隙冲洗，直至回水清净时止。冲洗压力可为灌浆压力的 80%，该值若大于 1MPa 时，采用 1MPa。

（3）在岩溶、断层、大裂隙等地质条件复杂地区，帷幕灌浆孔（段）是否需要进行裂隙冲洗以及如何冲洗，应通过现场灌浆试验或由设计确定。

（4）无地下水位资料时，一个单元工程内帷幕灌浆开始前，可以利用先导孔测定一次地下水位，作为该单元内的代表。稳定标准为：每 5min 测读一次孔内水位，当水位下降速度连续两次均小于 5cm/min 时，可认为稳定，以最后的观测值作为地下水位值。

（5）帷幕灌浆采用自上而下分段灌浆法时，先导孔应自上而下分段进行压水试验，各次序灌浆孔的各灌浆段在灌浆前宜进行简易压水。压水试验应在裂隙冲洗后进行，采用五点法或单点法。简易压水可在裂隙冲洗后或结合裂隙冲洗进行。压力可为灌浆压力的 80%，该值若大于 1MPa 时，采用 1MPa。

（6）帷幕灌浆采用自下而上分段灌浆法时，先导孔仍应自上而下分段进行压水试验。各次序灌浆孔在灌浆前全孔应进行一次钻孔冲洗和裂隙冲洗。除孔底段外，各灌浆段在灌浆前可不进行裂隙冲洗和简易压水。

（7）在岩溶泥质充填物和遇水性能易恶化的岩层中，灌浆前可不进行裂隙冲洗和简易压水，也宜少做或不做压水试验。

4. 灌浆方法和灌浆方式

（1）灌浆孔的基岩段长小于 6m 时，可采用全孔一次灌浆法；大于 6m 时，可采用自上而下分段灌浆法、自下而上分段灌浆法、综合灌浆法或孔内封闭灌浆法。

（2）基岩灌浆方式有循环式和纯压式两种。帷幕灌浆应优先采用循环式，射浆管距孔底不得大于 50cm；浅孔固结灌浆可采用纯压式。

（3）帷幕灌浆段长度宜采用 5 ~ 6m，特殊情况下可适当缩减或加长，但不得大于 10m。

（4）进行帷幕灌浆时，坝体混凝土和基岩的接触段应先行单独灌浆并应待凝，接触段在岩石中的长度不得大于 2m。

（5）采用自上而下分段灌浆法时：

1）灌浆塞应塞在已灌段段底以上 0.5m 处，以防漏灌。

2）孔口无涌水的孔段，灌浆结束后可不待凝。但在断层、破碎带等地质条件复杂地区则宜待凝，待凝时间应根据地质条件和工程要求确定。

（6）采用自下而上分段灌浆法时，灌浆段的长度因故超过 10m，对该段宜采取补救措施；帷幕灌浆孔各灌浆段，不论透水率大小均应按技术要求进行灌浆。

5. 灌浆压力和浆液变换

（1）灌浆压力宜通过灌浆试验确定，也可通过公式计算或根据经验先行拟定，而后在灌浆施工过程中调整确定。

（2）采用循环式灌浆，压力表应安装在孔口回浆管路上；采用纯压式灌浆，压力表应安装在孔内进浆管路上。压力读数宜读压力表指针摆动的中值，当灌浆压力为 5MPa 或大于 5MPa 时，也可读峰值。压力表指针摆动范围应小于灌浆压力的 20%，摆动幅度宜做记录。

（3）灌浆应尽快达到设计压力，但注入率大时应分级升压。

（4）灌浆浆液的浓度应由稀到浓，逐级变换。帷幕灌浆浆液水灰比可采用 5∶1、3∶1、2∶1、1∶1、0.8∶1、0.6∶1、0.5∶1 等 7 个比级。开灌水灰比可采用 5∶1。

（5）帷幕灌浆浆液变换。

当灌浆压力保持不变，注入率持续减少时，或当注入率不变而压力持续升高时，不得改变水灰比；当某一比级浆液的注入量已达 300L 以上或灌注时间已达 1h，而灌浆压力和注入率均无改变或改变不显著时，应改浓一级；在设计压力下，注入率不大于 1L/min 时，延续灌注时间不少于 90min；灌浆全过程中，在设计压力下的灌浆时间不少于 120min。

（6）每段灌浆结束后可不待凝。

（7）帷幕灌浆孔封孔应采用"置换和压力灌浆封孔法"。

6. 特殊情况处理

（1）灌浆过程中，发现冒浆、漏浆，应根据具体情况采用嵌缝、表面封堵、低压、意浆、限流、限量、间歇灌浆等方法进行处理。

（2）帷幕灌浆过程中发生串浆时，如串浆孔具备灌浆条件，可以同时进行灌浆。应一泵灌一孔。否则应将串浆孔用塞塞住，持灌浆孔灌浆结束后。串浆孔并行扫孔、冲洗后继续钻进和灌浆。

（3）灌浆工作必须连续进行，若因故中断，可按照下述原则进行处理：

1）应及早恢复灌浆。否则应立即冲洗钻孔，而后恢复灌浆。若无法冲洗或冲洗无效则应进行扫孔，而后恢复灌浆。

2）恢复灌浆时，应使用开灌比级的水泥浆进行灌注。如注入率与中断前的相近，可改用中断前比级的水泥浆继续灌注；如注入率较中断前的减少较多，则浆液应逐级加继续灌注；恢复灌浆后，如注入率较中断前的减少很多，且在短时间内停止吸浆，应采取急救措施。

（4）孔口有涌水的灌浆孔段，在灌浆前应测记涌水压力和涌水量，根据涌水情况，选用下列措施综合处理。

1）自上而下分段灌浆。

2）短的段长。

3）高的灌浆压力。

4）浓浆结束。

5）屏浆。

6）闭浆。

7）纯压式灌浆。

8）速凝浆液。

9）待凝。

10）压力灌浆封孔。

（5）灌浆段注入量大，灌浆难于结束时，可选用下列措施处理。

1）低压、浓浆、限流、限量、间歇灌浆。

2）浆液中掺加速凝剂。

3）灌注稳定浆液或混合浆液。该段经处理后仍应扫孔，重新依照技术要求进行灌浆直至结束。灌浆过程中如回浆变浓，宜换用相同水灰比的新浆进行灌注，若效果不明延续灌注 30mm，即可停止灌注。

（6）在岩溶地区的溶洞灌浆，应先查明溶洞的充填类型和规模，而后采取相应的措施处理。溶洞内无充填物时，根据溶洞的大小，可采用泵压入高流态混凝土、投入碎石再注水泥砂浆、灌注混合浆液等措施。待凝后，扫孔，再灌水泥浆。根据充填物类型、性能以及充填程度，可采用高压灌浆、高压喷射灌浆等措施。

7. 帷幕灌浆工程质量检查

（1）灌浆质量检查应以检查孔压水试验成果为主，结合对竣工资料和测试成果的分析，综合评定。

（2）帷幕灌浆检查孔应在下述部位布置。

1）帷幕中心线上。

2）岩石破碎、断层、大孔隙等地质条件复杂的部位。

3）注入量大的孔段附近。

4）钻孔偏斜过大、灌浆情况不正常以及经分析资料认为对帷幕灌浆质量有影响的，查孔的数量宜为灌浆孔总数的10%。一个坝段或一个单元工程内，至少应布置一个检查孔。

5）帷幕灌浆检查孔压水试验应在该部位灌浆结束14d后进行。查孔应自上而下分段卡塞进行压水试验，试验采用五点法或单点法。

6）帷幕灌浆检查孔压水试验结束后，按技术要求进行灌浆和封孔。

7）帷幕灌浆检查孔应采取岩芯，计算获得率并加以描述。试验检查，坝体混凝土与基岩接触段及其下一段的合格率应为90%以上。

8. 岩石地基帷幕灌浆单元工程质量评定

评定标准见表10-4。

表10-4 岩石地基帷幕灌浆单元工程质量评定标准

项目		评定标准
钻孔	孔序	应符合设计要求
	孔位	允许偏差±10cm
	△孔深	不得小于设计孔深
	偏斜率	应符合规范或设计要求
灌浆	灌浆段长	应符合设计要求
	钻孔冲洗	应符合设计要求
	先导孔灌前压水试验。或灌浆孔灌前简易压水	应符合规范或设计要求
	△灌浆压力	应符合设计要求
	△浆液变换和结束标准	应符合规范或设计要求
	灌浆管或射浆管管口距灌浆段距离	≤50cm
	有无中断及其影响质量程度	应无中断或虽有中断，但经"检查分析尚不影响灌浆质量"
	封孔	应符合规范或设计要求
	△灌浆记录	齐全、清晰、准确

四、堤坝劈裂灌浆工程质量控制

劈裂灌浆是运用坝体应力分布规律，用一定的灌浆压力，将坝体沿坝轴线方向劈裂，同时灌注合适的泥浆，形成铅直连续的防渗帷幕，堵塞与劈裂缝连通的洞穴、裂缝或切断软弱层，以提高坝体的防渗能力；同时，通过浆坝互压和湿陷使坝体内部应力得到调整，提高坝体变形稳定性。

当坝体质量普遍不好，坝体外部有裂缝、塌陷、浸润线和出逸点过高，坝后坡出现大面积湿润，坝体有明显渗漏或坝体内部有较多隐患时，可用劈裂灌浆处理。劈裂灌浆技术主要适合于处理存在压实质量差、有裂缝、洞穴、水平夹砂层等隐患的堤坝及结构性较强的粉细砂及土砂夹层透水地基。但对于粗砂及砂砾石坝基，因其土层结构性差，形不成连续劈裂，就不适合用劈裂灌浆技术处理。

浆体帷幕的厚度（指泥浆固结硬化以后的厚度），主要从防渗和坝体的变形稳定来考虑，在此不再详细叙述。对于中小型水库也可以不经过计算，按经验确定泥浆的厚度。对疏松坝体，固结后浆体厚度控制在30cm左右；对质量较好的土坝，固结后浆体帷幕厚度可控制在15cm左右。

1. 浆液的选择

在坝体灌浆中，选用合适的泥浆，是保证灌浆质量的重要条件，不同的浆液直接影响泥浆的固结速率和所形成浆体帷幕的防渗效果。坝体劈裂灌浆对泥浆的一般要求是：可灌性好，稳定性高，析水固结快，形成浆体防渗性能强，变形模量与坝体土相近。但是这些指标相互之间往往是矛盾的，所以在选择浆液时，应统一考虑泥浆各种性能的相互关系，不能过分地强调某一方面。通过试验来选择一种适宜的材料。

（1）浆液密度。浆液的密度，指单位体积内浆液的质量，用 g/cm^3 表示。在坝体灌浆中，一般采用泥浆的密度为 1.3 ~ 1.6g/cm^3。

（2）水与固体颗粒比例。浆液中固体颗粒所占比例多少是反映浆液稠度的指标。如果是纯黏土泥浆，反映稠度指标的就是土水比。在坝体灌浆中，一般需用的土水比为 0.3 ~ 1.45。

（3）浆液的流动性指标。浆液的流动性一般用黏度表示。浆液的黏度是指泥浆胶体悬浊液阻碍其相对流动的一种特性。

在坝体灌浆中，泥浆的黏度一般要控制在 20 ~ 100s 之间，其值的选用与裂缝的宽度、渗漏通道的大小、灌浆压力等因素有关。

（4）浆液的稳定性。泥浆的稳定性是衡量泥浆中土颗粒沉降速度的一个指标，沉降速度慢，表示泥浆的稳定性好，反之，则不好。泥浆的稳定性取决于泥浆的浓度和制浆土料的颗粒大小、矿物成分、分散程度等因素。对坝体劈裂式灌浆，泥浆的稳定性在 $0.05 \sim 0.1\text{g/cm}^3$ 之间是适宜的。

（5）泥浆的含砂量。泥浆含砂量是表示泥浆中含砂多少的一个指标，表示的方法是将泥浆与水以 1:9 的比例稀释后，用砂占泥浆体积的百分数来表示。在灌浆施工现场要经常对泥浆含砂量进行测试，以了解是否符合灌浆设计的要求。

（6）泥浆的失水量。泥浆失水量是表示在一定的压力作用下泥浆能分泌出的水量，以毫升（mL）计。泥浆的失水性与制浆土料的性质、泥浆的密度、外界压力、坝体土料的性质以及是否使用外加剂等因素有关。泥浆失水量的大小会影响到坝体灌浆的质量和效果。

（7）泥浆的静切力。由于泥浆的结构性，要使其流动需加外力，当它大于泥浆内部的摩擦阻力时，泥浆由静止转化为流动，在单位面积所克服的摩擦阻力被称为静切力。其大小用泥浆的初切力（泥浆静置 lmin 的极限静切力）和终切力（泥浆静置 lOmin 的极限静切力）之差来表示，静切力用 r 表示（单位为 dPa）。泥浆静切力的大小与制浆土料的性质、黏土颗粒的分散程度、泥浆密度的大小、结构性的强弱及所用外加剂的性质等因素有关。静切力在坝体灌浆中有重要的意义，如选择泥浆泵的大小，输浆橡皮管的直径及其承受压力的程度，铺设管路的长短，灌浆孔布置的疏密，采用泥浆密度的大小等都要根据泥浆静切力的大小去设计。

（8）泥浆的胶体率。泥浆的胶体率是指泥浆在静止时，将水分分离到泥浆表面上来的能力。泥浆静置 24h，沉淀后的泥浆体积与原泥浆体积之比，称为泥浆的胶体率，以百分比（%）表示。分离出来水的体积与原泥浆体积之比，称为泥浆的沉淀率或自由析水率，也以百分比（%）表示。

2. 灌浆工艺

劈裂灌浆一般采用孔底注浆全孔灌注法。孔底注浆全孔灌注是劈裂灌浆提高质量和保证坝体安全的重要技术措施。灌浆机以一定的压力将浆液压入注浆管，浆液从管底流出，顺注浆管壁外侧向上流动。在坝顶钻孔周围应设阻浆塞，浆液受到阻挡后，灌浆压力增高，当浆液压力大于坝体内某些土区的小主应力加单轴抗拉强度时，该土区即沿小主应力作用面劈开。

理论和实践证明，坝体内约 1/2 坝高处的小主应力最小，因此浆液首先在 1/2 坝高附近劈裂坝体，然后劈裂缝向坝体上部、下部及沿坝轴线方向发展。劈裂灌浆工艺要求如下：

（1）设阻浆塞或下护壁套管。灌浆前在钻孔上部设一定长度的阻浆塞或有些情况下用 3 ~ 5m 的护壁套管，可以防止孔口塌落，减少孔口冒浆，更重要的是使泥浆在坝体内处于封闭状态，推迟或防止坝顶表面劈裂，因而可以施加较大的灌浆压力，使浆液在坝体内劈开裂缝，达到"内劈外不劈"的目的。阻浆塞的长度可根据具体情况计算确定，也可采用 1.5m 的经验数据。

（2）压力控制。灌浆压力一般系指孔口压力表读数。在施工中，应设专人观测记录孔口压力，如果灌浆压力超过了设计压力，则应及时采取控制措施，如打开灌浆泵上或孔口设置的回浆阀门，减少输浆量，以维持设计压力。

（3）灌浆量控制。在堤坝灌浆时常遇到单孔吃浆量很大的情况，这不仅影响坝体安全也影响坝体回弹，影响泥浆在坝体内排水固结等，在施工中应控制每次灌浆量，并采用多次复灌的方法。单孔灌浆量可以根据帷幕厚度、孔距、复灌次数等计算，也可采用实验或经验数值，采用每次单孔灌浆量在 $0.5m^3/m$ 左右。实灌中，不能按平均灌浆量控制，第一序孔灌浆量应占总灌浆量的 60% 以上。对于单孔吃浆量很大的钻孔，单孔灌浆量大的原因多是因坝体疏松质量很差引起的，有时也是由坝体内的漏水通道引起的，除应限制每次灌浆量，延长灌浆期外，每孔总的灌浆量不应限制。

（4）复灌间隔时间控制。复灌间隔时间主要由浆体的固结情况来确定，一般应待上一次灌入的浆液固结度达到 90% 以上，再进行复灌。复灌间隔时间，应以理论计算或以经验数字确定，初灌和前两次复灌一般以 5d 左右为宜，随着复灌次数增加，坝体内浆体厚度也增加，排水固结时间延长，复灌间隔时间也应随之延长。

（5）位移量控制。在劈裂灌浆施工中，为了保证坝体安全，增加坝体回弹比，提高灌浆效果，应通过控制单孔每次灌浆量、增加复灌次数，控制坝体位移量。在灌浆时，坝肩位移最明显，一般应控制位移在 1 ~ 2cm/ 次范围内。

（6）裂缝控制。劈裂灌浆施工中，应尽量做到"内劈外不劈"，一般采用下护壁套管或加阻浆塞的办法处理。但如果坝体质量太差，或经数次复灌后坝顶仍将出现裂缝，此时应暂时停灌，待坝体回弹后再进行复灌；或当发现坝顶被劈开细小裂缝后，即停灌做阻浆盖，并控制灌浆压力，从而达到控制裂缝的目的。

（7）弯曲坝段的灌浆工艺。为了在弯曲坝段获得沿坝轴线连续的浆体防渗帷幕，必须采取特别的灌浆工艺，一般有以下两种：

1）随机钻灌法，即钻一孔灌一孔，孔距较小。当灌浆孔口出现细小裂缝，并开始偏离坝轴线时则停灌。然后在偏离坝轴线较近处的轴线上钻孔灌浆，使其劈裂重新回到坝轴线的位置，这样循序渐进钻灌，引申裂缝发展，最终沿坝轴线方向形成竖直连续的浆体防渗帷幕。坝轴线曲率越大，钻孔应越密。

2）一次成孔轮灌法，在弯曲坝段轴线上，将设计灌浆孔连续钻完，然后逐孔轮流灌浆。单孔每次灌浆量要少，力争在短时间内循环一遍。发现孔口有小裂缝时就停灌，改灌另孔。当每个钻孔都形成小的裂缝，而且互相交接，灌浆量才可以互相增加，直至灌完。若弯曲坝段不太长，钻孔不多，还可同时灌浆，亦能获得较理想的效果。

不论采取上述哪一种灌浆方法，当坝顶沿坝轴线出现贯通的细小裂缝后，要及时做阻浆盖，一般应控制坝顶表面再次劈裂。弯曲坝段的钻孔越密，最后形成的浆体防渗帷幕就越接近坝轴线，连续性越好。

（8）岸坡坝段的灌浆工艺。土坝岸坡段的应力条件较复杂，岸坡段的小主应力面不一定沿坝轴线分布，有的可能与坝轴线斜交，有的可能垂直于坝轴线，因此有其特殊的灌浆工艺。

1）首先调整小主应力面。在缝顶做阻浆盖，缝内打孔灌注 1.4～1.6g/cm³ 的浓；采用较大的灌浆压力（100～200kPa 左右），使坝体土在高压泥浆作用下，充分地横向劈裂、挤压、湿陷，最后实现应力再分配，充分补充纵向小主应力不足，恢复 3 个主应力方向的正常秩序。

2）岸坡段出现斜缝时，先对斜缝进行充填灌浆处理，灌浆压力采用50kPa左右。

3）沿坝轴线布孔，孔距 5m，不分序，由坝肩向河槽段推进，灌浆压力采用 50～100kPa，最后形成沿坝轴线的连续的浆体帷幕。

3. 终灌标准和封孔

（1）终灌标准。劈裂灌浆的终灌标准为，当开启灌浆泵后几分钟时间，坝顶表面裂缝即冒浆，这时在无压情况下反复轮灌，坝顶连续三次冒浆，缝内浆面基本不下降，即可终灌。

（2）封孔。

1）劈裂式灌浆多用稠泥浆封孔。灌浆结束后，把孔内清水抽出，填入较大稠度的泥浆（密度大于 1.6g/cm³），静置一周左右，再次抽出清水注入泥浆，直至浆面与坝顶平，最后用于土封 1∶1 并压实。

2）用混合土封孔。混合土由石子、砂、黏土水泥浆等组成。混合土性能较好，与孔壁结合较好。

4. 灌浆效果检查与验收标准

（1）效果检查。灌浆结束后，需对灌浆的效果进行检查，以确定坝体隐患是否消除，帷幕是否形成，是否达到了除险加固的目的。

检查的内容：泥浆在坝体内的充填情况，灌浆施工的记录资料，坝体内外质量的改善情况等。

检查时间：一般定在坝内灌浆基本结束后的低水位期。

检查方法：现场勘察、分析原型观测资料、注水检查、探井检查等。

（2）验收标准。验收标准建议如下，如能满足下述标准，则可认为坝体灌浆已达目的，可予以验收。

1）下游坝坡的潮湿、渗水和沼泽化的现象消失，坝坡变得干燥了；下游的总渗流量明显比灌浆前减少。

2）坝体的浸润线出逸点已降至设计高程以下；坝体的变形基本稳定，灌浆后各测点之间的差异沉降甚小，不足以产生新的变形破坏。

3）坝体内凡通过浆脉的裂缝、洞穴和渗漏通道均被浆体填满，且浆体中没有夹砂，并与坝体结合牢固，没有裂隙。

4）在灌浆影响到的范围内，坝体的干密度增大，渗透系数减少，坝的整体强度、抗渗能力增加。

五、砂砾石地基灌浆质量控制

由于砂砾石是由颗粒材料组成的，对灌浆效果影响大，孔壁容易坍塌，在灌浆中需要了解和掌握其可灌性、灌浆材料及灌浆方法。

可灌性是指砂砾石地基能接受灌浆材料灌入程度的一种特性。影响可灌性的主要因素有地基的颗粒级配、灌浆材料的细度、灌浆压力和施工工艺等。

一般采用水泥黏土混合灌浆。要求帷幕幕体的渗透系数降到 1/1000 ～ /100000cm/s 以下，28d 结石强度达到 0.4 ～ 0.5MPa。

浆液配比视帷幕设计要求而定，常用配比为水泥：黏土 =1：2 ～ 1：4（重量比）。浆液稠度为水：干料 =6：1 ～ 1：1。

水泥黏土浆的稳定性和可灌性优于水泥浆，固结速度和强度优于黏土。但由于固结较慢，强度低，抗渗抗冲能力差，多用于低水头临时建筑的地基防渗。为了提高固结强度，加快黏结速度，可采用化学灌浆。

1. 灌浆结束条件

灌浆结束条件有两种，第一种是灌浆直至不吸浆或最终吸浆量小于一定值时即结束灌浆。一般最终吸浆量控制在 1 ～ 2L/min，然后继续灌注 30min 即可结束。此条件适用于渗透性较好和多排孔内的中排孔灌浆。第二种是不论压力大小，只要灌入孔段内的干料量已累计达到规定的限量时，即结束灌浆。

当帷幕由多排孔组成，如果砂砾石层吸浆量大时，则其边排孔多采用限量灌注，中间排孔原则上仍应灌至不吸浆或吸浆量小于一定值，即第一种结束条件。

干料限量的多少，在一定帷幕结构下，决定于砂砾石层的孔隙率，浆液的填充率和要求的浆液扩散范围。一般地质条件下，孔距为 3m 的灌浆孔，其干料控制量多为 3 ～ 5t/m。

2. 防止地表抬动措施

在灌浆时，如使用压力过大，常易产生一定量的地面抬动变形。

防止或减少地表抬动的措施主要有以下几条。

（1）在靠近砂砾石层表面的灌浆段灌纯水泥浆，较快地造成坚固抗压的盖重层。

（2）增加表层灌浆孔密度，可增加上部地层的密实性。

（3）在砂砾石层上铺设一定厚度的黏土或混凝土盖板；先填筑部分坝体材料，如先铺一定厚度土粒或浇筑一定厚度的混凝土。

3. 灌浆效果检查

在灌浆过程中，应随时注意所发生的问题，分析灌浆资料。竣工后则专门进行质量检查和效果检验。

（1）检查方法。检查时，一定要保证灌入的浆液凝结具有一定强度后，才能实施。

1）整理、分析灌浆资料，检查单位注入量与灌浆次序的关系。正常的规律应该是单位注入量随着灌浆次序的增加而逐渐减小；中排孔的单位注入量应较边排孔小。灌浆完成后，应及时整理资料，可参照基岩灌浆资料整理方法。

2）钻孔检查。在帷幕范围内钻检查孔，数量一般为总灌浆孔数的 3% ～ 5%，孔深不小于帷幕深度。检查孔分段钻进，逐段做渗透试验，并取样了解砂砾石的被结石充填胶结情况。

3）通过观测检查。一是实地察看渗漏情况；二是利用地下水动态观测资料进行渗流分析，检验帷幕的效果。

（2）检查的标准。帷幕灌浆效果检查的标准主要有两个：一是帷幕范围内的渗透系数；二是坝基帷幕后渗透压力数值。

大坝砂砾石层基础防渗帷幕的渗透系数一般根据各工程的具体条件而定，除有特殊要求外，一般认为幕体内的渗透系数能降低到 10^{-3} ～ 10^{-5}cm/s，即算达到了防渗标准。

帷幕后渗透压力的允许值，也是根据各工程的条件而定，帷幕完成后，测定幕后渗透压力值，如小于设计规定值，即视为合格。

第二节　模板工程质量控制技术

一、模板材料及其支架的要求

1. 一般要求

（1）保证混凝土结构和构件各部分设计形状、尺寸和相互位置正确。

（2）具有足够的强度、刚度和稳定性，能可靠地承受有关标准规定的各项施工荷载，并保证变形在允许范围内。

（3）面板板面平整、光洁，拼缝密合、不漏浆。

（4）安装和拆卸方便、安全，一般能够多次使用，尽量做到标准化、系列化，有利于混凝土工程的机械化施工。

（5）模板选用应与混凝土结构和构件的特征、施工条件和浇筑方法相适应。大面积的平面支模宜选用大模板；当浇筑层不超过 3m 时，宜选用悬臂大模板。

（6）对模板采用的材料及制作、安装等工序均应进行质量检查。

2. 模板材料选择要求

（1）模板的材料宜选用钢材、胶合板、塑料等，模板支架的材料宜选用钢材等，尽量少用木材。

（2）模板材料的质量应符合现行的国家标准和行业标准的规定。

（3）木材种类可根据各地区情况选用，材质不宜低于三等材。腐朽、严重扭曲、有蛀孔等缺陷的木材，脆性木材和容易变形的木材，均不得使用。木材应提前备料，干燥后使用，含水率宜为 18% ~ 23%。水下施工用的木材，含水率宜为 23% ~ 45%。

（4）保温模板的保温材料应不影响混凝土外露表面的平整度。

二、模板制作安装的质量控制

1. 模板制作

（1）模板制作的允许偏差，应符合模板设计规定，不得超过表 10-5 的规定。

（2）钢模板面板及活动部分应涂防诱油脂，但面板所涂防锈油脂不得影响混凝土表面颜色。其他部分应涂防锈漆，木面板宜贴镀锌铁皮或其他隔层。

（3）当混凝土的外露表面采用木模板时，宜做成复合模板。

表10-5 模板制作的允许偏差

偏差项目		允许偏差（mm）
木模	小型模板：长和宽	±2
	大型模板（长、宽大于3m）：长和宽	±3
	大型模板对角线	±3
	模板平整度：相邻两板面高差	0.5
	局部不平（用2m直尺检查）	3
	面板缝隙	1
钢模、符合模板及胶木（竹）模板	小型模板：长和宽	±2
	大型模板（长、宽大于2m）：长和宽	±3
	大型模板对角线	±3
	模板局部不平（用2m直尺检查）	2
	连接配件的孔眼位置	±1

2. 模板的安装与维护

（1）模板安装前，必须按设计图纸测量放样，重要结构应多设控制点，以利检查校正。

（2）模板安装过程中，必须经常保持足够的临时固定设施，以防倾覆。

（3）支架必须支承在坚实的地基或老混凝土上，并应有足够的支承面积。

（4）现浇钢筋混凝土梁、板，当跨度等于或大于4m时，模板应起拱；当设计无具体要求时，起拱高度宜为全跨度长度的1/1000～3/1000。

（5）模板的钢拉杆不应弯曲。伸出混凝土外露面的拉杆宜采用端部可拆卸的结构型式；模板与混凝土的接触面，以及各块模板接缝处，必须平整、密合，以保证混凝土表面的平整度和混凝土的密实性。

（6）建筑物分层施工时，应逐层校正下层偏差，模板下端不应有错台。

（7）模板的面板应涂脱模剂，但应避免脱模剂污染或侵蚀钢筋和混凝土。

（8）模板安装的允许偏差，应根据结构物的安全、运行条件、经济和美观等要求确定。

1）一般大体积混凝土大体积混凝土目前国内尚无一个明确的定义，国外的定义也不尽相同。日本建筑学会标准（JASS5）规定："结构断面最小厚度在80cm以上，同时水化热引起混凝土内部的最高温度与外界气温之差预计超过25℃的混凝土，称为大体积混凝土"。美国混凝土学会（ACI）规定："任何就地浇筑的大体积混凝土，其尺寸之大，必须要求解决水化热及随之引起的体积变形问题，以最大限度减少开裂。"

从上述两国的定义可知：大体积混凝土不是由其绝对截面尺寸的大小决定的，而是由是否会产生水化热引起的温度收缩应力来定性的，但水化热的大小又与截面尺寸有关。

由于对大体积混凝土没有统一定义，以截面尺寸来简单判断是否是大体积混凝土的现象比较常见，给工程带来不同程度的损失。例如，有些工程虽然厚度达到80cm（或1m），但也不属于大体积混凝土的范畴，业主却要求施工单位按大体积混凝土标准施工，造成不必要的浪费；有些工程虽然厚度未达到80cm（或1m），但水化热却较大，施工单位却没有按大体积混凝土的技术标准施工，造成结构裂缝，结果采取种种措施加以补救，又造成额外费用。

另外，由于对大体积混凝土没有明确定义，某些书刊也滥用名称，例如出现："超大体积混凝土"、"超厚大体积混凝土"、"特大体积混凝土"等不严格的名称。

模板安装的允许偏差，应符合表10-6的规定。

表10-6　一般大体积混凝土模板安装的允许偏差

偏差项目		混凝土结构的部位	
		外露表面（mm）	隐蔽内面（mm）
模板平整度	相邻两面板错台	2	5
	局部不平（用2m直尺检查）	5	10
板面缝隙		2	2
结构物边线与设计边线		10	15
结构物水平面内部尺寸		±20	
承重模板标高		5	
		0	
预留孔洞	中心线位置	10	
	截面内部尺寸	0	

2）大体积混凝土以外的一般现浇结构模板安装的允许偏差，应符合表10-7的规定。

（9）模板上严禁堆放超过设计荷载的材料及设备。

（10）混凝土浇筑过程中，必须安排专人负责经常检查、调整模板的形状及位置，使其与设计线的偏差不超过模板安装允许偏差绝对值的1.5倍，并每班做好记录。对承重模板，必须加强检查、维护；对重要部位的承重模板，还必须由有经验的人员进行监测。模板如有变形、位移，应立即采取措施，必要时停止混凝土浇筑。

表10-7 一般现浇结构模板安装的允许偏差

偏差项目		允许偏差（mm）
轴线位置		5
底模上表面标高		5
		0
截面内部尺寸	基础	±10
	柱、梁、墙	4
		−5
层高垂直	全高≤5m	6
	全高＞5m	8
相邻两面板高差		2
表面局部不平（用2m直尺检查）		5

（11）混凝土浇筑过程中，应随时监视混凝土下料情况，不得过于靠近模板或直击模板；混凝土罐等机具不得撞击模板。

三、拆除与维修的质量控制

1. 现浇结构的模板拆除

现浇结构的模板拆除时的混凝土强度，应符合设计要求；当设计无具体要求时，应符合下列规定：

（1）侧模。混凝土强度能保证其表面和棱角不因拆除模板而受损坏。

（2）底模。混凝土强度应符合表10-8的规定。

表10-8 现浇结构拆模时所需混凝土强度

结构类型	结构跨度（m）	按设计的混凝土强度标准值的百分率计
板	≤2	50
	＞2，≤8	75
	＞8	100
梁、拱、壳	≤8	75
	＞8	100

结构类型	结构跨度（m）	按设计的混凝土强度标准值的百分率计
悬臂构件	≤2	75
	>2	100

2. 预制构件模板拆除

预制构件模板拆除时的混凝土强度，应符合设计要求；当设计无具体要求时，应符合下列规定：

（1）侧模。在混凝土强度能保证构件不变形、棱角完整时，方可拆除。

（2）芯模或预留孔洞的内模，在混凝土强度能保证构件和孔洞表面不发生坍陷和裂缝后，方可拆除。

（3）底模。当构件跨度不大于 4m 时，在混凝土强度符合设计的混凝土强度标准值的 50% 的要求后，方可拆除；当构件跨度大于 4m 时，在混凝土强度符合设计的混凝土强度标准值的 75% 的要求后，方可拆除。

3. 模板、支架及配件的清理、维修

拆下的模板、支架及配件应及时清理、维修。暂时不用的模板应分类堆存，妥善保管；钢模板做好防锈，设仓库存放。大型模板堆放时，应垫平放稳，并适当加固，以免翘曲变形。

四、模板工序质量评定

1. 工序质量评定

质量检查项目和标准，见表 10-9。

表 10-9　模板质量检查项目和标准

检查项目	质量标准
Δ稳定性、刚度和强度	符合设计要求
模板表面	光洁、无污物

2. 检测数量要求

按水平线（或垂直线）布置检测点。总检测点数量：模板面积在 $100m^2$ 以内，不少于 20 个，模板面积在 $100m^2$ 以上，不少于 30 个。

3. 质量评定

在主要检查项目符合标准的前提下，凡检测点总数中有 70% 及其以上符合上述

标准的，即评为合格；凡有 90% 及其以上符合上述标准的，即评为优良。

第三节　钢筋工程质量控制技术

一、钢筋材料检验

1. 钢筋的分类

（1）按轧制外形分

1）光面钢筋。I 级钢筋均轧制为光面钢筋，部分 IV 级钢筋也有光面圆形截面。

2）带肋钢筋。有螺旋形、人字形和月牙形 3 种，一般 II 级、III 级；IV 级（规格范围 10 ~ 32mm）钢筋轧制成螺旋形及月牙形。

3）钢丝及钢绞线。钢丝有低碳钢丝和碳素钢丝两种。

（2）按直後大小分

钢丝、细钢筋、中粗钢筋、粗钢筋。

（3）按生产工艺分

热轧钢筋、冷轧钢筋、冷拉钢筋（I ~ IV 级钢筋经冷拉而成）、冷拔钢丝（φ6 ~ φ8mm 的工级钢筋经冷拔而成）、热处理钢筋、碳素钢丝等。

（4）按化学成分分

1）碳素钢钢筋。低碳钢，含碳量少于 0.25%，如 I 级钢筋；中碳钢，含碳量为 0.25% ~ 0.7%；高碳钢，含碳量为 0.7% ~ 1.4%，如碳素钢丝。

2）普通低合金钢钢筋。在碳素钢中加入少量合金元素，如 II 级、III 级、IV 级钢筋。

（5）按强度分

I ~ IV 级为热乳钢筋，V 级为热处理钢筋（IV 级钢筋经热处理而成）。

（6）按在结构中的作用分

受压钢筋、受拉钢筋、弯起钢筋、架立钢筋、分布钢筋、箍筋等。

2. 钢筋的检验

（1）应有出厂证明书或试验报告单，每捆（盘）钢筋均应挂有标牌，标牌上应注有厂标、钢号、产品批号、规格、尺寸等项目。

（2）首先检查每批钢筋的外观质量，查看锈蚀卷度及有无裂缝、结疤、麻坑、气泡等，并应测量钢筋的直径，不符合质量要求的不得使用，或经研究后可降级使用。

（3）对不同厂家、不同规格的钢筋应按国家对钢筋检验的现行规定进行抽样检验，检验合格的钢筋方可用于加工，抽检时以每60t同一炉（批）号、同一规格尺寸的钢筋为一批（不足60t时仍按一批计），任意选出两根钢筋取两组试样，每组试样从每根钢筋端部截掉500mm，然后截取试样两根，一根作抗拉试验，包括屈服点、抗拉强度、伸长率3个指标；另一根作冷弯试验。试样长度一般直径28mm以下钢筋，抗拉试样长度为300mm，冷弯试样长度为250mm，直径28mm以上钢筋，抗拉试样长度为360mm，冷弯试样长度为300mm。不得在同一根钢筋上取两根或两根以上作同一用途试验。每组试样要分别标记，不得混淆。

（4）钢筋的检验，如果有一个试验项目的结果不能符合机械性能检验的要求，则另取双倍数量的试件对不合格的项目作第二次试验，如仍有一根不合格，则该批钢筋不予验收，即该批钢筋不能按原规格使用。

二、水工混凝土钢筋工序质量检查

1. 一般原则与要求

（1）钢筋焊接后的机械性能，应符合国家规定。焊接中不允许有脱焊、漏焊点，焊缝表面或焊缝中不允许有裂缝。

（2）钢筋的规格尺寸、安装位置必须符合设计图纸的要求。

（3）在浇筑混凝土前，必须对钢筋的加工、安装质量进行验收，经确认符合设计要求后，才能浇筑混凝土。

2. 质量检查内容和质量标准

质量检查项目和标准，见表10-10。

表10-10　钢筋工序质量检查项目和标准

检查项目	质量标准
△钢筋的数量、规格尺寸、安装位置	符合设计图纸
焊缝表面和焊缝中	不允许有裂缝
△脱焊点和漏焊点	无

3. 检查数量

先进行宏观检查，没发现有明显不合格处，即可进行抽样检查，对梁、板、柱等小型构件，总检测点数不少于30个，其余总检测点数一般不少于50个。

4. 质量评定

在主要检查项目符合标准的前提下，凡检测点总数中有70%及其以上符合上述标准的，即评为合格；凡有90%及其以上符合上述标准的，即评为优良。

第十一章 水利水电工程施工其他分项工程控制技术

第一节 地基处理工程质量控制技术

一、换土地基的质量控制

1. 灰土地基的质量控制

（1）灰土土料、石灰或水泥（当水泥替代灰土中石灰时）等材料及配合比应符合设计要求，灰土应搅拌均匀。灰土的土料宜用黏土、粉质黏土。严禁采用冻土、膨胀土和盐渍土等活动性较强的土料。

（2）施工过程中应检查分层铺设的厚度、分段施工时上下两层的搭接长度、夯实时加水量、夯压遍数、压实系数。验槽发现有软弱土层或孔穴时，应挖除并用素土或灰土分层填实。最优含水量可通过击实试验确定。分层厚度可参考表11-1所示数值。

表11-1 灰土最大虚铺厚度

夯实机具	质量（t）	厚度（mm）	备注
石夯、木夯	0.04 ~ 0.08	200 ~ 250	人力送夯，落距400 ~ 500mm，每夯搭接半夯
轻型夯实机械	—	200 ~ 250	蛙式或柴油打夯机
压路机	机重6 ~ 10	200 ~ 300	双轮

（3）施工结束后，应检验灰土地基的承载力。

（4）灰土地基的质量验收标准应符合表11-2的规定。

表 11-2　灰土地基质量检验标准

项目	检查项目	允许偏差或允许值		检查方法
		单位	数值	
主控项目	地基承载力	设计要求		按规定方法
	配合比	设计要求		按拌和时的体积比
	压实系数	设计要求		现场实测
一般项目	石灰粒径	mm	≤ 5	筛选法
	土料有机质含量	%	≤ 5	实验室烘焙法
	土颗粒粒径	mm	≤ 5	筛分法
	含水量（与要求最优含水量比较）	%	± 2	烘干法
	分层厚度偏差（与设计要求比较）	mm	± 50	水准仪

2. 砂和砂石地基的质量控制

（1）砂、石等原材料质量、配合比应符合设计要求，砂、石应搅拌均匀。原材料宜用中砂、粗砂、砾石、碎石（卵石）、石屑。细砂应同时掺入 25% ~ 35% 碎石或卵石。

（2）施工过程中必须检查分层厚度、分段施工时搭接部分的压实情况、加水量、压实系数。

（3）施工结束后，应检验砂石地基的承载力。砂和砂石地基的质量验收标准应符合表 11-3 的规定。

表 11-3　砂及砂石地基质量检验标准

项目	检查项目	允许偏差或允许值		检查方法
		单位	数值	
主控项目	地基承载力	设计要求		按规定方法
	配合比	设计要求		检查拌和时的体积比或重度比
	压实系数	设计要求		现场实测
一般项目	砂石料有机质含量	%	≤ 5	烘焙法
	砂石料含泥量	%	≤ 5	水洗法
	石料粒径	mm	≤ 100	筛分法

项目	检查项目	允许偏差或允许值		检查方法
		单位	数值	
一般项目	含水量（与要求最优含水量比较）	%	±2	烘干法
	分层厚度偏差（与设计要求比较）	mm	±50	水准仪

对灰土地基、砂和砂石地基、土工合成材料地基、强夯地基等其竣工后的结果（地基强度或承载力）必须达到设计要求的标准。检验数量，每单位工程不应少于 3 点，1000m² 以上工程，每 100m² 至少应有 1 点，3000m² 以上工程，每 300m² 至少应有 1 点。每一独立基础至少应有 1 点，基槽每 20 延米应有 1 点。

3. 土工合成材料地基的质量控制

（1）施工前应对土工合成材料的物理性能（单位面积的质量、厚度、比重）、强度、延伸率以及土、砂石料等做检验。土工合成材料以每批 100m² 为一批，每批应抽查 5%。所用土工合成材料的品种与性能和填料土类，应根据工程特性和地基土条件，通过现场试验确定，垫层材料宜用黏性土、中砂、粗砂、砂砾、碎石等内摩阻力高的材料。如工程要求垫层排水，垫层材料应具有良好的透水性。

（2）施工过程中应检查清基、回填料铺设厚度及平整度、土工合成材料的铺设方向、搭接长度或缝接状况、土工合成材料与结构的连接状况等。土工合成材料如用缝接法或胶接法连接，应保证主要受力方向的连接强度不低于所采用材料的抗拉强度。

（3）施工结束后，应进行承载力检验。土工合成材料地基质量检验标准应符合表 11-4 的规定。

表11-4 土工合成材料地基质量检验

项目	检查项目	允许偏差或允许值		检查方法
		单位	数值	
主控项目	土工合成材料强度	%	≤5	置于夹具上做拉伸试验（结果与设计相比）
	土工合成材料延伸率	%	≤3	置于夹具上做拉伸试验（结果与设计相比）
	地基承载力	设计要求		按规定方法

项目	检查项目	允许偏差或允许值		检查方法
		单位	数值	
一般项目	土工合成材料搭接长度	mm	≥300	用钢尺量
	土工料有机质含量	%	≤5	焙烧法
	层面平整度	mm	≤100	用2m靠尺
	每层铺设厚度	mm	±25	水准仪

二、强夯和预压地基的质量控制

1. 强夯地基的质量控制

（1）施工前应检查夯锤重量、尺寸，落距控制手段，排水设施及被夯地基的土质强夯法适用于处理碎石土、砂土、低饱和度的粉土与黏性土、湿陷性黄土、杂填土和素填土等地基。为避免强夯振动对周边设施的影响，施工前必须对附近建筑物进行调查，必要时采取相应的防振或隔振措施，影响范围约为 10 ~ 15m。施工时应由邻近建筑物开始夯击逐渐向远处移动。

（2）施工中应检查落距、夯击遍数、夯点位置、夯击范围。如无经验，宜先试夯取得各类施工参数后再正式施工。对透水性差、含水量高的土层，前后两遍夯击应有一定间歇期，一般为 2 ~ 4 周。夯点超出需加固的范围为加固深度的 1/2 ~ 1/3，且不小于 3m。施工时要有排水措施。

（3）施工结束后，检查被夯地基的强度并进行承载力检验。质量检验应在夯后一定的间歇之后进行，一般为两周。强夯地基质量检验标准应符合表 11-5 的规定。

表 11-5　强夯地基质量检验标准

项目	检查项目	允许偏差或允许值		检查方法
		单位	数值	
主控项目	地基强度	设计要求		按规定方法
	地基承载力	设计要求		按规定方法
一般项目	夯锤落距	mm	±300	钢索设标志
	锤重	kg	±100	称重
	夯击遍数及顺序	设计要求		计数法
	夯点间距	mm	±500	用钢尺量

项目	检查项目	允许偏差或允许值		检查方法
		单位	数值	
一般项目	夯击范围	设计要求		用钢尺量
	前后两遍间歇时间	设计要求		—

2. 复合地基工程质量控制

土和灰土挤密桩复合地基的质量控制如下：

（1）施工前对土及灰土的质量、桩孔放样位置等做检查。施工前应在现场进行成孔、夯填工艺和挤密效果试验，以确定填料厚度、最优含水量、夯击次数及干密度等施工参数质量标准。成孔顺序应先外后内，同排桩应间隔施工。填料含水量如过大，宜预干或预湿处理后再填入。

（2）施工中应对桩孔直径、桩孔深度、夯击次数、填料的含水量等做检查。

（3）施工结束后，应检验成桩的质量及地基承载力。

（4）土和灰土挤密桩地基质量检验标准符合表11-6的规定。

表11-6　土和灰土挤密桩地基质量检验标准

项目	检查项目	允许偏差或允许值		检查方法
		单位	数值	
主控项目	桩体及桩间土干密度	设计要求		现场取样检查
	桩长	mm	500	测桩管长度或垂球测孔位
	地基承载力	设计要求		按规定方法
	桩径	mm	-20	用钢尺量
一般项目	土料有机质含量	%	≤5	实验室焙烧法
	石灰粒径	mm	≤5	筛选法
	桩位偏差	满堂布桩≤0.04D		用钢尺量，D为桩径
		条基布桩≤0.25D		
	垂直度	%	≤1.5	用经纬仪测桩管
	桩径	mm	-20	用钢尺量

3. 桩基础（混凝土灌注桩）施工质量控制

（1）施工前应对水泥、砂、石子、钢材等原材料进行检查。

（2）施工中应对成孔、清渣、放置钢筋笼、灌注混凝土等进行全过程检查，人工挖孔桩尚应复检孔底持力层土（岩）性。嵌岩桩必须有桩端持力层的岩性报告。

沉渣厚度应在钢筋笼放入后，混凝土浇筑前测定，成孔结束后，放钢筋笼、混凝土导管都会造成土体跌落，增加沉渣厚度，因此，沉渣厚度应是二次清孔后的结果。沉渣厚度的检查目前均用重锤检验。

（3）施工结束后，应检查混凝土强度，并应做桩体质量及承载力的检验。

（4）每浇筑 50m³ 的混凝土必须有 1 组试件，小于 50m³ 的桩，每根桩必须有 1 组试件。

（5）工程质量评定标准：在混凝土抗压强度保证率达 80% 及其以上，各灌注桩全部合格的前提下，若优良桩占 70% 及其以上，即评为优良；若优良桩达不到 70%，即评为合格。

第二节　防渗工程质量控制技术

一、水泥深层搅拌桩质量控制与评定

深层搅拌技术是在软弱地基非明挖层加固的一种新方法，它是利用深层搅拌机把固化剂（水泥、石灰等材料）喷入软弱层深部，同时施加机械搅拌，使固化剂与软土充分搅和。在水的作用下，固化剂和软土之间产生一系列物理化学反应，改变原来软土的性质，使之硬结成水泥土体或石灰土体。这种水泥土或石灰土石具有显著的整体性、水稳定性和一定强度的优质地基。

1. 深层搅拌法适用范围

深层搅拌法适用于以下范围。

（1）深层搅拌法主要用于软弱地基的改良，以提高地基的承载力。近年来，又将该法改进应用于一般防渗工程，或用于城市钢筋混凝土防洪墙的基础，既可承载，又能防渗，效果较好。

（2）该方法适用的范围是不受地下水位的影响的黏土、砂土、粉质黏土、淤泥、密实度中等以下的砂层，含砾直径小于 5cm 的砂砾石。

（3）多头深层搅拌桩作为大堤加固的防渗技术，具有振动小、挤土轻微、综合工期短、造价低、抗渗性能好等特点。

2. 深层搅拌法的优越性

深层搅拌法的优点有以下几方面。

（1）不需开槽或造孔，不需泥浆护壁。成墙深度可达 10 ~ 14m，最大深度为 18m。

（2）根据需要，成墙厚度可达 100 ~ 400mm。只要保证施工要求的搭接长度，墙体厚度能满足防渗要求。

（3）成墙耐久性好，强度高，町避免动物钻洞对墙体的破坏。

（4）适用土层范围广，甚至有土体架窄或洞穴的部位，也能成墙，而在汛期也不影响施工。

（5）工程材料为水泥、石灰和水，取材方便。充分利用原土，节省材料，降低造价。

（6）对周围环境无污染、无振动、无噪声、无干扰，有利于环境保护。

（7）施工效率较高，实际平均工效可达 13.2m²/h，可满足施工要求。

该项技术与同类技术相比，具有材料简单、施工方便、质量可靠、工效高、造价低、使用寿命长、对环境无影响等特点，这是适合我国国情的新技术。

3. 深层搅拌技术的喷射方法

按材料喷射状态，喷射方法可分为湿法和干法两种。湿法以水泥浆为主，或加减水剂和速凝剂；干法以水泥干粉、生石灰于粉等材料为主。干、湿两法各有不同的适应性。湿法搅拌较均匀，容易复搅，但水泥凝结时间较长；干法搅拌均匀性欠佳，很难全部复搅，但水泥凝结时间较短，在一定范围内提高了桩体的强度。

4. 深层搅拌机的种类

深层搅拌机有单头和多头之分。目前国内在用的深层搅拌机有单头、双头、三头、四头，最多的是衡阳探矿机械厂制造的四头。桩径大多为 200 ~ 400mm，施工桩长大多在 10 ~ 14m。为了特殊目的，有的厂家已设计生产出 1000 ~ 1200mm 大直径桩和小直径（20 ~ 300mm）多头桩机。小直径深层搅拌机一机多头，一次成墙长度为 14m，工效较高，防渗效果和混凝土防渗墙相当。

5. 施工技术要求

深层搅拌法施工技术要求如下。

（1）交通。进出场道路与桥梁应能通过 10t 卡车、16t 汽车吊。

（2）场地。施工场地平整，堤顶宽度不小于 4m。场地内地下无大块石、树根、地埋管线等。空中建筑物和高压线横跨施工场地时，其净空距地面不小于 2.0m。

（3）固化剂。主剂一般用 425 号普通硅酸盐水泥或矿渣硅酸盐水泥，水泥掺入量（天然土质量的百分比）一般为 8% ~ 12%。

（4）浆液配制。水泥浆液的配制应严格控制水灰比，一般为 0.45 ~ 0.5。水泥必须：新鲜水泥，无受潮结块现象。宜用袋装水泥并抽检。加水混合时，要用专用的定量水。水泥浆液必须用砂浆搅拌机搅拌，每次搅拌时间不得小于 3min。

（5）钻头。钻头直径根据墙身与垂直度的要求，可用 200 ~ 600mm。

（6）桩长。应满足设计要求，桩顶以地面为准。

（7）搭接长度。根据设计要求而定，应不小于 50mm，随墙深增加应增加搭接长度。

（8）垂直度。桩机应保持水平，钻杆保持垂直，不得使用弯曲的钻杆。垂直度误差不得大于 0.3%。

（9）接头处理。沿桩深方向，若施工因故停浆，应及时通知操作人员记录停浆深度，如果在 24h 内恢复输浆，再次喷浆应将桩机搅拌下沉到停浆面以下 0.5m 处。如超过 24h 则应和前一根桩进行对接。待水泥土墙具有一定强度后，先在接头处用工程钻机造孔，再灌注水泥浆或用黏土连接处理。

6. 施工工艺流程

（1）定桩位。拉线放样，用标尺定出桩位。

（2）桩机安装。桩机安装就位，保证桩机周正、水平、校正垂直度。桩位对中误差不大于 50mm。

（3）制备水泥浆液。按设计确定的水灰比制备水泥浆液，并记录其质量。

（4）预搅下沉。开启桩机，使钻头沿导向架搅拌切土，下沉到设计深度。一般情况不宜冲水，当遇到较硬土层下沉太慢时，可适当冲水下沉。

（5）提升喷浆搅拌。搅拌机下沉到设计深度后，开启灰浆泵将水泥浆压入地基中，且边喷浆、边旋转，使水泥浆和软土充分拌和。同时严格按照设计确定的提升速度，提升搅拌机。升降速度宜控制在 0.6 ~ 1.2m/min 范围内。

（6）重复上下搅拌。深层搅拌机提升至设计加固深度顶面标高时，喷浆量应达到谓要求。为使软土和水泥浆液搅拌均匀，可按设计要求复搅若干次。

（7）清洗。向贮浆桶中注入适量清水，开启灰浆泵，清洗全部管路中残存的水泥浆，直至冲洗干净。并将粘附在搅拌头上的软土清洗干净。

（8）横移对位，调平。多次重复上述 7 个步骤，使桩与桩相割形成一道防渗墙。

（9）搅拌桩顶部与上部结构的基础或承台接触部分受力较大，通常可在桩顶 1 ~ .5m 范围内再增加一次输浆，以提高其强度。

7. 施工质量控制

深层搅拌防渗工程系隐蔽工程，施工质量控制难度大。施工中必须实行全过程控制，提高施工人员质量意识。主要在以下几个方面进行控制。

（1）桩径控制

为保证墙体完整性，确保成墙最小厚度，钻头直径必须满足规定要求。质检人员要经常抽检钻头直径。如钻头直径磨损严重，必须及时更换，保证成墙厚度。

（2）桩距控制

桩距大小关系到成墙最小厚度能否得到保证。为解决这一问题，桩机可采用油压调距的办法，每次水平位移的距离为一定值。

（3）桩体垂直度控材

桩体垂直度直接影响底部桩与桩的搭接质量。一般桩顶部桩位用设计桩距来控制而底部仅能通过桩体垂直度来控制。同时保证墙体不产生渗透破坏，底部厚度不能小于临界值。在施工中必须严格控制垂直度，施工前用水平尺、水准仪校核桩机垂直度，确保垂直度误差控制在 0.3% 范围内，以保证墙底搭接部分的厚度。

（4）桩长控制

为了提高防渗效果，桩底必须与基岩接触，但桩机钻头不能深入基岩，所以桩长较难控制。在施工中要不断总结经验，注意钻到基岩时的一些特征，从施工参数到桩机各种反应综合判断是否钻到基岩。确保墙体与基岩接触。

8. 质量检验

（1）质量检验项目

1）施工原始记录。在施工过程中，发现有不满足要求的，应立即纠正。

2）开挖检验。根据工程设计要求，应全面、准确、及时进行记录，最后汇总分析。选取一定数量的桩体进行开挖，检查加固体的外观质量、搭接质量、整体性等。连续灌水 48h 无渗漏或滴水现象，说明墙体防渗效果好。

3）取样检验。随机选取搅拌桩体，进行钻孔取样。可选取不同地层试样进行室内试验，其项目有：抗压强度、弹性模量、渗透系数与渗透破坏，应满足设计要求。

4）钻孔压水试验。每组试验分桩体、桩体与基岩接触带两段。第一段在桩体内压水试验，确定桩体渗透系数和透水率。第二段打穿桩体后进行压水试验，确定桩体与岩接触带的综合渗透系数。

5）采用标准贯入试验或轻型动力触探方法，检查桩体的均匀性和现场强度。

6）用现场载荷试验法进行工程加固效果检验。如在施工现场就地搅拌水泥土桩，其地质条件、成桩工艺和载荷性质都较接近实际情况，其承载能力就能满足设计要求。

7）采用大地雷达检测，可观察到墙体的连续性、完整性和密实性以及疏松土体的范围。

8）深层搅拌桩加固地基的工程投入使用后，应定期进行沉降、侧向位移等观测工作，用最直观的方法检验加固效果。

（2）单元工程划分

根据建筑物各分部的地基或同一建筑物地基范围内，不同掺入量或不同深度的情况，一般以 20～40 根为一个单元工程。

（3）质量检测内容和标准

水泥深层搅拌桩质量检测内容和标准见表 11-7。

表 11-7　水泥深层搅拌桩质量检测内容和标准

项目		允许偏差	检测频率		检测工具和方法
			范围	次数	
桩位偏差		100mm			经纬仪或钢尺
桩斜率		1%			用垂线测量钻杆
桩底深度		不小于设计深度			水准仪和钻杆
桩顶停浆面高程		±100mm	每根桩	1次	水准仪和钻杆
单桩喷浆量		<7%			供灰浆记录
原材料称量	水泥、掺合料	±2%			查记录
	水、外加剂	±2%			
桩身强度		符合设计要求	不同掺量部位的桩	2%	轻便触探或取样测试

（4）质量评定

1）单根水泥搅拌桩质量评定。单根水泥搅拌桩质量评定按表 11-8 进行，在基碎求（检查项目）合格的前提下，主要检测项目全部符合上述标准，每桩一般检测项目数中有 70% 及以上的测点符合本标准，其他测点基本符合本标准，且不影响安全使用，评为合格；在合格的基础上，一般检测项目的测点总数中，有 90% 及以上的测点符合上述标准，即评为优良。

2）单元工程质量评定。在单根水泥搅拌桩质量全部合格的基础上，有 70% 及的单桩质量为优良的，该单元工程质量评为优良。单桩优良率不足 70% 的，该单元工程质量评为合格。

（5）单元工程质量评定

在基本要求（检查项目）合格的前提下，主要检测项目的测点全部符合上述标准，各一般检查检测项目中的测点数有以上的测点符合上述标准，其余测点基本符合上述标准，且不影响安全使用，防渗效果满足设计要求即评为合格；在合格的基础上，一般检查检测项目的测点总数中有 90% 及以上的测点符合上述标准，即评为优良。

表 11-8　单根水泥搅拌桩质量评定

项目	质量标准（允许偏差）	检测频率	检测工具和方法
孔位允许偏差	50mm		用钢尺量
钻孔的倾斜率	1.5%		用垂线测量
孔深	不小于设计深度		用测绳量
水泥浆液密度	1.5 ~ 1.8g/cm^3	每孔均检查	比重计
摆喷角度允许偏差	1°		有关水、气、浆的压力和流量、提升速度、旋转速度等技术参数通过实地试验确定
喷射时的回浆量	应控制在灌浆量的 10% ~ 20%		
提升速度	50 ~ 150mm/min		

二、高压喷射防渗体的质量控制与评定

1. 基础知识

高压喷射灌浆是利用钻机造孔，然后把带有喷头的灌浆管下至土层的预定位置，以高压把浆液或水从喷嘴中喷射出来，形成喷射流冲击破坏土层，土粒从土体上剥落下来一部分细小土粒随着浆液冒出地面，其余部分与灌入的浆液混合掺搅，在土体中形成凝结体。其基本原理是利用射流作用切割掺搅地层，改变原地层的结构和组成，同时灌入水泥浆或混合浆形成凝结体，借以达到加固地基和防渗的目的。

（1）高喷灌浆的形式

高喷灌浆的形式目前分为旋喷、摆喷和定喷 3 种。旋喷喷射时，喷嘴一面提升一面旋转，形成柱桩凝结体；摆喷喷射时，喷嘴一面提升一面摆动，形成亚铃状凝结体；定喷射时，喷嘴一面提升一面喷射，喷射方向始终固定不变，形成板状凝结体。根据新的水工建筑物防渗工程高喷灌浆技术规范规定，定喷适应于粉土、砂土；摆喷、旋喷适应于粉土、砂土、砾石和卵（碎）石地层。

（2）高压喷射灌浆方法分类

目前，高压喷射灌浆的基本种类有：单管法、二管法、三管法和多管法等几种方法，它们各有特点，可根据工程要求和土质条件选用。

1）单管法（CCP 法）。单管法是利用高压泥浆泵装置，以 30MPa 左右的压力，把浆液从喷嘴中喷射出去，形成的射流冲击破坏土体，同时借助灌浆管的提升或旋

转，使浆液与从土体上崩落下来的土粒混合掺搅，凝固后形成凝结体。它的优点是，水灰比易控制，冒浆浪费少，节约能源等。该工法适用于淤泥、流沙等地层。但由于该工法需要高压泵直接压送浆液，形成凝结体的长度（柱径或延伸长）较小。一般桩径可达 0.5 ~ 0.9m，板墙体延伸可达 1.0 ~ 2.0m。单管法用于加固软土地基，淤泥地层中的桩间止水，已有建筑物纠偏及地基加固等。

2）二管法（JSG 法）。二管法是利用两个通道的注浆管，通过在底部侧面的同轴双重喷射，同时喷射出高压浆液和空气两种介质射流冲击破坏土体，即以高压泥浆泵等高压发生装置用 30MPa 左右压力将浆液从内喷嘴中高速喷出，并用 0.7 ~ 0.8MPa 的压缩空气，从外喷嘴（气嘴）中喷出。在高压浆液射流和外圈环绕气流的共同作用下，破坏泥土的能量显著增大，与单管法相比，在相同的压力作用下其形成的凝结体长度可增加一倍左右。

二管法用于加固软土地基及粉土、砂土、砾石、卵（碎）石等地层的防渗加固。

3）三管法。三管法是使用分别输送水、气、浆三种介质的三管（铁路、冶金系统多用三重管），在压力达 30 ~ 60MPa 左右的超高压水喷射流的周围，环绕一股 0.7 ~ 0.8MPa 左右的圆筒状气流，利用水气同轴喷射，冲切土体，再另由泥浆泵注入压力为 0.1 ~ 1.0MPa，50 ~ 80L/min 浆量的稠浆。浆液多用水泥浆或黏土水泥浆，浆液相对密度可达 1.6 左右。如前所述，当采用不同的喷射形式时，可在土层中形成各种不同形状的凝结体。三管法由于可用高压水泵直接压送清水，机械不易磨损，可使用较高的压力，形成的凝结体长度较二管法大。

三管法又分为老三管法和新三管法。新三管法除了利用高压水冲击切割地层外，还利用约 40MPa 的高压浆液进行充填，所以新三管法又叫二次切割法。它喷射的距离远，所以形成的桩径大。

三管法用来加固淤泥地层以外的软土地基，以及各类砂土卵石等地层的防渗加固。上述高喷灌浆法均为半置换法。

4）多管法（SSS—MAN 法）。先在地面上钻一导孔，然后置入多重管，用逐渐向下运动旋转的超高压射流，切削破坏四周的土体，经高压水冲切下来的土和石，随着泥浆用真空泵从多重管中抽出，如此便在地层中形成一个较大的空间；装在喷嘴附近的超声波传感器可及时测出空间的直径和形状，然后根据需要选用浆液、砂浆、砾石等材料填充，在地层中形成一个大直径的柱状固结体。此法属于用充填材料充填空间的全置换法。

此外，根据喷射介质的不同，高压喷射灌浆又可分为单介质喷射、双介质喷射及多介质喷射等类型。

定喷是喷射流固定在一个方向喷射，能量集中，自下而上强行切割地层形成一条沟槽，较大颗粒被射流挤压冲击在沟槽周边，沟槽内被浆液或浆液与土中的细颗粒所充填，因而形成质地均匀的板体。旋喷时，喷射流是沿着自下而上和旋转的复合作用切削地层，在切割掺搅、升扬置换、充填挤压、渗透凝结，位移袯裹作用的同时，还有旋转离心力和重力作用，柱状凝结体横断面上土粒是按质量大小排列的，晓得在中间，大颗粒多集中在外侧，进而形成了浆液主体层、混合搅拌层、挤压和渗透层（无黏性土），其性能中间与外围有所差异。摆动喷射的凝结体则介于定喷与旋喷之间。

2. 构筑高压喷射灌浆防渗凝结体的影响因素

（1）水

压和水量水射流的喷射压力和水量对凝结体形成的有效长度关系极大，不同水压力和水量形成凝结体的形状和尺寸。增加喷射水量和水压力可增加的有效长度，但水量大将对浆液起稀释作用，使冒出的浆液增加。为此，应综合考虑量和工作压力适宜的高压泵。此外，凝结体的厚度与喷嘴直径的大小、形状也直接有定喷为例，喷嘴直径大小对定喷形成的板厚影响较大。喷嘴直径大，形成的板厚；喷小，形成的板薄。

喷嘴直径大小对摆动喷射形式的哑铃状凝结体形状影响不大，但喷嘴出口段 i ~ 20cm 出现细径现象，细径大小仍然与喷嘴直径直接有关。

（2）气压和气量

压缩空气形成的气幕，可保护水射束能量不过早扩散，增加喷射切割长度和升扬置换作用，形成的低压区促使浆液沿喷射方向跟进掺混，改变地层的颗粒级配。因此，气压和气量的选择，也影响防渗体的材料组成和有效长度。一般空气压缩机的压力宜保持在 0.7 ~ 0.8MPa，并且连续输气是必要的，输气量可在 0.4 ~ 0.8m³/min 之间选择。如地层颗粒成分较多、孔较深，输气量易采用较大值，以增强升扬置换作用。

（3）浆量和浆压

在水、气同轴喷射作用下，浆液可喷射充填扩散到水、气喷射的作用范围，浆液压力保持在 0.3MPa 左右即可，最主要的应保证浆液有足够的稠度和数量，以使水气稀释浆液以后，仍有一定的稠度。采用的搅浆机及喷射装置应能连续工作，能搅制输送相对密度达到 1.6 ~ 1.8 的黏土水泥混合浆或水泥浆，输浆量不少于 60L/min。

（4）提升及旋、定、摆速度

提升速度不仅关系到凝结体的充填均匀性及密实性，而且影响凝结体的有效长度，是确保施工质量的非常重要的因素。大量的工程实践证明，防渗工程采用每分钟提升 4 ~ 20cm 是适宜的。提升速度过快，则有效长度过短，且影响墙体的密实度，过慢则耗用浆液量太多，具体工程最合适的提升速度应通过现场试验确定。

旋转和摆动也应选择最佳速度，旋转速度一般为 5 ~ 20r/min，摆动速度一般为（10° ~ 0°）/s。

（5）地层及颗粒粒径

高压喷射灌浆对细颗粒地层是比较适宜的，但对掺有大颗粒地层，只要工艺参数选择适当，仍能形成良好的连续防渗凝结体。其主要原因是，因为水气喷射使颗粒周围的细颗粒被升扬置换出地面，造成原地层结构的局部松脱，大颗粒在射流作用下，一般会产生位置移动，甚至被掀动，有利于浆液袱裹充填。采用下倾斜喷射较之水平喷射，则更有利于大粒径颗粒被袱裹。

在含有细颗粒地层特别是致密的黏性大的土层中，进行高压喷射灌浆时，水气喷射过程中将使喷射影响范围内的土层颗粒被切削搅动，形成泥浆，并且在升扬置换作用下冒出地面，其稠度和采用的喷射形式直接有关。冒出浆液的相对密度，定喷较小，摆喷较大，旋喷最大，有时相对密度可高达 1.7。为使掺搅范围进入较多的喷射泥浆，应注意先实行水气喷射，暂不注浆，以升扬置换地层颗粒；然后提升一定高度后，当冒浆相对某一数值，如 1.2 时，再将喷射管路下落，实行水气浆二次喷射，这样形成的获得较高的凝结强度。

3. 高压喷射灌浆防渗板墙质量评定

（1）单元工程划分

按工程实际情况划分，也可按每一台班的防渗板墙施工段为一个单元工程。

（2）基本要求

1）施工前对高压喷射灌浆防渗板墙的施工，应按设计要求进行现场试验，碍气、浆的压力、流量，提升速度、旋转速度，以及孔距等技术参数。

2）灌浆液密度，回浆液密度，水、气、浆的压力和流量，摆喷角度，提升速距等应符合规定的要求。

3）对施工技术要求的参数要如实准确记录。

4）墙体的质量可采用钻孔取芯等方法检查。

5）各块板墙体之间连接连续，结合良好。

三、防渗墙垂直铺塑防渗技术质量控制与评定

1. 垂直铺塑防渗技术的优越性

（1）适用于含有一定比例和粒度范围以内的砂砾石层、砂卵石层与黏土层。造槽宽度 16～30cm，若浇注地下连续墙，宽度可达 50cm。开槽深度达 10～18cm。

（2）开沟造槽、塑膜铺设、沟槽回填融为一体，可同步进行，连续作业。最大限度缩短了空槽时间与空槽长度，施工效率高。

（3）形成的塑膜幕体连续性、整体性好，适用变形能力强，防渗效果好。

（4）该技术操作简便，投资省，适用于防渗深度不大的平原水库围坝、江河堤防等中小型水利水电工程。

2. 施工设备

开槽机按照破土方式可分刮板式、旋转式和往复式三种。刮板式是采用链条驱动刮刀对地层产生剪切刮挤破碎，并由利刀破碎后的砂土带出槽外的开槽方式；往复式是用装有刀片的刀杆往复运动刮挤砂土后形成泥浆，通过反循环原理排出槽外。

现在经常使用的是往复式垂直铺塑开槽机。主要由前车、后车、刀杆、刀杆支承、卷扬机、砂石泵牵引和控制柜组成。

砂石泵：当开槽地层的砂层比较厚时，为保持槽壁稳定和槽底清洁，需开动砂石泵抽砂泥浆搅拌机；开槽过程中，采用泥浆护壁，必须配置泥浆搅拌机。

3. 施工工艺

垂直铺塑施工工艺包括平整场地、开槽、铺塑和回填。其施工工艺流程分述如下：

（1）平整施工场地，安装设备，并进行调试，保证设备安装满足规定要求。

（2）开槽时采用泥浆护壁，当槽深达到设计深度后，通过提升卷扬机控制进一步下放。

（3）开动牵引卷扬机往前运动，当开槽距离达到一定位置后，开始铺塑。铺设距离根据地层情况而定。边开槽，边铺塑。

（4）铺塑时，可用开槽机牵引自动铺塑，也可以人工转动模杆进行铺塑。铺塑装自由偏摆一定角度，上吊到一定高度，便于处理故障。

（5）塑料薄膜为聚乙烯薄膜，使用寿命可达 80 年。铺塑前，薄膜幅与幅之间的连接采用热合机加以连接，热合接缝宽度应大于 5cm。

（6）铺塑完毕后，进行回填。如砂层较薄，其自然淤积可达槽深 1/3，其余用人工铲土湿陷回填。如砂层较厚，开动砂石泵，其抽砂回填量可以达槽深，其余用人工铲土回填。

4. 质量检测项目和标准

（1）单元工程划分。垂直防渗铺膜以 50 ～ 100 延米为一个单元工程。

（2）单元工程质量评定。在基本要求（检查项目）合格的前提下，主要检测项目的测点全部符合上述标准，每个一般检测项目的测点数中有 70% 及以上的测点符合上述标准，其余测点基本符合上述标准，且不影响安全使用，防渗效果满足设计要求即评为合格；在合格的基础上，一般检测项目的测点总数中有 90% 及以上的测点符合上述标准，即评为优良。

四、混凝土防渗墙工程质量控制

1. 泥浆材料和制浆工艺

（1）制浆黏土选择

选择原则如下：

1）造浆能力高、制浆工艺简单。

2）运距较短，采运方便，费用低。

3）黏土料场的储量应为需要量的 2 ～ 3 倍，并少占耕地。

4）物理化学指标符合要求，能制出性能合格的泥浆

（2）制浆黏土的质量标准

1）黏土

优质黏土一般具有亲水性强、膨胀量大、分散性好；黏粒含量大、含砂量小；塑性指数高；pH 值高等特点。

使用当地黏土制浆或使用膨润土制浆，可根据工程具体条件，进行技术经济论证。各地黏土的性能指标，往往变化较大，在水利水电工程中一般是加碱处理后使用，必要时采取其他工程措施。

2）膨润土

膨润土的性能指标一般都能满足固壁性能的要求，而且制浆工艺也比较简便，膨润土的性能指标要求。

泥浆的性能要适应地层的特性，应由试验选定。水利水电工程防渗墙施工，一般多使用当地黏土制浆，其各项指标。

由于地层的组成是复杂的，一个工程的地基往往是由几种不同性质的地层组成，因此，泥浆性能指标的选择应以主要地层为准。对于次要地层或特殊地层，一般在钻进过程采取其他措施调整。

若黏土料用机械方法不能搅拌出符合指标要求的泥浆时，则须掺化学剂进行

处理。

2. 泥浆制备和回收

（1）制浆系统布置

1）在满足施工用浆量的前提下，应认真计算和研究开采方案，少占耕地和尽量减少修建制浆系统的工程量。

2）制浆站、堆放物等布置，要尽量做到充分发挥机械设备的生产能力，要方便操作、利于维修管理。

3）废渣、废水排泄要妥善规划，不能污染场地，阻碍交通。

4）供浆方便，充分利用地形条件，尽量采用自流输浆。

（2）泥浆系统组成

泥浆系统是防渗墙施工的重要设施，由泥浆制浆站、泥浆池、供浆管路和回收净化设施等组成。

3. 泥浆回收

泥浆的回收利用，可以减少原材料消耗、减少泥浆生产强度和减少废浆对环境的污染；但要增加泥浆净化设施。因此，要根据材料来源，造孔、排渣方法以及现场条件等因素来确定。

（1）浆渣分离处理：泥浆在造孔排渣中挟带钻屑及小颗粒卵砾石至地面，为加速制度和净化泥浆需把泥浆中的钻屑及小颗粒卵砾石等分离出来。

（2）外加剂处理：泥浆在造孔和混凝土浇筑过程中，不仅受到钻屑的污染，而且水泥浆中游离钙等物质的污染，使泥浆质量变坏，如只经机械分离处理而达不到原泥浆标准时，则需加外加剂处理。外加剂处理所采用的药剂和掺量，根据污染物质的性质和污染程度通过试验选定。

4. 槽孔质量控制和检验

分析已建成的多道防渗墙的成墙质量，可以肯定防渗墙的可靠性。但每项工程成墙后均发现程度不同的缺陷和问题，主要原因是由于施工管理和质量控制检验不严格。

（1）孔形验收

孔形验收，一般包括有孔位、孔宽、孔深和孔斜等项。应对主、副孔及两孔之间的孔形进行严格检验。当施工设备没有自动测斜装置时，目前常用的方法如下。

1）沿槽孔校验轴线位置并定出主、副孔中心。

2）利用钻机用钢丝绳悬吊钻头，在自重作用下沿钻孔中心测定偏离中心位置，钻头直径等于欲测深度处的墙厚。

3）从槽孔的一端，每隔往另一端移动一个测定点，孔口测定位置要固定好，逐点由浅至深测量出不同深度时，钢丝绳在孔口测点偏离钻孔中心的距离和方向，然后按相似三角形原理计算，求得某段底部或全孔底部的孔斜值。

孔形检验，需要时特制一个宽度相当于防渗墙设计厚度，长度稍小于槽孔的钢筋笼来进行，把它放入槽内，上、下提起，如能顺利通过，即证明孔形合格。

孔斜验收也可用超声波垂直精度测定装置以测定槽壁形状，利用发射超声波对准欲测孔壁处，并接收抵达孔壁后反射回来的声波，根据各测点发出声音至接收声音的时间差，测定距离，计算出孔斜。此法能掌握各深度处的孔形状态，测定简便，节省劳力，且精度较高，但要注意控制距测定面的测距和孔内泥浆质量。当测距过小和泥浆含砂量或比重较大时，测定误差较大。

（2）清孔验收

清孔是减少墙体沉降，保证墙体质量和整体防渗效果的关键工序。清孔验收的主要目的：检验槽内泥浆质量是否满足清孔规定要求，以保证混凝土浇筑质量；检验槽底泥砂沉积厚度是否小于允许标准，以保证防渗墙与基岩的接触质量。

槽底沉积厚度，一期墙段接头处泥皮状态，因施工方法、地层组成及泥浆质量不同而有很大差异。一般常用的清孔方法是使用钢丝刷钻头紧贴一期槽孔的混凝土接合面，分段上下反复提起，刷掉泥皮，并规定最低限制洗次数，用抽砂筒掏出掉入孔内的泥皮杂质及钻孔时残留于孔底的沉渣，同时补充新鲜泥浆（习惯称"换浆"），直掏到槽底沉积物厚度和槽内泥浆经过检测各项规定指标符合要求为止；也可使用吸砂泵、空气吸泥器方法进行清孔，其换浆效果好、速度快，但要避免在松散地层中塌孔。采用上述方法时，要慎重制定相应的施工管理措施。

检查沉渣厚度和孔内泥浆质量的方法如下。

1）槽孔内泥浆的检验

用带有上下活门的取样罐放至取样深度，取出泥浆进行测试。一般测试项目有：泥浆比重、含砂量和黏度等。

2）槽底泥砂沉积厚度的检验

通常使用测针和测锤方法。将测针与测锤放至预测点的同一位置，分别量出放入深度，二者之差即为泥砂沉积厚度。

检验测量要在清孔换浆结束后 1h 进行。根据目前国内多用当地黏土制浆和沿用的造孔工艺，清孔后泥浆的检验标准：孔内泥浆比重不大于 1.3，黏度不大于 30s，含砂量不大于 12%；孔底沉积厚度不大于 100cm。

5. 钢筋笼的下设

（1）下设钢筋笼对槽孔质量要求

1）保证槽孔规定的宽度，孔壁必须平直，不得有孔曲、梅花孔、小墙残体及探头石等。每个槽段的孔底起伏形状在保证嵌入基岩深度要求的前提下，另须提出设计要求，以便制造钢筋笼。

2）各单孔和接头孔的孔斜率均须在允许的范围内。

3）必须保证清孔质量。由于下设钢筋笼延长了浇筑混凝土前槽孔内泥浆的沉淀时，下设钢筋笼时可能刮落槽壁的泥皮，若清孔措施不力，将会使孔底沉积超过要求，降低防渗墙嵌入基岩的工程质量。

（2）钢筋笼制作注意事项

钢筋笼按槽孔长度和宽度分块加工。槽孔较深时沿槽孔深度方向分成若干节，酬度要根据起吊设备条件，搭合焊接时间而定，各节之间，随下设随焊接，直至要一期槽孔钢筋笼的宽度应空出接头孔的部分，其厚度与钢筋设计保护层厚度有关，小于槽孔宽度 20cm。钢筋的直径和间距由设计决定。但按一般混凝土配合比设计最小间距不能小于 10cm。制作钢筋笼注意事项如下：

1）配筋前，应将钢筋上的铁锈清除干净，各部位的钢筋规格，必须符合设计要求。

2）按设计要求控制钢筋笼外形尺寸，竖向筋的偏斜不得超过 2%。

3）加工好的钢筋笼要进行编号，标明上游面、下游面和上、下端。应放置在平，场地上，以免变形。

4）笼的底部轮廓必须与槽孔基岩面底线吻合。

5）一个槽孔的钢筋笼，必须在清孔前全部制作完毕。m3 钢筋笼组装与下设注意事项钢筋笼组装下设前应正确量测主钢筋的长度和接头长度，做出标志。利用钻机或吊车起吊、在孔口焊接加长，逐节随焊随下，直至下完为止。起吊设备能力，应满足起吊连接成整体钢筋笼的重量。

下设钢筋笼注意事项如下：

1）在下设前应检查钢筋笼制作质量，经堆放和运输后是否变形，编号是否正确；并认真勘查施工场地，排除干扰。

2）在下设时须由专人检查是否对准槽孔的中心位置，保证准确、垂直地下入。

3）接长每节钢筋笼的焊接应集中力量尽快焊好，并保证竖向钢筋的垂直精度。

4）为减少孔内淤积厚度，若钢筋笼下设时间过久，宜下入风管或浆管至孔底，悬浮岩屑减少孔底淤积。

5）若钢筋笼下设时受阻严重，不能强行施压，以防钢筋笼变形或槽壁坍塌，应研究相应措施。

6. 浇筑混凝土

造孔以后，浇筑以前，要做好终孔验收和清孔换浆工作。

终孔验收的项目和要求，见表11-9。验收合格方准进行清孔换浆。

表11-9 终孔验收项目和要求参考表

终孔验收项目	终孔验收要求
孔为允许偏差	±3cm
孔宽	≥设计墙厚
孔斜	≤4‰
二期槽孔搭接孔位中心偏差	≤1/3设计墙厚
槽孔水平断面上	没有梅花孔、小墙
槽孔嵌入基岩深度	满足设计要求

清孔换浆的目的是要清除回落在孔底的沉渣，换上新鲜泥浆，以保证混凝土和不透水层连接的质量。清孔换浆应该达到的标准是经过1h后，孔底淤积厚度不大于10cm。内泥浆比重不大于1.3，黏度不大于30s，含砂量不大于12%。一般要求清孔换后4h内开始浇筑混凝土。如果不能按时浇筑，应采取措施，防止落淤，否则，在浇注前要重新清孔换浆。

泥浆下浇筑混凝土的主要特点如下：

（1）不允许泥浆与混凝土渗混形成泥浆夹层。

（2）确保混凝土与基础以及一、二期混凝土之间的结合。

（3）连续浇筑，一气呵成。

7. 防渗墙的质量检查与评定

（1）质量检查

质量检查主要有以下几个方面：槽孔几何尺寸和位置；基岩岩性和入岩深度；槽段接头；清孔泥浆的质量及孔底淤积厚度；混凝土浇筑时导管的位置以及导管埋深、浇筑速度和浇筑高程；混凝土原材料；浇筑时对混凝土的坍落度、和易性、扩散度的检查以及机口取样的物理力学指标；成墙质量。

基岩岩性及入岩深度的检查，一般在地质资料比较准确的情况下，由泥浆携出的钻渣中即可判断基岩岩性和入岩深度。但当遇有与基岩岩性相同的漂卵砾石时，则常常发生误判，此时需钻取岩心，才能得到可靠的结果。为了减少基岩面判断的失误，在开工前沿墙轴线多布置一些勘探孔（间距 10 ~ 12m）是必要的。

墙段接缝的检查主要是针对墙段接缝间是否有夹泥以及判定夹泥的厚度。如果夹泥过厚，在高水头的作用下接缝中的夹泥可能被冲蚀，形成集中渗漏通道，严重时将在墙后产生管涌甚至危及大坝的安全。我国早期（20 世纪 60 年代初）修建的防渗墙，由于采用当地黏土制浆，清孔的手段比较原始，并且对泥浆絮凝的机理缺乏了解，因此墙段接缝夹泥较厚。例如，北京西斋堂水库大坝防渗墙夹泥最厚达 4cm，曾发生过夹泥被冲蚀而引起墙后土体被冲蚀，最后导致坝面坝陷的事故。20 世纪七八十年代随着施工工艺的不断改进，接缝夹泥逐渐变薄。

一般来说，如果清孔泥浆的密度不大于 2g/cm3（对黏土泥浆），黏度在 25 ~ 55s 之间，含砂量不大于 3%，墙缝将不会产生夹泥。

当泥浆密度较大、含砂量较大、黏度较低而浇筑槽孔较深，混凝土强度又不高时，在长时期的浇筑过程中泥浆中砂粒有可能沉积在混凝土表面，极有可能被裹入混凝土中或被挤向接缝处而形成夹泥层或接缝夹泥。随着对这一问题的认识的不断深化，1995 年修订的规范对清孔泥浆含砂量，由原来的 12% 降低到了 8%。鉴于过去多用抽筒清孔出渣，泥浆中的细颗粒（粉粒）不易被清除。近年来由于技术的进步和工艺的改进，开始采用泵吸法出渣和用振动筛、旋流器对泥浆进行处理。经过这样处理的泥浆可以把泥浆中粒径大于 75mm 的颗粒全部清除，保证了清孔泥浆的质量，从而也保证了防渗墙混凝土的质量。

（2）质量评定

1）单元工程划分

一般以 10 ~ 20 延米为一个单元工程。

2）质量评定

在基本要求（检查项目）合格的前提下，主要检测项目的测点全部符合上述标准，每个一般检查项目'的测点数中有 70% 及以上的测点符合上述标准，其余测点基本符合上述标准，且不影响安全使用，即评为合格；在合格的基础上，一般检查项目的测点总数中有 90% 及以上的测点符合上述标准，即评为优良。

五、振动沉膜防渗墙施工的质量控制

振动沉模防渗板墙技术，是利用强力振动原理将空腹模板沉入土中，向空腹内注满浆液，边振动边拔模，浆液留于槽孔中形成单块板墙，将单板连接起来，即形成连续的防渗板墙帷幕。

该项新技术主要用于砂、砂性土、黏性土、淤泥质土及砂砾石地层建造混凝土

连续防渗墙，造墙深度可达 20m 左右，厚度 8 ~ 25cm，最厚可达 30cm。其不足之处是对卵石含量高的厚地层沉入困难，不能沉入基岩和大块石中。目前，造墙深度尚不能超过 25m。该项新技术主要特点如下：

（1）技术先进，质量可靠。建造的墙体垂直连续，无接缝、无纵横向开叉等缺陷；墙面平整，厚度均匀，帷幕完整性良好；可调整浆液配比，使墙体的物理力学性质满足设计要求。

（2）工效高。每日 1 台套设备可造墙约 300 ~ 500m^2。

（3）工程造价低。因施工速度快，工程造价便宜，每平方米防渗墙造价较其他混凝土连续墙技术便宜 1/3 左右。

（4）工艺简单，易于操作。充分利用空腹钢模板的造槽、导向、护槽、灌注、振捣等项功能一次连续成墙，易于质量控制。

（5）设备性能稳定，机械化程度高。设备构造、选型组装合理，价格比较便宜，大约仅为国外同类设备费用的 1/10 ~ 1/8。

1. 方案确定

振动沉模防渗板墙工程设计，必须在综合分析各种有关资料的基础上进行，选择方案和指标应符合技术的可行性和经济的合理性。

（1）资料搜集

堤坝垂直防渗墙工程属隐蔽工程，应十分重视资料搜集和设计的准备工作。水文气象、工程地质、水文地质资料，应满足相应设计阶段的要求。对特殊地质条件和特殊堤坝段的资料搜集工作更要做细，做到勘探密度满足设计要求，地层岩性分布翔实。同时，应注意收集历次堤坝施工的记录资料，历年堤坝位移、变形、渗流等观测成果，堤坝存在隐患的范围、状况、性质，分析其成因和危害程度以及抢险情况等。做到资料全面详细，以提高工程设计的质量。

（2）防渗墙平面位置的确定

堤身防渗墙一般应布设在堤顶轴线附近，堤坝地基防渗墙则可以布设在迎水面滩地上距坡脚大于 3m 的地方。遇有障碍物，如高压线、通信线、地下管涵，以及其他建筑物，防渗墙平面布置要与障碍物保持一定距离，空出的堤段可用高压喷射灌浆工法或其他工法连接。

（3）防渗墙深度的确定

设计防渗墙的深度，要满足渗流稳定的要求，因此应进行渗流计算，或依据经验确定。

$$\Delta l = \frac{\Delta H}{2[J]}$$

1）当在振动沉模板墙工法可达到的深度内有相对不透水层时，防渗墙下部应插入相对不透水地层，做到全封闭。

2）对深厚透水地层，可以做成悬挂式防渗墙。对于较低的堤坝（≤10m），防渗墙深入透水地层的深度可按2.5倍左右水头确定。

3）在地基中有承压强透水层，其渗流出逸点和渗透破坏区可能在很远的地方（可达500m以上），对这种地层应力求全封闭，消除隐患。

（4）防渗墙渗透系数和抗渗坡降的确定

渗透系数和抗渗坡降取决于墙体材料质量。一般渗透坡降大于500，渗透系数 $K=1 \times 10^{-7}$cm/s 为宜。

（5）防渗墙厚度的确定

因为江河水头较低，为节约材料，降低成本，江河堤防的防渗墙均可以做得薄一些，一般可按下式估算墙的厚度：

$$d = K \frac{\Delta H_{max}}{J_{max}}$$

式中　ΔH_{max}——作用在防渗墙上的最大水头差，m；

　　　　K——抗渗坡降安全系数，一般取 3～5；

　　　　J_{max}——渗透破坏坡降。

（6）防渗墙抗压强度和弹性模量的确定

以防渗为主要目的的防渗墙应满足防渗和适应变形的要求，具有较低弹性模量和较大的应变性能。江河堤防的防渗抗压强度一般以 2～4MPa 为宜（有特殊要求的例外），弹性模量一般选择 1000～4000MPa，弹强比可小于500。

（7）防渗墙材料的确定

防渗墙材料的选择应考虑下列因素：防渗墙的物理力学性能；施工机械和工艺过程要求；防渗墙厚度；材料供应条件和价格；施工经验等。

1）为满足拌和料质量、输送、灌注的要求，拌和料和易性要好，不离析、不沉淀；砂浆浆液初凝时间应不小于4h，终凝时间应不大于24h。

2）砂浆包括：水泥砂浆、水泥黏土砂浆、水泥粉煤灰膨润土砂浆、水泥粉煤灰黏土砂浆，适用于 10～20cm 厚的防渗墙；和易性差时，可加适量外加剂。塑性混凝土，适用大于 20cm 厚的防渗墙。

3）浆液配方应根据设计墙体的物理力学指标要求，进行浆体配方试验，或依据工程经验确定。

4）根据施工季节不同、防渗和强度的要求不同以及拌和与输送设备不同，浆体可掺加不同的外加剂，主要有泵送剂、减水剂、缓凝剂、防水和防腐剂等。

2. 施工工艺

施工程序如下。

（1）模板就位

先将桩机调平，使立柱垂直，再将A模板对准孔位，靠振动体系的自重落下，检测调整模板的垂直度达到规程要求。

（2）振动沉模

1）启动振锤，先将A模板沿施工轴线沉入地层，达到设计深度。A模板为先导模板，有起始、定位、导向作用，故其垂直倾斜度要求小于3‰~5‰。

2）再将B模板沿施工轴线紧靠A模板前沿沉入地层中，达到设计深度。A模板为前接模板，起到延长板墙长度的作用。

（3）灌浆拔模

向A模板腹内灌满浆液，然后边振动、边拔升、边灌注，直至将A模板拔出地面，浆液留于槽孔内，形成密实的单板墙体。

（4）再沉A模

当A模板灌浆拔模至地面后，移至B模板前沿沉模时，B模板也起到定位、导向作用。此时A模板为前接模板，起到加长板墙的作用，A、B两模板的定位、导向作用互换。

重复1、2、3、4工序，连续不断地施工，即可形成一道竖直连续的整体板墙。

3. 浆液

（1）浆液材料

主要依据墙体物理力学指标要求确定。一般堤防防渗可采用水泥、粉煤灰、砂、石子、黏土、膨润土及清水等，有时根据工程需要添加减水剂、缓凝剂、防腐剂等。

1）水泥。一般情况下，采用425号普通硅酸盐水泥，当有耐酸或其他要求时，可用抗酸水泥或其他特种水泥。水泥应严格防潮和缩短存放时间，不得使用过期变质水泥。

必须定期定量出具有法定质量检测单位的试验报告书。

2）砂。以细砂为宜，有机含量不宜大于3%，含泥量不应大于10%。

3）粉煤灰。应用精选的二级袋装粉煤灰，烧失量不宜大于8%。防渗墙抗压强度低时，可用三级粉煤灰。

4）膨润土。对减少析水性和降低渗透系数、弹性模量有明显作用，一般掺量不宜超过水泥用量30%。以钠质为最好，钙质次之，一般磨细度为200，筛余量小于6%，干粉袋装。

5）水。以无污染的中性水为宜。

（2）浆液配方

根据工程需要和工程条件，选择浆液配方。例如：水泥浆、水泥砂浆、水泥粉煤灰浆、膨润土砂浆、水泥粉煤灰砂浆、水泥黏土浆、水泥黏土砂浆等。各种浆液的组合与配比应满足防渗工程的抗压强度、弹性模量、渗透系数、抗渗坡降等的设计要求。一般振模防渗板墙工程28d性能指标为：渗透系数不大于1×10^{-6}cm/s；抗压强度1～15MPa（根据工程需要设计）；抗渗坡降大于500；弹性模量1000MPa左右。

水泥粉煤灰砂浆浆液密度以1.9g/cm³左右为宜；浆液在初凝前不沉淀，不离析。适合泵送的水泥砂浆坍落度大于15cm。初凝时间不小于4h，终凝时间不大于24h。

（3）浆液配制

1）配制浆液材料必须称量或体积折算。称量误差水重不超过±2%，自动进水装置必须事先进行率定；其他材料重量误差不超过±5%。

2）依搅拌机性能不同，浆液的搅拌时间必须符合要求。掺粉煤灰要适当延长拌和时间。

3）浆液拌和要均匀，浆液要有良好的工作性状。

4）制浆量要满足一个槽孔的浆量储备，以免拔模时出现断浆现象。

5. 质量控制

为确保各个单板之间连接可靠，墙体的物理力学性能指标、几何形状达到设计要求，主要应采取如下措施。

（1）严格控制振板的垂直度。振板铅垂倾斜度不超过3‰～5‰。要求整平场地，用经纬仪调平机座，同时调整桩架立柱保持垂直，以保证振板的垂直度达到控制要求。第一块模板尤应严格控制模板垂直度。

（2）严格掌握两模板间的紧密扣合。为确保单板间连接可靠，防止单板接头处开叉，采用了双模板连续施工工艺，并在模板两侧面设有导向和扣连装置，做到极板相扣，确保了板墙连接的可靠性。

（3）拔板速度不宜过快，要严格控制模板空腹内浆液液面在地面附近，保证浆体有足够充盈量，确保浆液连续灌注到设计墙顶。

（4）严格掌握灌注浆体的配比和均匀性，浆液材料配比可根据墙体的物理力学指标进行调整，以满足设计要求。

（5）利用模板振动，保证了墙体的几何尺寸，增加了密实度和均匀性，大大提高了防渗板墙体的质量。同时使先后槽孔浇注的浆液初凝前，在振动作用下即相互溶混为一个紧密的整体，从而形成完整、致密、连续的防渗帷幕。

6．工程质量检测

（1）工程材料检验

水泥、粉煤灰、外加剂均由生产厂家分批提供检验报告单。施工方同时分批抽样送交有相应资质的检验单位进行检验并提供检验报告单。砂子由施工单位自检，监理人员监督进料。

（2）浆液检验

制浆时监理人员、质检员，随时检验材料的配比，每24h用比重秤检测一次浆液比重。施工堤段每200m进行一次浆液试块物理力学指标检验。

（3）墙体检验

施工期内开挖4个探坑，检验墙体的外观质量，同时取样进行板墙体的物理力学性能检验。施工结束后，每500m施工堤段开挖一个探坑，对墙体进行外观质量检测和取样进行物理力学性能检验。取样时，检测各试样的长度，即该处墙体的厚度。

7．质量保证措施

（1）建立质量保证体系

1）由专家组和工程部按照施工规程和技术细则对工程质量和施工工艺进行全面监控，及时解决施工中出现的技术和质量问题。

2）各机组每个班设跟班工程师1名，负责本班工程技术管理和质量管理；各机组每个班都有跟班质检员，负责该班工程质量检查。

（2）质量控制措施

1）实行全员全过程质量监控措施。对全体员工和施工的全过程进行严格的质量教育和质量管理。

2）开工之前组织全体施工人员学习施工组织设计、施工技术细则、设备使用说明、操作规程、岗位职责、安全规定等。

3）桩机组和输浆组要密切配合，须有彩旗、信号灯、对讲机等联络措施，保证组间联系密切，协调工作。输浆泵记录要完整。

4）在施工全过程中，实行"岗位责任制"，做到定人、定岗、定责，做到有专人检查监督质量。

5）严格管理制度。对施工中出现的问题，要及时汇报，及时处理解决，不得拖延、推诿。

6）建立质量奖惩制度。施工人员质量搞得好的给予表扬和物质奖励；质量搞得差的批评教育，直至开除。

六、排水工程的质量控制

1. 选择反滤料铺填方法的原则

（1）必须保证反滤层的有效宽度符合设计要求，且"犬牙交错"带宽度不得大于其与它层铺土厚度的 1.5 ～ 2.0 倍。

（2）反滤层水平宽度大于 3m，可用机械施工；小于 2m 的填筑应以人工为主。

（3）自卸汽车载重量要与反滤层铺设量或水平宽度相适应。

（4）自卸汽车卸料方向最好与反滤层铺设方向一致，以免反滤料抛散在心墙、斜墙土面上。

2. 反滤料实际消耗量

（1）运料车型与设计宽度不适应，汽车载重量偏大。

（2）为保证反滤层设计宽度，施工宽度比设计有所放宽。先砂后土法增加反滤料量较多，其次为先土后砂法、平起法。

七、止水工程的质量控制

1. 接缝止水型式

（1）金属止水片

金属止水片包括紫铜止水片和不锈钢止水片。其中紫铜止水片为常用，铜止水片主要有 F 形、W 形和 V 形 3 种。工程中，塑胶止水带普遍采用生产厂家的定型产品。

（2）接缝止水的材料加工

金属止水片的加工成型方式有冷挤压、热加工和手工成型 3 种：冷挤压容易对铜卷材进行加工成型，从而有效地减少接头数量；热加工和手工成型时，加工件的长度受到限制；手工成型的止水片平整度差，断面不规则且易损坏金属。冷挤压成型后的止水片长度大，易发生扭曲变形，因此，应靠近工作面加工且出口处设置托架。

（3）接缝止水的接头处理

1）异型接头。面板系统有一些十字形和T字形接缝。为适应面板双向变形的特点，建议在工厂对十字形或T字形的止水片接头进行整体加工。

橡胶或塑料止水带有厂家直接加工成型。橡胶或塑料止水带一般设置于周边缝和垂直受拉缝中，止水一般要承受周边较大的变形和较高的水压。因此，要精心施工，以确保其防渗效果。对已老化或有缺陷及强度、防渗性能损伤的止水带，不得使用。

2）现场拼接。金属止水片的拼接方式按其厚度分别可采用折叠咬接、搭接或对缝贴焊。焊接时可采用气焊或电焊，搭接长度不得小于20mm，咬接、搭接后必须采用双面焊接。对缝焊接时可采用相同形状的止水片和宽度为40～60mm的贴片，先将两条止水片对缝点焊，然后将贴片中心对准接缝，再将贴片分别焊于两条金属止水片上。

塑料止水带的接头，一般采用熔接，即用红外线电热器熔化，再施挤压，使其黏结在一起。实施时先将止水带的油污和泥土等清除干净，把两端切割平整对齐，不能有缺口，再将融接器插头接上，接通电源，将止水带的两端对准融接器两侧进行烘烤，使止水带整个断面都熔化（但不能烧焦），立即把两个端头对在一起，并用力挤压直至冷却，熔接处不能烧焦发黄，要密实、无气泡、孔洞等现象。止水带冷却后，用水尽可能地把它弯成尖角，接缝处没有出现开裂的痕迹即为合格，若发现有孔眼，要用焊枪补焊或重新熔接。

橡胶止水带接头采用硫化连接。塑胶止水与金属止水片连接时，宜将塑胶止水带的一侧削平，热压在金属止水片上，趁热铆接；也可在两止水间用柔性密封材料或优质底胶黏结后，再实施铆接或螺栓连接。

2. 砂浆垫层的施工

对于周边缝，其止水垫层一般采用嵌铺沥青砂预制块，也可以嵌铺水泥砂浆预制块，然后在其上铺一层橡胶垫片。沥青砂是沥青与砂按比例掺和的混合料，沥青与砂的比例一般为1:9。

对于垂直缝，金属止水片的垫层一般采用水泥砂浆，其上再铺橡胶垫片。水泥砂浆条带一般采用人工直接在垫层的保护层上铺筑，表面抹平整。在5m长度范围内最大凹凸不大于5mm。

砂浆条带强度达70%后即可铺设塑料垫片。铺设前，先在水泥砂浆垫床上用热沥青刷涂，以便将塑料垫层平整地黏结在水泥砂浆垫床上，铺设时不得有褶曲、空泡和漏涂等现象，塑料垫片的中线与缝的中线重合。

3. 止水片的安装与保护

按照设计要求把止水片固定安装与模板止水预留口处，要求安装位置准确，固定牢固。对于滑模施工段，应在滑模就位、调试完毕后，按施工块号长度把焊好的止水片固定于趾板筋上。

混凝土浇筑过程中，应设专人对止水进行维护。

面板止水片的安装：待砂浆垫铺筑完成并且强度达到 70% 以上，即进行止水的安装，加工好的铜止水片摆放到工作面并进行焊接连接，在鼻腔中先填塞橡胶棒和聚苯乙烯泡沫，并用胶带封闭，然后铺橡胶（塑料）垫片，再将连接好的止水片安放就位，紧贴于橡胶（塑料）垫片上，最后在止水片上安装、固定面板侧模。

对于橡胶（塑料）止水带的安装：须将止水带牢固地夹在模板中，止水带中间腔体应安装在接缝处，不允许在空腔体附近钉钉子或凿孔；安装后，应每隔 1 ～ 1.5m 用铅丝将止水带固定在钢筋上（只允许在边缘凿孔）。

当趾板或前期面板混凝土浇筑完成后，其一部分止水片因施工先后安排而暴露在外时间较长，而且该部分止水片受破坏后很难恢复，因此，对该部分止水必须进行严格保护。

4. 嵌缝材料的施工

嵌缝材料包括黏性材料和无黏性材料。黏性材料是指一种沥青改性材料；而无黏性材料主要指粉煤灰和粉细砂。

（1）黏性材料的施工

嵌缝材料设在周边缝和张性垂直缝顶部，对为一种沥青改性材料。施工工艺如下：

1）接缝清理。用钢丝刷将预留槽的两边刷干净，再用水冲洗槽内外，除去表面的灰砂，亦可用喷砂法或用高压水冲洗处理，若槽内有平整的缺陷，可用水泥砂浆填平或凿除凸起。接缝清洗干净后，应晾干或采用酒精灯将缝烘干。

2）涂冷底子油（黏合剂）。冷底子油使用前要用搅拌棒搅拌后再倒出，用毛刷将槽内、外壁均匀涂刷一遍，外壁部位要适当刷宽一些，不可漏刷。

3）填缝。待冷底子油刷后 1h 左右，用手感觉快干时，即可将嵌缝材料切成条状压入槽内，并填到设计规定的形状，最后用木锤锤紧，嵌填密实。

4）密封。嵌缝材料嵌填完毕后，及时盖上平板橡皮或塑料皮，并用冲击电钻钻孔，埋设膨胀螺栓，牢固地固定在混凝土板上。要形成密封空腔，一方面要有相对平整的混凝土面，接缝两侧 50cm 范围内浇筑混凝土时，要在二次压面时抹平，满足施工规范的要求，即用 2m 靠尺检查，不平整度不大于 5mm ；另一方面，对表面的盖板要尽量采用有一定厚度的复合盖板，在用螺栓压固时使不平整面有一定的调节余地。

进行塑性止水胶泥嵌缝时还应注意如下几点：①运往工地的材料应存放于干燥的库房内，不得露天存放；嵌缝材料的上方不要放置刚性重物；库房应注意防火；②与天进行嵌缝施工，应有防雨措施；③嵌缝材料在使用过程中，不得黏上污物。如材料较硬，可用碘钨灯照射或红外线加热器加热烘烤，严禁用明火烘烤，加热过程中应严格控制温度和加热时间，以防材料老化。

（2）无黏性材料的施工

混凝土面板堆石坝周边缝及张拉缝采用嵌填粉煤灰和河砂，外罩土工织物和穿孔镀锌铁皮，并用膨胀螺栓固定。嵌缝施工时要注意排除趾板和面板的养护水。

第三节 渠道工程质量控制技术

一、基础知识

1. 渠道施工内容及其特点

渠道施工包括渠道开挖、渠道填筑和渠道衬砌。

渠道施工的特点是工程量大、施工线路长、场地分散、但工种单一、技术要求低。

2. 渠道的渗透损失及防渗措施

渠道的水量损失，主要是渗透，其次是蒸发。在灌溉渠道中，有时渗透损失可达渠道流量的 50% ~ 60%。这不仅造成水量的消耗，还会引起地下水位的升高，以至促使附近农田盐碱化。

渠道的渗透流量随时间的增长而逐渐减少，这是因为渗透使土壤细颗粒移动，细颗粒填充了土壤中的孔隙；另一方面水流中的悬移质和溶解盐进入渠床的土壤中，渠床周边形成透水性小的铺盖。

一般防止渗透的方法有两种：一种是提高渠床土壤的不透水性；另一种是衬砌渠床。

（1）提高渠床不透水性的方法

1）淤填法。采用人工把黏土抛入渠中，或有意向渠道泄放浑水。此法适于渠床土壤的颗粒不均匀，又不存在大孔隙的情况下采用，渠中流速也不能太大，以免冲走淤填物。

2）机械压实法。在修建渠道时，通过压实土壤，以提高其不透水性，此法特别适用于填方渠道。

（2）衬砌法

渠道衬砌的作用是：减少渗透损失；防止冲刷；降低糙率，以增加渠道的输水能力；增加边坡的稳定性；保护渠床免受冰块或船只的冲撞；防止渠中生长杂草；防止穴居动物破坏边坡；加快输水时间。

常采用的衬砌形式如下。

1）草皮护面。这是我国在沙质土层采用的一种方法，将草皮（具有厚壤土层）平铺在渠床上，并加拍打，主要起防冲、防渗作用；适用于坡度不大，流速不超过1.2m/s 的渠道。

2）黏土衬砌。主要起防渗作用，边坡的结构形式类似土坝的斜墙。

3）石料衬砌。分为抛石、干砌石和浆砌石 3 种。

4）混凝土及钢筋混凝土衬砌。这种衬砌具有显著的防冲、防渗、降低糙率、稳定边坡、不生杂草的作用，但造价最高。

二、渠道工程施工质量检查与评定

1. 一般规定

（1）单元工程划分：应按衬砌渠道左、右坡；渠底的变形缝划分，通常以单坡长度 100m 为一个单元工程。

（2）单元工程的质量标准由削坡、永久排水设施、垫层铺设、混凝土浇筑、伸缩缝施工、附属工程等工序及混凝土外观质量标准组成。

（3）单元工程的质量检查可采用现场观察、现场测量、仪器测量等方法。

2. 削坡

（1）质量检查项目和质量标准，见 11-10。

表 11-10　削坡质量检查项目和质量标准

项目	质量标准
渠底渠坡清理	各种杂草、树根、杂物、杂质土、弹簧土、浮土等按设计要求清理干净
渠坡坍坡处理	对雨淋沟和坍坡，按设计要求厚度补坡后进行压实削坡
补坡压实度	渠底压实度 0.90；渠坡压实度 0.92
渠口边坡	允许偏差：直线段 ±20mm；典线段 ±50mm
坡面局部平整度	允许偏差：2cm/2m

（2）检测数量：每工序应不少于 10 个测点。

（3）工序质量评定。

合格：主控项目符合质量标准；一般项目不少于 70% 的检测点符合质量要求。

优良：主控项目符合质量标准；一般项目不少于 90% 的检测点符合质量要求。

3. 垫层铺设

（1）质量检查项目和质量标准见表 11-11。

表 11-11　砂砾料垫层质量检查项目和质量标准

检查项目	质量标准
基面	垫层的基面必须符合削坡工序质量要求
砂砾料	质地坚硬清洁，级配连续良好，不含泥块杂物
砂砾料垫层铺设	铺料前适量洒水，厚度要均匀，用机械碾压达到密实、平整，压实后及时进行表面防水处理，不允许人为踩踏
砂砾料垫层厚度	偏小值不大于设计厚度的15%；平均厚度要达到设计要求
砂砾料垫层密实度	不小于设计值
砂砾料垫层平整度	允许偏差不大于1cm/2m

（2）检测数量：每工序应不少于 10 个测点。

（3）工序质量评定。

合格：主控项目符合质量标准；一般项目不少于 70% 的检测点符合质量要求。

优良：主控项目符合质量标准；一般项目不少于 90% 的检测点符合质量要求。

4. 衬砌混凝土板

（1）质量检查项目和质量标准见表 11-12。

表 11-12　混凝土浇筑质量检查项目和质量标准

检查项目	质量标准	
	优良	合格
入仓混凝土	无不合格料入仓	少量不合格料入仓，经处理后满足设计及规范要求
铺料平仓	铺料均匀，平仓齐平，无骨料集中现象	局部稍差
混凝土振捣	留振时间合理、无漏振振捣密实、表面出浆	无漏振，无过振

续表

检查项目	质量标准	
	优良	合格
养护	终凝前喷雾养护，保持湿润，连续养护不应少于28d	表面保持湿润，短时间内局部有干燥现象，连续养护时间基本满足设计要求
模板	符合模板设计要求	基本符合设计要求
混凝土浇筑温度	满足设计要求	基本满足设计要求
泌水	无泌水	有少量泌水
离析	无	有轻微离析

（2）检测数量：在混凝土浇筑过程中随时检查；对混凝土外观进行全面检查。

（3）质量评定。

合格：主控项目符合合格质量标准；一般项目不少于70%的检测点符合质量要求。

优良：主控项目符合优良质量标准；一般项目不少于90%的检测点符合质量要求。

5. 伸缩缝

（1）质量检查项目和质量标准见表11-13。

表11-13　伸缩缝质量检查项目和质量标准

检查项目	质量标准
填充材料	应符合设计要求和填充材料质量标准
灌缝材料	灌缝材料性能符合设计要求；密封胶应达到规定的质量要求
伸缩缝清理	填充前对伸缩缝内的灰末及松动混凝土余渣等杂物清理干净
伸缩缝填充	填充材料必须准确到位；灌缝材料应饱满，顶部与混凝土表面齐平，黏结牢固，密封胶压实抹光，边缘顺直
伸缩缝宽度	设计缝宽±1mm
伸缩缝顺直度	15mm/20m
切缝深度	设计值±5mm
灌缝厚度	不小于设计厚度值

（2）检测数量：每工序应不少于10个测点。

（3）工序质量评定。

合格：主控项目符合质量标准；一般项目不少于 70% 的检测点符合质量要求。

优良：主控项目符合质量标准；一般项目不少于 90% 的检测点符合质量要求。

6. 单元工程质量等级评定标准

合格：削坡、永久排水设施、垫层铺设、混凝土浇筑、伸缩缝施工、附属工程等工序及混凝土外观全部达到合格，单元工程质量等级合格。

优良：永久排水设施、垫层铺设、伸缩缝施工、附属工程等工序及混凝土外观等 5 项达到合格并且其中任意一项达到优良，削坡、混凝土浇筑主要工序全部达到优良，单元工程质量等级为优良。

第四节　堤防工程施工质量控制技术

一、堤基清理质量控制与评定

1. 施工准备

（1）一般规定

1）施工单位开工前，应对合同或设计文件进行深入研究，并应结合施工具体条件编制施工设计，堤防工程施工可分段、或分项编制，跨年度工程还应分年编制。

2）开工前，应做好各项技术准备，并做好"四通一平"、临建工程、各种设备和器材等的准备工作。

3）取土区和弃土堆放场地应少占耕地，不妨碍行洪和引排水，并做好现场勘定工作。

4）应根据水文气象资料合理安排施工计划。

（2）测量、放样

1）堤防工程基线相对于邻近基本控制点，平面位置允许误差 ±30 ~ 50mm，高程允许误差士 30mm。

2）堤防断面放样、立模、填筑轮廓，宜根据不同堤型相隔一定距离设立样架。其测点相对设计的限值误差，平面为 ±50mm，高程为 ±30mm，堤轴线点为 ±30mm，高程负值不得连续出现，并不得超过总测点的 30%。

3）堤防基线的永久标石、标架埋设必须牢固，施工中须严加保护，并及时检查维护，定时核查、校正。

4）堤身放样时应根据设计要求预留堤基、堤身的沉降量。

（3）料场核查

开工前，施工单位应对料场进行现场核查，内容如下：

1）料场位置、开挖范围和开采条件，并对可开采土料厚度及储量作出估算。

2）了解料场的水文地质条件和采料时受水位变动影响的情况。

3）普查料场土质和土的天然含水量。

4）根据设计要求对料场土质做简易鉴别，对筑堤土料的适用性做初步评估。

5）料场土料的可开采储量应大于填筑需要量的 1.5 倍。

6）应根据设计文件要求划定取土区，并设立标志，严禁在堤身两侧设计规定的保护范围内取土。

2. 堤基施工的一般要求

堤基施工系隐蔽工程施工，因此施工技术应从严要求，制订有关施工方案与技术措施，保证堤基施工的质量，避免以后工程运行中产生不可挽回的危害与损失。

对比较复杂或施工难度较大的堤基，施工前应进行现场试验，这是解决堤基施工中存在问题，取得必要施工技术参数的关键性手段，并有利于堤基处理组织实施，保证工程质量。

冰夹层和冻胀土层的融化处理，通常采用自然升温法或夜间地膜保温法，以及土墙挡风法等。个别严寒地区亦可考虑在温棚内加温融化，如黑龙江省冻土层很厚，要求融化层达 50cm 时方可进行堤基处理与填筑堤身。

基坑渗水和积水是堤基施工经常遇到的问题，处理不当就会出现事故或造成严重质量隐患，对较深基坑，要采取措施防止坍岸、滑坡等事故的发生，消除隐患。

3. 堤基清理

堤基清理是保证堤基与堤身结合面有抗渗、抗滑要求的关键施工措施，必须认真对待。清理边线的余量，在人工施工时，宜采用较小尺寸；机械施工时，宜采用较大尺寸。

基面清理时，必须根据设计要求将树木、草皮、树根、乱石、坟墓以及动物巢穴、白蚁穴、窑洞、井窖、地道、房基等全部清理与处理，堤基表层的不合格土如淤泥、腐殖土、泥炭以及浮土、松土、杂质土、风化剥离石块、坡积物滑坡体等与勘探施工时遗留的坑、槽、孔、穴等，往往会被忽视或处理不彻底，以致酿成后患，故均必须认真处理。

堤防工程施工中产生的废渣、弃料、杂质、污水等施工废物的乱堆、乱放、乱排，不但影响环境卫生、施工安全，也会影响施工进度和施工质量。

基面保护除盖一般塑料膜外，也可预留 10～30cm 的保护土层，待继续施工时再开挖、清理、检验。

　　沿海淤泥质滩涂或地势低洼，地下水埋深较浅的软土堤基，软土层厚度较大难于替换，或者附近无大量其他土料可取。因而堤基土质状况不易改变，这种土质实施碾压则易发生液化产生弹簧土，因此堤基清理单元工程质量项目与标准确定平整压实时应无显著凸凹表面呈无松土、无弹簧土。

　　（1）堤基清理应符合以下要求：

　　1）堤基清理的范围应包括堤身、戗台、铺盖、压载的基面，其边界应在设计基面边线外，老堤加高培厚，其清理范围尚应包括堤顶及堤坡。

　　2）堤基表层的淤泥、腐殖土、泥炭等不合格土及草皮、树根、建筑垃圾等杂物必须清除；堤基内的井窖、墓穴、树坑、坑塘及动物巢穴，应按堤身填筑要求进行回填处理。

　　3）堤基清理后，应在第一次铺填前进行平整。除了深厚的软弱堤基需另行处理外，还应进行压实，压实后的质量应符合设计要求。

　　（2）堤基清理单元工程质量检查的项目与标准。

　　堤基清理单元工程质量检查的项目与标准应符合表11-14的规定。

表11-14　堤基清理单元工程质量检查的项目与标准

检查项目	质量标准
基面清理	堤基表层不合格土、杂物全部清除
一般堤基清理	堤基上的坑塘洞穴已按要求处理
堤基平整压实	表面无显著凸凹，无松土、弹簧土

　　（3）堤基清理单元工程质量检测项目与标准应符合表11-15的规定。堤基清理范围应根据堤防工程级别，按施工堤线长度每20～50m测量一次，压实质量检测取样应按清基面积平均每400～800m²取样一个。

表11-15　碾压式填筑堤防的堤基清理质量检测内容和标准

项目	质量标准	检测频率	检测工具和方法
堤基清理范围	清理边线超过设计基面边线0.3m	每20～50m堤防长度测1次	钢卷尺
堤基表层压实	符合设计要求	按基面面积平均每400～800m³取样1个	对细粒土用100cm³（内径50mm）环刀，对砾质土用200cm³（内径70mm）环刀。环刀不能取样时，应用灌砂法测试

（4）堤基清理单元工程质量评定标准应符合以下规定：

1）合格标准：检查项目达到标准，清理范围检测合格率不小于70%，压实质量检测合格率不小于80%。

2）优良标准：检查项目达到标准，清理范围与压实质量检测合格率不小于90%。

4．软弱堤基施工

软弱堤基包括软黏土、淤泥、泥炭土等，按设计要求换填砂基时，宜采用粗砂或砂砾，因为细砂或粉砂会形成流动砂层，对抗震也不利，压实时宜根据砂砾石级配、含水量、夯击机械性能等因素，通过夯压试验来确定夯压参数，以保证压实质量。

处理较厚层流塑态淤质软黏土堤基，除堤身自重挤淤法外，目前尚无更有效、更经济的方法。但此法施工难度较大、施工期长，由于流塑土基被逐步加高的堤身自重外挤，导致堤身填筑层会产生不均匀沉陷，因此层面上会出现平行堤轴线的裂缝。为将裂缝控制在较小范围内，故采用放缓堤坡、减慢堤身填筑速度、分期加高等方法予以控制，初期宜采用可塑态的土填筑，随着沉陷量减少和堤身的加高，可逐步恢复到常规填筑，使堤身的变形与堤基的被挤出逐步适应，直至堤基土与堤身填土达到平衡、稳定为止。这种施工方法耗时较长，曾在淮河入江水道三河拦河堤及新沂河河口堤段采用过。

较厚层软塑态淤质软黏土堤基，有一定的抗剪能力，当堤身填筑高度接近软塑态土堤基的临界高度时，应立即在两侧堤脚外设置压载体，以防止堤基土的剪切破坏，随着堤身填筑继续，分期、升高、压载体也可分级加高，直至堤基固结，堤身稳定为止。

抛石挤淤常用于处理流塑态土堤基或施工道路软弱地基，在海堤堤基施工中采用也很普遍，如珠江口感潮区抛石固基法。另外，在东南沿海地区也有采用在堤基面上铺土工布或土工织物隔水层，插排水板等方法，堤基依靠堤身自重作用排水固结，软基加固也可采用土工布或土工格栅垫底，上填一层石渣或粗砂的办法处理。

5．透水堤基施工

（1）防渗

黏性土截水槽施工时宜采用明沟排水或井点抽排，回填黏性土应在无水基底上，并按设计要求施工。

截渗墙应根据不同的地质条件采用槽型孔高压喷射等方法施工。高压喷射灌浆截渗墙，在南宁市、哈尔滨市、漳州市等城市防洪堤曾采用过，并取得较好效果。

（2）加固

振冲法加固地基适用于较厚层松散砂土层，一般要求砂基黏粒含量小于 20%，如云南陆良县盘虹桥防洪大堤，因历年多次滑动，河床隆起，其堤身及河床软基的黏土就是采用振冲法加固的。

6. 岩石堤基施工

堤基为岩石，如表面无强风化岩层，一般可不进行处理。如须处理，应按设计要求进行。强风化岩层堤基，除按设计要求清除松动岩石外，筑砌石堤或混凝土堤时基面应铺水泥砂浆，层厚宜大于 30mm，筑土堤时基面应涂黏土浆，层厚宜为 3mm，然后进行堤身填筑。

由于水泥固结灌浆、帷幕灌浆、接触灌浆工艺比较复杂，投资也较大，一般多用于城市防洪堤段。

二、土工膜防渗施工质量控制与评定

1. 应用情况

土工膜作为一种良好的防渗材料，目前在坝工中，特别是土石坝中已被广泛地采用，在混凝土坝或碾压式混凝土坝的修补中，作为防渗护面使用也逐渐增多，其使用量约为土工织物使用量的 11% 左右。然而在我国的堤防建设中，它的应用则才刚刚开始，如作为垂直防渗墙的墙体材料等。但可以预计，它在今后新建的堤防和已有堤防的加固中将会广泛地被使用。为了说明堤防防渗问题，借鉴一些坝工中的应用实例，或许是有益的。国内外坝工中采用土工膜防渗的工程情况的特点。

（1）土工膜在坝工中的应用，从地域上看已很广泛，国内外已经普遍接受了这种新型的防渗材料和技术。许多工程实录都表明它的防渗效果良好、经济、施工方便，有推广使用价值。

（2）国内在坝工中使用土工膜防渗虽然较晚（1978 年开始，比国外晚 19 年），但从土工膜承受 20m 以上水头的实例所占的百分数来看，已与国外相当，且国内也有土工膜承受超过 50m 水头的实例。这些都说明国内在坝工中使用土工膜的技术水平已逐渐接近国际先进水平。

（3）关于土工膜的厚度目前有两种观点：一种主张用厚膜（膜厚大于 1.0mm），以欧洲国家为多。另一种观点是使用薄膜（膜厚小于 1.0mm），以美洲国家和我国的实例较多，这些坝的使用情况至今仍然良好，因而值得很好地总结经验。

2. 土工材料的性能指标

土工材料的性能指标应包括下列内容，并应按工程设计需要确定试验项目。

（1）物理性能。单位面积质量、厚度（及其与法向压力的关系）、材料比重、孔径等。

（2）力学性能。条带拉伸、握持拉伸、撕裂、顶破、CBR 顶破、刺破、直剪摩擦、拉拔摩擦、蠕变等。

（3）水力学性能。垂直渗透系数、平面渗透系数、淤堵、防水性等。

（4）耐久性能。抗紫外线能力、化学稳定性和生物稳定性等。

3. 施工检验

（1）施工时应有专人随时检查，每完成一道工序应按设计要求及时验收，合格后，方可进行下道工序。

（2）检查验收的主要内容应包括清基、材料铺放方向、材料的接缝或搭接、材料与结构物的连接、回填料、压重和防护层等。

（3）应根据设计要求埋设必要的观测设备。

4. 施工中的注意事项

防渗土工膜施工包括以下工序：准备工作、铺设、拼接、质量检查和回填土料。

（1）基本要求

土工膜防渗施工应符合下列要求：

1）铺膜前，应将膜下基面铲平，土工膜质量也应经检验合格。

2）大幅土工膜拼接，宜采用胶接法黏合或热元件法焊接。胶接法搭接宽度为 5 ~ 7cm。热元件法焊接叠合宽度为 1 ~ 1.5cm。

3）应自下游侧开始，依次向上游侧平展铺设，避免土工膜打皱。

4）已铺土工膜上的破孔应及时粘补，粘贴膜大小应超出破孔边缘 10 ~ 20cm。

5）土工膜铺完后应及时铺保护层。

（2）工艺要求

1）准备工作。要求清除地面一切尖硬物质，做好排渗设施，挖好锚固沟。准备好土工膜，尽量用宽幅膜，或先按要求尺寸焊拼好，卷在钢管上，运至现场备用。

2）在平地上铺放，借拖拉机或人工展放，在坡面上借卷扬机从坡顶徐徐反滚至坡底，将其固定。铺放时应注意：①尽可能在干燥和暖天气进行；②铺放应留足够余幅，不可太紧，以便拼接和适应气温变化；③应随铺随压重，防止风吹；④接缝应与最大受力方向平行；⑤发现损坏，应立即修补；⑥铺设人员应穿软底鞋，以免破坏土工膜，并密切注意防火。

3）土工膜拼接有热熔焊法和胶黏法，大面积拼接一般用热熔法，局部拼接才用胶黏，应注意太薄的聚乙烯（PE）膜经加热要烧坏，故不能用热熔焊法。胶黏法只适用于聚氯乙烯膜。用胶黏法时应注意黏结胶的耐久性，不能因长期浸水或遇水中化学物质而失效。大规模拼接前，应进行拼接试验。

4）拼接质量检查。可以先做目测检查，即检查缝有无疏漏，有无烫损，有无褶皱和是否均匀，然后借仪器检漏。例如两条焊缝间有约10mm空腔未焊，可以将待检段两端封死，往空腔内充气，静置一段后，观察其压力有无下降。如发现漏缝，应及时修补。

对较大工程，尚应取样检测，即割取部分接缝试样作拉伸试验，要求接缝强度不低于母体的80%。

5）回填土料。铺膜后应及时回填，严禁膜较长时间外露。填土一般应不薄于30cm，冬季水位变动时，厚度应加大。如分期施工，应注意两期间膜的良好连接。

6）防渗土工膜的周边和与结构物连接处应构成密闭系统，具体结构可按地基土质和结构物类型确定。

土质地基：土工膜直接埋入锚固沟内，填土并予压实，沟深可为2m，宽4m。

砂卵石地基：挖除部分砂卵石直达不透水层，浇混凝土底座，将膜埋入。对新鲜及微风化岩底座宽度应为水头的1/10～/20；对半风化和全风化岩应为水头的1/5～1/10，所有裂缝都要填实，如砂卵石太厚，无法控制不透水层或开挖不经济，可将土工膜向上游延伸，做成水平防渗铺盖。

与结构物的连接：如与输水管、箱涵水闸等的连接，应根据具体条件确定，一般应遵循以下原则，相邻两种材料的弹性模量不要相差过大；应平顺过渡；应为结构物可能产生的较大位移留有余幅。

三、堤身土料碾压筑堤质量控制与评定

1. 土料碾压筑堤技术要求

（1）上堤土料的土质及其含水率应符合设计和碾压试验确定的要求。

（2）填筑作业应按水平层次铺填，不得顺坡填筑，分段作业面的最小长度，机械作业不应小于100m，人工作业不应小于50m，应分层统一铺土、统一碾压，严禁出现界沟。

（3）碾压机械行走方向应平行于堤轴线，相邻作业面的碾迹必须搭接，搭接碾压宽度，平行堤轴线方向不应小于0.5m，垂直堤轴线方向不应小于1.5m。机械碾压不到的部位应采用人工或机械夯实，夯击应连环套打，双向套压，夯迹搭压宽度不应小于1/3夯径。

（4）已铺土料表面在压实前被晒干时，应洒水湿润。

（5）用光面碾碾压实黏性土填筑层，在新层铺料前，应对压光层面作刨毛处理，填筑层检验合格后因故未继续施工，因搁置较久或经过雨淋干湿交替使表面产生疏松层时，复工前应进行复压处理。

（6）若发现局部"弹簧土"、层间光面、层间中空、松土层或剪切破坏等质量问题时应及时进行处理，并经检验合格后方准铺填新土。

（7）施工过程中应保证观测设备的埋设安装和测量工作的正常进行，并保护观测设备和测量标志完好。

（8）在软土地基上筑堤，或用较高含水量土料填筑堤身时，应严格控制施工速度，必要时应在地基、坡面设置沉降和位移观测点，根据观测资料分析结果指导安全施工。

（9）对占压堤身断面的上堤临时坡道作补缺口处理，应将已板结老土刨松，与新铺土料统一按填筑要求分层压实。

（10）堤身全断面填筑完毕后，应作整坡压实及削坡处理，并对堤防两侧护堤地面的坑洼进行铺填平整。

2. 铺料作业技术要求

（1）应按设计要求将土料铺至规定部位，严禁将砂、砾、料或其他透水料与黏性土料混杂，上堤土料中的杂质应予清除。

（2）土料或砾质土可采用进占法或后退法卸料，砂砾料宜用后退法卸料，砂砾料或砾质土卸料时如发生颗粒分离现象，应将其拌和均匀。

（3）铺料至堤边时，应在设计边线外侧各超填一定余量，人工铺料宜为 10cm，机械铺料宜为 30cm。

3. 压实作业技术要求

（1）施工前应先做碾压试验，验证碾压质量能否达到设计干密度值。若已有相似条件的碾压经验也可参考使用。

（2）分段填筑，各段应立标志以防漏压、欠压和过压，上下层的分段接缝位置应错开。

（3）碾压施工应符合下列规定：

碾压机械行走方向应平行于堤轴线。

分段、分片碾压，相邻作业面的搭接碾压宽度，平行堤轴线方向不应小于 0.5m，垂直堤轴线方向不应小于 3m。

拖拉机带碾碾或振动碾压实作业，宜采用进退错距法，碾迹搭压宽度应大于 10cm。铲运机兼作压实机械时，宜采用轮迹排压法，轮迹应搭压轮宽的 1/3。

机械碾压时应控制行车速度，以不超过下列规定为宜。平碾为 2km/h，振动碾为 2km/h，铲运机为 2 档。

（4）机械碾压不到的部位，应辅以夯具夯实。夯实时应采用连环套打法，夯迹双向套压，夯压夯 1/3，行压行 1/3；分段、分片夯实时，夯迹搭压宽度应不小于 1/3 夯径。

（5）砂砾料压实时，洒水量宜为填筑方量的 20% ~ 40%，中细砂压实的洒水量宜按最优含水量控制。压实施工宜用履带式拖拉机带平碾、振动碾或气胎碾。

4. 采用土工合成加筋材料（编织型土工织物、土工网、土工格栅）填筑加筋土堤时的技术要求

（1）筋材铺放基面应平整，筋材宜用宽幅规格。

（2）筋材应垂直堤轴线方向铺展，长度按设计要求裁制，一般不宜有拼接缝。

（3）如筋材必须拼接时，应按不同情况区别对待：

1）编织型筋材接头的搭接长度，不宜小于 15cm，以细尼龙线双道缝合，并满足抗拉要求。

2）土工网、土工格栅接头的搭接长度，不宜小于 5cm（土工格栅至少搭接一个方格），并以细尼龙绳在连接处绑扎牢固。

（4）铺放筋材不允许有褶皱，并尽量用人工拉紧，以 U 形钉定位于填筑土面上，填土时不得发生移动。

（5）填土前如发现筋材有破损、裂纹等质量问题，应及时修补或作更换处理。

（6）筋材上可按规定层厚铺土，但施工机械与筋材间的填土厚度不应小于 15cm。

（7）加筋土堤压实宜用平碾或气胎碾，但在极软地基上筑加筋堤，开始填筑的二三层宜用推土机或装载机铺土压实；当填筑层厚度大于 0.6m 后，方可按常规方法碾压。

（8）加筋堤施工，最初二三层的填筑应注意以下情况：

1）在极软地基上作业时宜先由堤脚两侧开始填筑，然后逐渐向堤中心扩展，在平面上呈凹字形向前推进。

2）在一般地基上作业时宜先从堤中心开始填筑，然后逐渐向两侧堤脚对称扩展，在平面上呈凸字形向前推进。

3）随后逐层填筑时可按常规方法进行。

5. 堤身填筑与砌筑质量控制

土料碾压筑堤质量控制要求：

（1）堤身填筑施工参数应与碾压试验参数相符。

（2）土料、砾质土的压实指标按设计干密度值控制，砂料和砂砾料的压实指标按设计相对密度值控制。

（3）压实质量检测的环刀容积。对细粒土不宜小于100cm³（内径50mm）；对砾质土和砂砾料不宜小于200cm³（内径70mm）。含砾量多环刀不能取样时，应采用灌砂法或灌水法测试。

（4）质量检测取样部位要求如下：

1）取样部位应有代表性，且应在面上均匀分布，不得随意挑选，特殊情况下取样须加注明。

2）应在压实层厚的下部1/3处取样，若下部1/3的厚度不足环刀高度时，以环刀底面达下层顶面时环刀取满土样为准，并记录压实层厚度。

（5）质量检测取样数量要求如下。

1）每次检测的施工作业面不宜过小，机械筑堤时不宜小于600m²，人工筑堤或老堤加高培厚时不宜小于300m²。

2）每层取样数量，自检时可控制在填筑量每100～150m³取样1个，抽检量可为自检量的1/3，但至少应有3个。

3）特别狭长的堤防加固作业面，取样时可按每20～30m取样1个。

4）若作业面或局部返工部位按填筑量计算的取样数量不足3个时也应取样3个。

（6）在压实质量可疑和堤身特定部位抽样检测时，取样数视具体情况而定，但检测成果仅作为质量检查参考，不作为碾压质量评定的统计资料。

（7）每一填筑层自检，抽检后凡取样不合格的部位应补压或作局部处理，经复验至合格后方可继续下道工序。

（8）土堤质量评定按单元工程进行，并应符合下列要求：

1）单元工程划分，筑新堤宜按工段内每堤长200～500m划分一个单元；老堤加高培厚可按填筑量每5000m³划分一个单元。

2）单元工程的质量评定，是对单元堤段内全部填土质量的总体评价，由单元内分层检测的干密度成果累加统计得出其合格率，样本总数应不少于20个。

3）检测干密度值不小于设计干密度值为合格样。

四、土料吹填压渗平台质量控制与评定

1. 基础知识

（1）吹填法施工的优缺点

"吹填"一词过去有称"水力冲填"的，其工艺流程是采用机械挖土，以压力管

道输送泥浆至作业面，完成作业面上土颗粒沉积淤填。

吹填法施工的优点是：结合江河疏浚开挖，可充分利用其弃土对堤身两侧的池塘洼地作充填进行堤基加固；吹填法不受雨天和黑夜的影响；能连续作业，施工效率高，在土质条件符合要求的情况下，也可用以堵口或筑新堤。吹填法施工的缺点是：对土质有一定的选择，吹填土的施工初期干密度值较小，含水量较大，抗剪强度较低，与碾压填筑相比较，堤身的断面需增大，堤坡需放缓，应通过专门的设计确定，不应套用碾压填筑的断面。

（2）土料吹填筑堤方法

土料吹填筑堤方法有多种，最常用的有挖泥船和水力冲挖机组两种施工方法。挖泥船又有绞吸式、斗轮式两种形式。

水下挖土采用绞吸式、斗轮式挖泥船，水上挖土采用水力冲挖机组，并均采用管道以压力输泥吹填筑堤。

（3）吹填筑堤的适用条件

不同土质对吹填筑堤的适用性差异较大，应按以下原则区别选用：

1）无黏性土。少黏性土适用于吹填筑堤，且对老堤背水侧培厚更为适宜。

2）流塑。软塑态的中、高塑性有机黏土不应用于筑堤。

3）软塑。可塑态黏粒含量高的壤土和黏土，不宜用于筑堤，但可用于充填堤身两侧池塘洼地加固堤基。

4）可塑。硬塑态的重粉质壤土和粉质黏土，块方式吹填筑堤。

适用于绞吸式、斗轮式挖泥船以黏土团。

2. 土料吹填筑堤的要求

（1）根据填筑部位的吹填土质，应选用不同的船、泵及其冲挖、抽方式。

（2）吹填区基础围堰应按设计修筑，单元工程质量评定与土料碾压筑堤相同，逐次抬高的围堰高度不宜超过 1.2m（黏土团吹填筑堰高度可为 2m），顶宽宜采用 1 ~ 2m。土料吹填筑堤的单元工程质量评定可参照土料碾压筑堤相应的规定执行。

（3）输泥管出口的位置应合理安放，适时调整，采取措施减缓吹填区沉积比降。

3. 土料吹填筑堤单元工程质量评定标准

土料吹填筑堤单元工程质量检测应按吹填区长度每 50 ~ 100m 测一横断面，每个断面测点不应少于 4 个，吹填区土料固结干密度检测数量为每 200 ~ 400m^2 取一个土样。

土料吹填筑堤单元工程质量评定标准应符合以下规定。

（1）合格标准。检查项目达到标准，吹填高程、宽度、平整度，合格率不小于

70%，初期固结干密度合格率达到土料碾压筑堤单元工程压实质量合格标准的要求。吹填高程、宽度、平整度合格率不小于 90%。

（2）优良标准。检查项目达到标准，吹填高程、宽度、平整度合格率不小于 90%，初期固结干密度合格率超过土料碾压筑堤单元工程压实质量合格标准的要求 5% 以上。

五、穿堤建筑物与堤防连接施工质量控制

1. 接缝施工控制

（1）土堤碾压施工，分段间有高差的连接或新老堤相接时，垂直堤轴线方向的各种接缝，应以斜面相接，坡度可采用 1∶3～1∶5，高差大时宜用缓坡。土堤与岩石岸坡相接时岩坡削坡后不宜陡于 1∶0.75，严禁出现反坡。

（2）在土堤的斜坡结合面上填筑时，应符合下列要求。

1）应随填筑面上升进行削坡，并削至质量合格层。

2）削坡合格后应控制好结合面土料的含水量，边刨毛、边铺土、边压实。

3）垂直堤轴线的堤身接缝碾压时，应跨缝搭接碾压，其搭接宽度不小于 3.0m。

2. 堤身与建筑物相接的控制

土堤与刚性建筑物、涵闸、堤内埋管、混凝土防渗墙等相接时施工应符合下列要求：

（1）建筑物周边回填土方宜在建筑物强度达到设计强度 50%～70% 的情况下施工。

（2）填土前应清除建筑物表面的乳皮，粉尘及油污等，对表面的外露铁件，如模板对销螺栓等宜割除，必要时对铁件残余露头需用水泥浆覆盖保护。

（3）填筑时，须先将建筑物表面湿润、边涂泥浆、边铺土、边夯实，涂浆高度应与铺土厚度一致。涂层厚宜为 3～5mm，并应与下部涂层衔接，严禁泥浆干固后再铺土、夯实。

（4）制备泥浆应采用塑性指数 j。大于 17 的黏土，泥浆的浓度可用 1∶2.0～1∶3.0（土水质量比）。

（5）建筑物两侧填土应保持均衡上升，贴边填筑宜用夯具夯实，铺土层厚度宜为 15～20cm。

（6）浆砌石墙（堤）分段施工时，相邻施工段的砌筑面高差应不大于 1.0m。

六、细部构造质量控制与评定

1. 反滤、排水工程施工

铺反滤层前应将基面用挖除法整平，对个别低洼部分应采用与基面相同土料或反滤层第一层滤料填平。反滤层铺筑应符合下列要求：

（1）铺筑前应做好场地排水，设好样桩、备足反滤料。

（2）不同粒径组的反滤料层厚必须符合设计要求。

（3）应由底部向上按设计结构层要求逐层铺设，并保证层次清楚，互不混杂，不得从高处顺坡倾倒。

（4）分段铺筑时应使接缝层次清楚，不得发生层间错位、缺断、混杂等现象。

（5）陡于1∶1的反滤层施工时应采用挡板支护铺筑。

（6）已铺筑反滤层的工段应及时铺筑上层堤料，严禁人车通行。

（7）下雪天应停止铺筑，雪后复工时应严防冻土、冰块和积雪混入料内。

2. 土工织物作反滤层、垫层、排水层铺设

土工织物作反滤层、垫层、排水层铺设应符合下列要求：

（1）土工织物铺设前应进行复验，质量必须合格，有扯裂、蠕变、老化的土工织物均不得使用。

（2）铺设时自下游侧开始依次向上游侧进行，上游侧织物应搭接在下游侧织物上或采用专用设备缝制。

（3）在土工织物土铺砂时织物接头不宜用搭接法连接。

（4）土工织物长边宜顺河铺设，并应避免张拉受力、折叠、打皱等情况发生。

（5）土工织物层铺设完毕，应尽快铺设上一层堤料。

3. 其他

（1）堆石排水体应按设计要求分层实施，施工时不得破坏反滤层，靠近反滤层处用较小石料铺设，堆石上下层面应避免产生水平通缝。

（2）排水减压沟应在枯水期施工，沟的位置、断面和深度均应符合设计要求。

（3）排水减压井应严格按设计要求并参照有关规范的要求施工，钻井宜用清水固壁，并随时取样，绘制地质柱状图，钻完井孔要用清水洗井，经验收合格后安装井管，每口井均应建立施工技术档案。

4. 反滤、排水工程质量控制应重点检查下列内容。

（1）反滤层质量

1）铺设施工方法是否符合规范的规定。

2）自检取样数可控制在平面上每500m² 左右取样一组。

3）检查层间是否分界清楚，是否有层间错位、缺断等质量问题。

4）分层厚度是否符合设计要求。

5）每层厚度均不得小于设计要求的 85%。

（2）土工织物反滤层、垫层和排水层

1）所用土工织物的质量和规格是否合格。

2）搭接宽度和缝合（或黏合）质量是否符合设计要求。

（3）堆石排水体

1）反滤层的结构和尺寸是否符合设计要求。

2）地质条件是否与设计相符。

（4）排水减压沟

1）位置、断面、深度是否符合设计要求。

2）地质条件是否与设计相符。

3）减压沟沟底透水层是否已出露。

4）反滤层是否已按设计要求作好。

（5）排水减压井

1）井位、井深及成井的材料是否与设计要求相符。

2）抽水试验结果是否满足设计要求。

（6）垫层工程质量抽检主要内容为垫层厚度及垫层铺设情况并满足下列要求

1）每 2000m 堤长至少抽检 3 点。

2）每个单位工程至少抽检 3 点。

第五节　水工建筑物金属结构制造、安装控制技术

一、闸门和埋件制造的质量控制要点

（1）底槛和门楣的长度允许偏差为 −4.0 ~ 0mm，如底槛不是嵌于其他构件之间，则允许偏差为 ±4.0mm。

（2）焊接主轨的不锈方钢，止水座板与底板组装时应压合，局部间隙不应大于 0.2mm，且每段长度不超过执面的相互关系 100mm，累计长度不超过全长的 15%。

（3）当止水座板在主轨上时，任一横断面的止水座板与主轨轨面的距离的偏差不应超过 ±0.5mm。止水座板中心至轨面中心的距离的偏差不应超过 ±2mm。

（4）当止水座板在反轨时，任一横断面的止水座板与反轨工作面的距离的偏差

不应超过 ±2mm。

（5）护角如兼作侧轨，其与主轨轨面（或反轨工作面）中心的距离的偏差不应超过 ±3mm。

（6）弧门侧止水座板和侧轮导板的中心线曲率半径偏差不应超过 ±3mm。

（7）锥形支铰基础环与支承环的组合面平整，其平面度公差，经过加工的不得大于 0.5mm。未经加工的不得大于 2mm。

（8）分节制造的埋件，应在制造厂进行预组装，组装时，相邻构件组合处的错位：经过加工的不应大于 0.5mm，未经加工的不应大于 2mm，且应平缓过渡。

二、平面闸门制造的质量控制要点

（1）闸门的滚轮或胶木滑道组装时，应以止水座面为基准面进行调整，所有滚轮或滑道应在同一平面内，其工作面的最高点和最低点的差值：当滚轮或滑道的跨度不大于 10m 时，不应超过 2mm；跨度大于 10m 时，不应超过 3mm。每段滑道至少应在两端各测一点。同时滚轮对任何平面的倾斜度不应超过滚轮的 2/1000。

（2）单块滑道两端的高低差：当滑道长度不大于 500mm 时，不应超过 0.5mm；当滑道长度大于 500mm 时，不应超过 1mm。相邻滑道衔接端的高低差不应大于 1mm。

（3）在同一横断面上，胶木滑道或滚轮的工作面与止水座面的距离偏差不应大于 1.5mm。

（4）闸门吊耳孔的纵、横向中心偏差均不应超过 ±2.0mm。吊耳、吊杆的轴孔应各自保持同心，其倾斜度不应大于 1/1000。

（5）闸门不论整体或分节制造，出厂前应进行整体组装检查（包括滚轮、胶木滑道等部件的组装），检查结果除应符合本节中的有关规定外，其组合处的错位不应大于 2mm。检查合格后，应在组合处打上明显标记、编号，并焊上定位板。

三、平面闸门埋件安装工程

1. 一般规定和要求

（1）埋件应在制造厂进行整体组装，经检查合格，方可出厂。

（2）除安装焊缝两侧外，埋件防腐蚀工作应在制造厂完成，如设计另有规定，则应按设计要求执行。

（3）埋件运到现场后，应对埋件作单件或整体复测，各项尺寸应符合"规范"和设计图纸规定。

（4）埋件安装后，应用加固钢筋将其与预埋螺栓或插筋焊牢，以免浇筑二期混凝土时发生位移。

（5）二期混凝土拆模后，就进行复测。同时清除遗留的钢筋头等杂物，以免影响闸门启闭。

2. 质量检查项目和质量标准

（1）在埋件安装质量合格的基础上，孔口部位各项目的实测点有 50% 及其以上，其实测偏差值小于允许偏差，该项目评为优良。

（2）埋件防腐蚀表面处理应符合有关规范要求。

（3）埋件防腐蚀涂料涂装应符合有关规范要求。

（4）埋件防腐蚀金属喷镀应符合有关规范要求。

3. 质量评定

（1）符合下列要求者应评为合格：

1）主要项目全部符合本标准。

2）一般项目检查的实测点有 90% 及其以上符合本标准，其余基本符合本标准。

（2）在合格的基础上，优良项目占全部项目 50% 及其以上应评为优良。

四、平面闸门门体安装工程

1. 一般规定和要求

（1）门体应在制造厂进行整体组装，经检查合格后，方可出厂。

（2）除安装焊缝两侧外，门体防腐蚀工作均应在制造厂完成，如设计另有规定，则应按设计要求执行。

（3）门体运到现场后，应对门体单件或整体复测，各项尺寸应符合"规范"和设计图纸规定。

（4）门体如分节到货，节间系焊接的，则焊接前应编制焊接工艺措施，焊接时应监视变形，焊接后门体尺寸应符合"规范"和设计图纸规定。

2. 质量检查项目和质量标准

（1）焊缝对口错位应符合规范要求。

（2）焊缝外观检查应符合规范要求。

（3）一、二类焊缝内部焊接质量应符合规范要求。

（4）门体表面的清除和局部凹坑焊补应符合规范要求。

（5）门体防腐蚀表面处理应符合设计要求。

（6）门体防腐蚀涂料涂装应符合设计要求。

（7）门体防腐蚀金属喷镀应符合规范要求。

247

3. 质量评定

（1）符合下列要求者应评为合格：

1）主要项目全部符合本标准。

2）一般项目的实测点有 90% 及其以上符合本标准，其余基本符合本标准。

（2）在合格的基础上，优良项目占全部项目 50% 及其以上应评为优良。

第十二章 水利水电工程质量问题与质量事故的分析处理

第一节 施工项目质量问题分析与处理

一、施工项目质量问题分析

1. 施工项目质量问题的特点

施工项目质量问题具有复杂性、严重性、可变性和多发性的特点。

（1）复杂性

施工项目质量问题的复杂性，主要表现在引发质量问题的因素复杂。例如建筑物的倒塌，可能是未认真进行地质勘察，地基的极限承载力与持力层不符；或是不均匀地基处理未达到要求，而产生过大的不均匀沉降；或是盲目套用图纸，结构方案不正确，计算简图与实际受力不符；或是荷载取值过小，内力分析有误，结构的刚度、强度、稳定性差；或是施工偷工减料、不按图施工、施工质量低劣；或是建筑材料及制品不合格，擅自代用材料；或是施工组织方案不合理等原因所致。由此可见，即使同一性质的质量问题，原因有时截然不同，所以在处理质量问题时，必须深入地进行调查研究，针对其质量问题的特征作具体分析。

（2）严重性

施工项目质量问题，轻则影响施工进度，增加工程费用；重则给工程留下隐患，影响安全使用或不能使用；更为严重者引起建筑物倒塌，造成人民生命财产的巨大损失。

（3）可变性

许多工程质量问题，还将随着时间不断发展变化。例如，钢筋混凝土结构出现的裂缝将随着环境湿度、温度的变化而变化，或随着荷载的大小和持续时间而变化；

建筑物的倾斜，将随着附加弯矩的增加和地基的沉降而变化；混合结构墙体的裂缝也会随着温度应力和地基的沉降量而变化；甚至有的细微裂缝，也可以发展成构件断裂或结构物倒塌等重大事故。所以，在分析、处理工程质量问题时，一定要特别重视质量问题的可变性，应及时采取可靠的措施，以免问题进一步恶化。

（4）多发性

施工项目中有些质量问题，就像"常见病"，而成为质量通病。因此，吸取多发性质量问题的教训，及时认真总结经验，是避免质量问题重演的有效措施。

2. 施工项目质量问题的分类

工程质量问题一般分为工程质量缺陷、工程质量通病、工程质量事故。

（1）工程质量缺陷。是指工程达不到技术标准允许的技术指标的现象。

（2）工程质量通病。是指各类影响工程结构、使用功能和外形观感的常见性质量损伤。

（3）工程质量事故。是指在工程建设过程中或交付使用后，对工程结构安全、使用功能和外形观感影响较大、损失较大的质量损伤。如桥梁结构倒塌，大体积混凝土强度不足等。其特点如下：

1）经济损失达到较大的金额。

2）有时造成人员伤亡。

3）后果严重，影响结构安全。

4）无法降级使用，难以修复时必须推倒重建。

3. 施工项目质量问题原因分析

施工项目质量问题表现的形式多种多样，诸如建筑结构的错位、变形、倾斜、倒塌、破坏、开裂、渗水、漏水、刚度差、强度不足、断面尺寸不准等，但究其原因，可归纳如下。

（1）违背建设程序

如未经可行性论证，未做调查分析就拍板定案；未搞清工程地质、水文地质而仓促开工；无证设计，无图施工；随意修改设计，不按图纸施工；工程竣工不进行试车运转、不经验收就交付使用等盲干现象，致使不少工程项目留有严重隐患，建筑物倒塌事故也常有发生。

（2）工程地质勘察原因

未认真进行地质勘察，提供的地质资料、数据有误；地质勘察时，钻孔间距太大，不能全面反映地基的实际情况，如当基岩地面起伏变化较大时，软土层厚薄相差亦甚大；地质勘察钻孔深度不够，没有查清地下软土层、滑坡、基穴、孔洞等地层构造；地质勘察报告不详细、不准确等，均会导致采用错误的基础方案，造成地基不均匀沉降、失稳，使上部结构及墙体开裂、破坏、倒塌。

（3）未加固处理好地基

对软弱土、冲填土、杂填土、湿陷性黄土、膨胀土、熔岩、土洞等不均匀地基未进行加固处理或处理不当，均是导致重大质量问题的原因。必须根据不同地基的工程特性，按照地基处理应与上部结构相结合，使其共同工作的原则，从地基处理、设计措施、结构措施、防水措施、施工措施等方面综合考虑治理。

（4）设计计算问题

设计考虑不周，结构构造不合理，计算简图不正确，计算荷载取值过小，内力分析有误，沉降缝及伸缩缝设置不当，悬挑结构未进行抗倾覆验算等，都是诱发质量问题的隐患。

（5）材料及制品不合格

诸如钢筋物理力学性能不符合标准，水泥受潮、过期、结块、安定性不良，砂石级配不合理、有害物含量过多，混凝土配合比不准，外加剂性能、掺量不符合要求时，均会影响混凝土强度、和易性、密实性、抗渗性，导致混凝土结构强度不足、裂缝、渗漏、蜂窝、露筋等质量问题；预制构件断面尺寸不准，支承锚固长度不足，未可靠建立预应力值，钢筋漏放、错位，板面开裂等，必然会出现断裂、垮塌。

（6）施工和管理问题

许多工程质量问题，往往是由施工和管理所造成。

1）不熟悉图纸，盲目施工，图纸未经会审，仓促施工；未经监理、设计部门同意，擅自修改设计。

2）不按图施工。把铰接做成刚接，把简支梁做成连续梁，抗裂结构用光面钢筋代替螺纹钢筋等，致使结构裂缝破坏；挡土墙不按图设滤水层、留排水孔，致使土压力增大，造成挡土墙倾覆。

3）不按验收规范施工。如现浇混凝土结构不按规定的位置和方法任意留设施工缝；不按规定的强度拆除模板；砌体不按组砌形式砌筑，留直搓不加拉结条，在小于 lm 宽的窗间墙上留设脚手眼等。

4）不按有关操作规程施工。如用插入式振捣器捣实混凝土时，不按插点均布、快插慢拔、上下抽动、层层扣搭的操作方法，致使混凝土振捣不实，整体性差。又如，砖砌体包心砌筑，上下通缝，灰浆不均匀饱满，游丁走缝，不横平竖直等都是导致砖墙、砖柱破坏、倒塌的主要原因。

5）缺乏基本结构知识，施工蛮干。如将钢筋混凝土预制梁倒放安装；将悬臂梁的受拉钢筋放在受压区；结构构件吊点选择不合理，不了解结构使用受力和安装受力的状态；施工中在楼面超载堆放构件和材料等，均将给质量和安全造成严重的后果。

6）施工管理紊乱，施工方案考虑不周，施工顺序错误。技术组织措施不当，技术交不清，违章作业。不重视质量检查和验收工作等，都是导致质量问题的祸根。

（7）自然条件影响

施工项目周期长、露天作业多，受自然条件影响大，温度、湿度、日照、雷电、供水、大风、暴雨等都能造成重大的质量事故，施工中应特别重视，采取有效措施加以预防。

（8）建筑结构使用问题

建筑物使用不当，亦易造成质量问题。如不经校核、验算，就在原有建筑物上任意加层；使用荷载超过原设计荷载；任意开槽、打洞、削弱承重结构的截面等。

二、施工项目质量问题处理

1. 施工项目质量问题处理的基本要求

（1）处理应达到安全可靠，不留隐患，满足生产、使用要求，施工方便，经济合理的目的。

（2）重视消除事故的原因。这不仅是一种处理方向，也是防止事故重演的重要措施，如地基由于浸水沉降引起的质量问题，则应消除浸水的原因，制定防治浸水的措施。

（3）注意综合治理。既要防止原有事故的处理引发新的事故，又要注意治理方法的综合应用，如结构承载能力不足时，则可采取结构补强、卸荷，增设支撑，改变结构方案等方法的综合应用。

（4）正确确定处理范围。除了直接处理事故发生的部位外，还应检查事故相邻区域及整个结构的影响，以正确确定处理范围。例如，板的承载能力不足须加固时，往往从板、梁、柱到基础均可能要予以加固。

（5）正确选择处理时间和方法。发现质量问题后，一般均应及时分析处理，但并非所有质量问题的处理都是越早越好，如裂缝、沉降，变形尚未稳定就匆忙处理，往往不能达到预期的效果，而常会出现重复处理。处理方法的选择，应根据质量问题的特点，综合考虑安全可靠、技术可行、经济合理、施工方便等因素，经分析比较，择优选定。

（6）加强事故处理的检查验收工作。从施工准备到竣工，均应根据有关规范的规定和设计要求的质量标准进行检查验收。

（7）认真复查事故的实际情况。在事故处理中若发现事故情况与调查报告中所述的内容差异较大时，应停止施工，待查清问题的实质，采取相应的措施后再继续施工。

（8）确保事故处理期的安全。事故现场中不安全因素较多，应事先采取可靠的安全技术措施和防护措施，并严格检查、执行。

2. 施工项目质量问题分析处理的程序

事故发生后，应及时组织调查处理。首先要确定事故的范围、性质、影响和原因等，一定要力求全面、准确、客观。其次，调查结果，要整理撰写成事故调查报告，其内容包括：

（1）工程概况，重点介绍事故有关部分的工程情况。

（2）事故情况，事故发生时间、性质、现状及发展变化的情况。

（3）是否需要采取临时应急防护措施。

（4）事故调查中的数据、资料。

（5）事故原因的初步判断。

（6）事故涉及人员与主要责任者的情况等。

事故的原因分析，要建立在事故情况调查的基础上，避免情况不明就主观分析判断事故的原因。尤其是有些事故，其原因错综复杂，往往涉及勘察、设计、施工、材质、使用管理等多方面，只有对调查提供的数据、资料进行详细分析后，才能去伪存真，找到造成事故的主要原因。

事故的处理要建立在原因分析的基础上，对有些事故一时认识不清时，只要事故不致产生严重的恶化，可以继续观察一段时间，做进一步调查分析，不要急于求成，以免造成同一事故多次处理的不良后果。事故处理的基本要求是：安全可靠，不留隐患，满足建筑功能和使用要求，技术可行，经济合理，施工方便。在事故处理中，还必须加强质量检查和验收。对每一个质量事故，无论是否需要处理都要经过分析，做出明确的结论。

3. 施工项目质量问题处理应急措施

在拟定应急措施时，一般应注意以下事项：

（1）对危险性较大的质量事故，首先应予以封闭或设立警戒区，只有在确认不可能倒塌或进行可靠支护后，方准许进入现场处理，以免人员的伤亡。

（2）对需要进行部分拆除的事故，应充分考虑事故对相邻区域结构的影响，以免事故进一步扩大，且应制定可靠的安全措施和拆除方案，要严防对原有事故的处理引发新的事故，如偷梁换柱，稍有疏忽将会引起整幢房屋倒塌。

（3）凡涉及结构安全的，都应对处理阶段的结构强度、刚度和稳定性进行验算，提出可靠的防护措施，并在处理中严密监视结构的稳定性。

（4）在不卸荷条件下进行结构加固时，要注意加固方法和施工荷载对结构承载力的影响。

（5）要充分考虑对事故处理中所产生的附加内力对结构的作用，以及由此引起的不安全因素。

4. 施工项目质量问题处理方案

质量问题处理方案，应当在正确地分析和判断质量问题原因的基础上进行。对于工程质量问题，通常可以根据质量问题的情况，做出以下4类不同性质的处理方案。

（1）修补处理

这是最常采用的一类处理方案。通常当工程的某些部分的质量虽未达到规定的规范、标准或设计要求，存在一定的缺陷，但经过修补后还可达到要求的标准，又不影响使用功能或外观要求，在此情况下，可以做出进行修补的决定。属于修补这类方案的具体方案有很多，诸如封闭保护、复位纠偏、结构补强、表面处理等均是。例如，某些混凝土结构表面出现蜂窝麻面，经调查、分析，该部位经修补处理后，不会影响其使用及外观；某些结构混凝土发生表面裂缝，根据其受力情况，仅作表面封闭保护即可等。

（2）返工处理

当工程质量未达到规定的标准或要求，有明显的严重质量问题，对结构的使用和安全有重大影响，而又无法通过修补的办法纠正所出现的缺陷情况下，可以做出返工处理的决定。例如，某防洪堤坝的填筑压实后，其压实土的干密度未达到规定的要求值，将影响土体的稳定和抗渗要求，可以进行返工处理，即挖除不合格土，重新填筑。又如某工程预应力按混凝土规定张力系数为1.3，但实际仅为0.8，属于严重的质量缺陷，也无法修补，即需做出返工处理的决定。十分严重的质量事故甚至要作出整体拆除的决定。

（3）限制使用

当工程质量问题按修补方案处理无法保证达到规定的使用要求和安全，而又无法返工处理的情况下，不得已时可以作出诸如结构卸荷或减荷以及限制使用的决定。

（4）不做处理

某些工程质量问题虽然不符合规定的要求或标准，但如其情况不严重，对工程或结构的使用及安全影响不大，经过分析、论证和慎重考虑后，也可作出不作专门处理的决定。可以不做处理的情况一般有以下几种：

1）不影响结构安全和使用要求者。例如，有的建筑物出现放线定位偏差，若要纠正则会造成重大经济损失，若其偏差不大，不影响使用要求，在外观上也无明显影响，经分析论证后，可不做处理。又如，某些隐蔽部位的混凝土表面裂缝，经检查分析，属于表面养护不够的干缩微裂，不影响使用及外观，也可不做处理。

2）有些不严重的质量问题，经过后续工序可以弥补的，例如，混凝土的轻微蜂窝麻面，可通过后续的抹灰、喷涂或刷白等工序弥补，可以不对该缺陷进行专门处理。

3）出现的质量问题，经复核验算，仍能满足设计要求者。例如，某一结构断面做小了，但复核后仍能满足设计的承载能力，可考虑不再处理。这种做法实际上是挖掘设计潜力或降低设计的安全系数，因此需要慎重处理。

5. 施工项目质量问题处理资料

一般质量问题的处理，必须具备以下资料：

（1）与事故有关的施工图。

（2）与施工有关的资料，如建筑材料试验报告、施工记录、试块强度试验报告等。

（3）事故调查分析报告。

1）事故情况：出现事故时间、地点；事故的描述；事故观测记录；事故发展变化规律；事故是否已经稳定等。

2）事故性质：应区分属于结构性问题还是一般性缺陷；是表面性的还是实质性的；是否需要及时处理；是否需要采取防护性措施。

3）事故原因：应阐明所造成事故的重要原因，如结构裂缝，是因地基不均匀沉降，还是温度变形；是因施工振动，还是由于结构本身承载能力不足所造成。

4）事故评估：阐明事故对建筑功能、使用要求、结构受力性能及施工安全有何影响，并应附有实测、验算数据和试验资料。

5）事故涉及人员及主要责任者的情况。

（4）设计、施工、使用单位对事故的意见和要求等。

6. 施工项目质量问题性质的确定

质量问题性质的确定，是最终确定问题处理办法的首要工作和根本依据。一般按下列方法来确定问题的性质：

（1）了解和检查。是指对有问题的工程进行现场情况、施工过程、施工设备和全部基础资料的了解和检查，主要包括调查、检查质量试验检测报告、施工日志、施工工艺流程、施工机械情况以及气候情况等。

（2）检测与试验。通过检查和了解可以发现一些表面的问题，得出初步结论，但往往需要进一步的检测与试验来加以验证。检测与试验，主要是检验该问题工程的有关技术指标，以便准确找出产生问题的原因。例如，若发现石灰土的强度不足，则在检验强度指标的同时，还应检验石灰剂量，石灰与土的物理化学性质，以便发现石灰土强度不足是因为材料不合格、配比不合格或养护不好，还是因为其他如气候之类的原因造成的。检测和试验的结果将作为确定问题性质的主要依据。

（3）专门调研。有些质量问题，仅仅通过以上两种方法仍不能确定。如某工程出现异常现象，但在发现问题时，有些指标却无法被证明是否满足规范要求，只能采用参考的检测方法。像水泥混凝土，规范要求的是 28d 的强度，而对于已经浇筑的混凝土无法再检测，只能通过规范以外的方法进行检测，其检测结果作为参考依据之一。为了得到这样的参考依据并对其进行分析，往往有必要组织有关方面的专家或专题调查组，提出检测方案，对所得到的一系列参考依据和指标进行综合分析研究，找出产生问题的原因，确定问题的性质。这种专题研究，对质量问题的妥善解决作用重大，因此经常被采用。

7. 施工项目质量问题处理决策的辅助方法

对质量问题处理的决策，是复杂而重要的工作，它直接关系到工程的质量、费用与工期。所以，要作出对质量问题处理的决定，特别是对需要返工或不做处理的决定，应当慎重对待。在对于某些复杂的质量问题作出处理决定前，可采取以下方法做进一步论证：

（1）实验验证。即对某些有严重质量问题的项目，可采取合同规定的常规试验以外的试验方法进一步进行验证，以便确定问题的严重程度。例如混凝土构件的试件强度低于要求的标准不太大（例如 10% 以内）时，可进行加载试验，以证明其是否满足使用要求；又如公路工程的沥青面层厚度误差超过了规范允许的范围，可采用弯沉试验，检查路面的整体强度等。根据对试验验证检查的分析、论证后再研究处理决策。

（2）定期观测。有些工程，在发现其质量问题时，其状态可能尚未达到稳定，仍会继续发展，在这种情况下，一般不宜过早作出决定，可以对其进行一段时间的观测，然后再根据情况作出决定。属于这类的质量问题，如桥墩或其他工程的基础，在施工期间发生沉降超过预计的或规定的标准；混凝土或高填土发生裂缝，并处于发展状态等。有些有缺陷的工程，短期内其影响可能不十分明显，需要较长时间的观测才能得出结论。

（3）专家论证。对于某些工程问题，可能涉及的技术领域比较广泛，则可采取专家论证。采用这种办法时，应事先做好充分准备，尽早为专家提供尽可能详尽的情况和资料，以便使专家能够进行较充分的、全面和细致的分析、研究，提出切实的意见与建议。实践证明，采取这种方法，对重大的质量问题作出恰当处理的决定十分有益。

8. 施工项目质量问题处理的鉴定验收

质量问题处理是否达到预期的目的，是否留有隐患，需要通过检查验收来作出结论。事故处理质量检查验收，必需严格按施工验收规范中有关规定进行，必要时，还要通过实测、实量，荷载试验，取样试压，仪表检测等方法来获取可靠的数据。这样，才可能对事故做出明确的处理结论。

事故处理结论的内容有以下几种：

（1）事故已排除，可以继续施工。

（2）隐患已经消除，结构安全可靠。

（3）经修补处理后，完全满足使用要求。

（4）基本满足使用要求，但附有限制条件，如限制使用荷载，限制使用条件等。

（5）对耐久性影响的结论。

（6）对建筑外观影响的结论。

（7）对事故责任的结论等。

此外，对一时难以作出结论的事故，还应进一步提出观测检查的要求。事故处理后，还必须提交完整的事故处理报告，其内容包括：事故调查的原始资料、测试数据；事故的原因分析、论证；事故处理的依据；事故处理方案、方法及技术措施；检查验收记录；事故勿需处理的论证；事故处理结论等。

第二节　工程质量事故及其分类

一、工程质量事故

1. 工程质量事故的内涵

根据《水利工程质量事故处理暂行规定》，工程质量事故是指在水利工程建设过程中，由于建设管理、监理、勘测、设计、咨询、施工、材料、设备等原因造成工程质量不符合规程规范和合同规定的质量标准，影响使用寿命和对工程安全运行造成隐患和危害的事件。

工程如发生质量事故，往往造成停工、返工，甚至影响正常使用，有的质量事故会不断发展恶化，导致建筑物倒塌，并造成重大人身伤亡事故。这些都会给国家和人民造成不应有的损失。

需要指出的是，不少事故开始时经常只被认为是一般的质量缺陷，容易被忽视。随着时间的推移，待认识到这些质量缺陷问题的严重性时，则往往处理困难，或无法补救，或导致建筑物失事。因此，除了明显地不会有严重后果的缺陷外，对其他的质量问题，均应认真分析，进行必要的处理，并作出明确的结论。

2. 工程质量事故特点

由于工程项目建设不同于一般的工业生产活动，其实施的一次性，生产组织特有的流动性、综合性，劳动的密集性及协作关系的复杂性，均造成工程质量事故更具有复杂性、严重性、可变性及多发性的特点。

二、质量事故的分类

工程质量事故按直接经济损失的大小，检查、处理事故对工期的影响时间长短和对工程正常使用的影响，分为一般质量事故、较大质量事故、重大质量事故、特大质量事故。

一般质量事故指对工程造成一定经济损失，经处理后不影响正常使用并不影响使用寿命的事故。

较大质量事故是指对工程造成较大经济损失或延误较短工期，经处理后不影响正常使用但对工程寿命有较大影响的事故。

重大质量事故是指对工程造成重大经济损失或较长时间延误工期，经处理后不影响正特大质量事故是指对工程造成特大经济损失或较长时间延误工期，经处理后仍对正常使用和工程寿命造成较大影响的事故。

第三节 工程质量事故原因分析

一、质量事故原因

1. 质量事故原因要素

质量事故的发生往往是由多种因素构成的，其中最基本的因素有人、材料、机械、工艺和环境。人的最基本的问题是知识、技能、经验和行为特点等；材料和机械的因素更为复杂和繁多，例如建筑材料、施工机械等存在千差万别；事故的发生也总和工艺及环境紧密相关，如自然环境、施工工艺、施工条件、各级管理机构状况等。由于工程建设往往涉及到设计、施工、监理和使用管理等许多单位或部门，因此分析质量事故时，必须对这些基本因素以及它们之间的关系，进行具体的分析探讨，找出引起事故的一个或几个具体原因。

2. 引起事故的直接与间接原因

引发质量事故的原因，常可分为直接原因和间接原因两类。

直接原因主要有人的行为不规范和材料、机械的不符合规定状态。例如，设计人员不遵照国家规范设计，施工人员违反规程作业等，都属人的行为不规范。如云南省某水电工程，在高边坡处理时，设计者没有充分考虑到地质条件；对明显的节理裂缝重视不够，没有考虑工程措施，以致在基坑开挖时，高边坡大滑坡，造成重大质量事故。致使该工程推迟一年多发电，花费质量事故处理费用上亿元。

（1）施工人员的问题

1）施工技术人员数量不足、素质不高，技术业务素质不高或使用不当。

2）施工操作人员培训不够，对持证上岗的岗位控制不严，违章操作。

（2）建筑材料及制品不合格

不合格工程材料、半成品、构配件或建筑制品的使用，必然导致质量事故或留下质量隐患。

1）水泥：①安定性不合格；②强度不足；③水泥受潮或混用。

2）钢材：①强度不合格；②化学成分不合格；③可焊性不合格。

3）砂石料：①岩性不良；②粒径、级配与含泥量不合格；③有害杂质含量多。

4）外加剂：①外加剂本身不合格；②混凝土和砂浆中掺用外加剂不当。

（3）施工方法

施工方法的问题主要有以下几方面：

1）不按图施工。

无图施工；图纸不经审查就施工；不熟悉图纸，仓促施工；不了解设计意图，盲目施工；未经设计或监理同意，擅自修改设计。

2）施工方案和技术措施不当。这方面主要表现如下：

施工方案考虑不周；技术措施不当；缺少可行的季节性施工措施；不认真贯彻执行施工组织设计。

（4）环境因素影响

环境因素影响主要有以下几方面：

1）施工项目周期长、露天作业多，受自然条件影响大，地质、台风、暴雨等都能造成重大的质量事故，施工中应特别重视，采取有效措施予以预防。

2）施工技术管理制度不完善。

没有建立完善的各级技术责任制；主要技术工作无明确的管理制度；技术交底不认真，又不作书面记录或交底不清。

二、成因分析方法

由于影响工程质量的因素众多，一个工程质量问题的实际发生，既可能因设计计算和施工图纸中存在错误，也可能因施工中出现不合格或质量问题，也可能因使用不当，或者由于设计、施工甚至使用、管理、社会体制等多种原因的复合作用。要分析究竟是哪种原因所引起，必须对质量问题的特征表现，以及其在施工中和使用中所处的实际情况和条件进行具体分析。分析方法很多，但其基本步骤和要领可概括如下。

1. 基本步骤

（1）进行细致的现场调查研究，观察记录全部实况，充分了解与掌握引发质量问题的现象和特征。

（2）收集调查与质量问题有关的全部设计和施工资料，分析摸清工程在施工或使用过程中所处的环境及面临的各种条件和情况。

（3）找出可能产生质量问题的所有因素。

（4）分析、比较和判断，找出最可能造成质量问题的原因；进行必要的计算分析或模拟试验予以论证确认。

2. 分析要领

分析要领的方法是逻辑推理法，其基本原理如下：

（1）确定质量问题的初始点，即所谓原点，它是一系列独立原因集合起来形成的爆发点。因其反映出质量问题的直接原因，而在分析过程中具有关键性作用。

（2）围绕原点对现场各种现象和特征进行分析，区别导致同类质量问题的不同原因，逐步揭示质量问题萌生、发展和最终形成的过程。

（3）综合考虑原因复杂性，确定诱发质量问题的起源点即真正原因。工程质量问题原因分析是对一堆模糊不清的事物和现象客观属性和联系的反映，它的准确性和监理人的能力学识、经验和态度有极大关系，其结果不单是简单的信息描述，而是逻辑推理的产物，其推理可用于工程质量的事前控制。

第四节　工程质量事故分析处理程序与方法

一、质量事故分析的重要性

质量事故分析的重要性表现在以下几方面：

（1）防止事故的恶化。例如，在施工中发现现浇的混凝土梁强度不足，就应引起重视，如尚未拆模，则应考虑何时拆模，拆模时应采取何种补救措施。又如，在坝基开挖中，若发现钻孔已进入坝基保护层，此时就应注意到，若按照这种情况装药爆破对坝基质量的影响，同时及早采取适当的补救措施。

（2）创造正常的施工条件。如发现金属结构预埋件偏位较大，影响了后续工程的施工，必须及时分析与处理后，方可继续施工，以保证工程质量。

（3）排除隐患。如在坝基开挖中，由于保护层开挖方法不当，使设计开挖面岩层较破碎，给坝的稳定性留下隐患。发现这些问题后，应进行详细的分析，查明原因，并采取适当的措施，以及时排除这些隐患。

（4）总结经验教训，预防事故再次发生。如大体积混凝土施工，出现深层裂缝是较普遍的质量事故，因此应及时总结经验教训，杜绝这类事故的发生。

（5）减少损失。对质量事故进行及时的分析，可以防止事故的恶化，及时地创造正常的施工秩序，并排除隐患以减少损失。此外，正确分析事故，找准事故的原因，可为合理地处理事故提供依据，达到尽量减少事故损失的目的。

二、工程质量事故分析处理程序

1. 下达停工指示

事故发生后，施工单位要严格保护现场，采取有效措施抢救人员和财产，防止事故扩大。因抢救人员、疏导交通等原因需移动现场物件时，应当作出标志、绘制现场简图并作出书面记录，妥善保管现场重要痕迹、物证，并进行拍照或录像。

发生（发现）较大、重大和特大质量事故，事故单位要在48h内向有关单位写出书面报告；突发性事故，事故单位要在4h内电话向有关单位报告。

质量事故的报告制度。

发生质量事故后，项目法人必须将事故的简要情况向项目主管部门报告。项目主管部门接到事故报告后，按照管理权限向上级水行政主管部门报告。

一般质量事故向项目主管部门报告。

较大质量事故逐级向省级水行政主管部门或流域机构报告。

重大质量事故逐级向省级水行政主管部门或流域机构报告并抄报水利部。

特大质量事故逐级向水利部和有关部门报告。

事故报告应当包括以下内容。

（1）工程名称、建设规模、建设地点、工期、项目法人、主管部门及负责人电话。

（2）事故发生的时间、地点、工程部位以及相应的参建单位名称。

（3）事故发生的简要经过、伤亡人数和直接经济损失的初步估计。

（4）事故发生原因初步分析。

（5）事故发生后采取的措施及事故控制情况。

（6）事故报告单位、负责人及联系方式。

有关单位接到事故报告后，必须采取有效措施，防止事故扩大，并立即按照管理权限向上级部门报告或组织事故调查。

2. 事故调查

发生质量事故，要按照规定的管理权限组织调查组进行调查，查明事故原因，提出处理意见，提交事故调查报告。

一般事故由项目法人组织设计、施工、监理等单位进行调查，调查结果报项目主管部门核备。

较大质量事故由项目主管部门组织调查组进行调查，调查结果报上级主管部门批准并报省级水行政主管部门核备。

重大质量事故由省级以上水行政主管部门组织调查组进行调查，调查结果报水利部核备。特大质量事故由水利部组织调查。

事故调查组的主要任务如下：

（1）查明事故发生的原因、过程、财产损失情况和对后续工程的影响。

（2）组织专家进行技术鉴定。

（3）查明事故的责任单位和主要责任者应负的责任。

（4）提出工程处理和采取措施的建议。

（5）提出对责任单位和责任者的处理建议。

（6）提交事故调查报告。

事故调查组提交的调查报告经主持单位同意后，调查工作即告结束。

3. 事故处理

发生质量事故，必须针对事故原因提出工程处理方案，经有关单位审定后实施。

　　一般质量事故，由项目法人负责组织有关单位制定处理方案并实施，报上级主管部门备案。

　　较大质量事故，由项目法人负责组织有关单位制定处理方案，经上级主管部门审定后实施，报省级水行政主管部门或流域机构备案。

　　重大质量事故，由项目法人负责组织有关单位提出处理方案，征得事故调查组意见后，报省级水行政主管部门或流域机构审定后实施。

　　特大质量事故，由项目法人负责组织有关单位提出处理方案，征得事故调查组意见后，报省级水行政主管部门或流域机构审定后实施，并报水利部备案。

　　事故处理需要进行设计变更的，需原设计单位或有资质的单位提出设计变更方案。需要进行重大设计变更的，必须经原设计审批部门审定后实施。

　　4. 检查验收

　　事故部位处理完成后，必须按照管理权限经过质量评定与验收后，方可投入使用或进入下一阶段施工。

　　5. 下达《复工通知》

　　事故处理经过评定和验收后，总监理工程师下达《复工通知》。

三、工程质量事故处理的依据和原则

　　1. 工程质量事故处理的依据

　　进行工程质量事故处理的主要依据有 4 个方面：①质量事故的实况资料；②具有法律效力的、得到有关当事各方认可的工程承包合同、设计委托合同、材料或设备购销合同以及监理合同或分包合同等的合同文件；③有关的技术文件、档案；④相关的建设法规。

　　在这 4 方面依据中，前 3 种是与特定的工程项目密切相关的具有特定性质的依据。第 4 种法规性依据，是具有很高权威性、约束性、通用性和普遍性的依据，因而它在质量事故的处理事务中，也具有极其重要的作用。

　　2. 工程质量事故处理原则

　　因质量事故造成人身伤亡的，还应遵从国家和水利部伤亡事故处理的有关规定。

　　发生质量事故，必须坚持"事故原因不查清楚不放过、主要事故责任者和职工未受到教育不放过、补救和防范措施不落实不放过"的原则，认真调查事故原因，研究处理措施，查明事故责任，做好事故处理工作。

　　由质量事故而造成的损失费用，坚持谁该承担事故责任，由谁负责的原则。质量事故的责任者大致为：①施工承包人；②设计单位；③监理单位和发包人。施工

质量事故若是施工承包人的责任，则事故分析和处理中发生的费用完全由施工承包人自己负责；施工质量事故责任者若非施工承包人，则质量事故分析和处理中发生的费用不能由施工承包人承担，而施工承包人可向发包人提出索赔。若是设计单位或监理单位的责任，应按照设计合同或监理委托合同的有关条款，对责任者按情况给予必要的处理。

事故调查费用暂由项目法人垫付，待查清责任后，由责任方偿还。

参考文献

［1］田玲．水利水电工程规划方案多目标决策方法研究［D］．河北农业大学，2011.

［2］李锦州．探析水利水电工程规划设计阶段测绘工作［J］．住宅与房地产，2015，No.404（19）：63.

［3］张效锋．水利水电工程规划设计阶段测量探讨［C］// 促进科技经济结合，服务创新驱动发展——蚌埠市科协2012年度学术年会论文集．2012.

［4］袁韬．水利水电工程规划设计对生态环境的影响分析［J］．农业科技与信息，2017，000（020）：54-55.

［5］龙云．浅议水利水电工程建设对生态环境的影响分析［J］．建筑工程技术与设计，2017（21）．

［6］于海龙．水利工程规划设计中环境影响评价分析［J］．黑龙江水利，2016.

［7］刘元勋．水利工程规划设计中贯彻生态文明理念的思考与探索［C］// 中国水文化（2017年第1期 总第151期）．2017.

［8］姜东岩．水利工程规划设计生态指标体系研究［J］．水土保持应用技术，2019，188（02）：17-19.

［9］韦光林．对生态水利工程规划设计的思考［J］．黑龙江水利科技，2014(5)：7-9.

［10］伍振兴．水利水电工程质量控制［J］．建筑工程技术与设计，2016，000（019）：2235.

［11］吴超．水利水电施工质量控制措施分析［J］．中国高新技术企业，2008（05）：161+167.

［12］李存荣．浅谈水利水电工程质量控制管理［J］．建筑工程技术与设计，2015（11）．

［13］刘永强．水利水电工程质量控制及其信息系统研究［D］．河海大学，2002.

［14］汪应勇. 水利水电工程质量控制探析［J］. 城市建设：下旬，2010.

［15］严李焕. 浅谈水利水电工程质量控制的主要措施［J］. 科技风，2012，000（005）：119-120.

［16］刘文胜. 水利水电工程施工质量控制策略研究［J］. 商品与质量，2016，000（004）：339-339.

［17］李斌. 水利水电工程质量控制探析［J］. 科技风，2010（02）：69.